식물의 말들

THE COMPLETE LANGUAGE OF FLOWERS by S. Theresa Dietz

Copyright © 2020 by S. Theresa Dietz
All rights reserved.

This Korean edition was published by Sa-I Publishing in 2021 by arrangement with Quarto Publishing Group USA Inc. through KCC(Korea Copyright Center Inc.), Seoul.

이 책은 (주)한국저작권센터(KCC)를 통한 저작권자와의 독점계약으로 사이에서 출간되었습니다.
저작권법에 의해 한국 내에서 보호를 받는 저작물이므로 무단전재와 복제를 금합니다.

그림으로 읽는
기쁨과 슬픔, 행복, 사랑, 고통 등
우리와 함께 삶을 살아온
1001가지 식물들의 이야기

식물의 말들

S. 테레사 디에츠 · 김미선 옮김

The Complete Language of Flowers

사이

| 일러두기 |

1. 각 식물의 학명과 유통명은 국가표준식물목록과 국가표준재배식물목록 등을 최우선시하여 참고했습니다. 이외에도 국립공원공단 생물종정보, 국립중앙과학관 식물정보, 국립수목원 식물도감, 국가농업기술포털 '농사로', 한국화재식물도감 등을 교차 참고했습니다.
2. 한국에 정식 국명이 있을 경우에는 그 이름으로 표기했고, 아직 정식 국명이 없는 경우는 라틴어 학명 발음으로 표기했습니다. 단, 영어식 발음으로 유통명이 고착되었을 경우에는 영어식 발음으로 표기했습니다. 따라서 같은 단어이어도 발음 표기가 다를 수 있습니다.
3. 외래어 표기는 국립국어원의 외래어 표기법을 기준으로 삼았습니다. 하지만 식물의 국명은 국가표준식물목록을 기준으로 삼았습니다.
4. 라틴어 발음 표기는 최근 북유럽식 발음으로 표기하는 추세도 있으나 아직 국내에서는 그 표기법이 명확히 통일되지 않아 라틴어 고전 발음과 국가표준재배식물목록을 원칙으로 하여 표기했습니다.

차례

들어가는 말 6

이 책 사용법 9

A 11	G 95	N 147	U 223
B 37	H 103	O 151	V 225
C 45	I 113	P 157	W 233
D 73	J 119	Q 181	X 235
E 83	K 121	R 183	Y 235
F 89	L 123	S 195	Z 235
	M 137	T 213	

참고문헌 238

Photo Credits 240

감사의 말 241

찾아보기 242

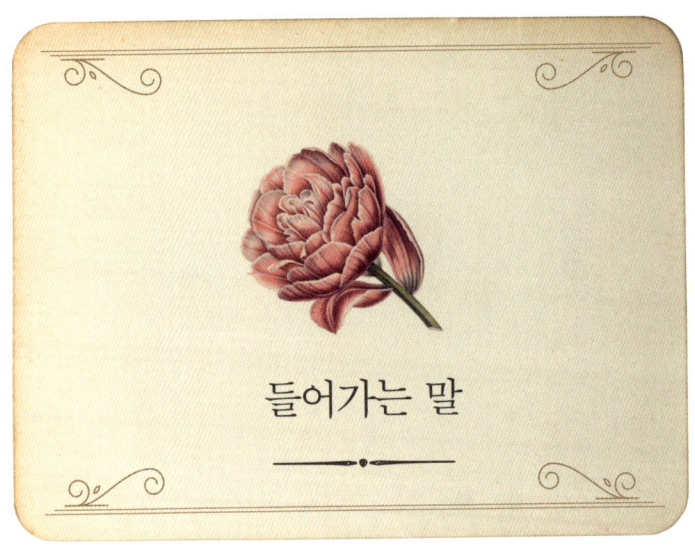

들어가는 말

저는 이 책을 눈으로 보는 것만으로도 매혹적일 뿐 아니라 유용한 정보를 담은 참고용 도서로도 손색이 없도록 만들고자 했습니다. 또한 지난 20여 년간 이 책과 관련하여 수집한 다양한 지식과 정보는 물론 때로는 상반된 내용까지도 함께 담으려 했습니다. 제 개인만의 관심사를 넘어 식물의 씨앗과 껍질, 뿌리, 가지, 꽃, 열매 등을 포함해서 그것들이 담고 있는 상징적인 의미와 잠재적인 효능에 대한 지식을 독자 여러분들과 함께 나누고자 하는 욕심과 희망에서 이 책이 시작되었다고 해도 과언이 아닙니다.

특별히 고르고 고른 꽃들로 은밀한 메시지나 마음을 전하는 것이 유행하던 시대가 있었습니다. 빅토리아 시대야말로 특히 그것에 열광한 시대였지요. 물론 그 선택된 꽃에 담겨 있는 메시지의 숨은 뜻을 해독하는 데 있어 서로 같은 꽃말 책을 참고한다면야 이보다 더 즐겁고 낭만적일 수 없겠지요. 그러나 안타깝게도 세상일이 늘 뜻대로 흘러가는 건 아닙니다. 비밀스러운 메시지가 뒤죽박죽 섞이는 경우가 너무 잦았던 겁니다. 당사자들은 마음이 찢어질 노릇이었겠지요. 드라마에서 보는 것 같은 인생의 굴곡이 어쩌면 작은 꽃다발에 담긴 의미를 오해한 데서 비롯된 슬픈 결말일 수도 있었을 테니까요. 그리고 세월이 흐르면서 수수께끼 같은 꽃다발로 메시지나 마음을 전달하는 것의 인기도 점점 시들해졌습니다.

시대를 막론하고 장미를 선물하는 것이야말로 가장 흔한 사랑의 행위가 아닐까 싶습니다. 빨간색 장미가 발렌타인데이에 어울리는 꽃으로 늘 독보적인 1위를 차지하고 있다는 사실은 새삼스럽지도 않으니까요. 반면 누군가에게 슬그머니 시든 꽃을 보내는 행위는 전혀 다른 메시지를 보내는 것이며, 감정적으로도 완전히 다른 반응을 불러일으킵니다. 그럼에도 두 경우 모두, 비록 입 밖으로 말해지지는 않았지만, 꽃이 전하는 은밀한 목소리는 무척이나 클 수 있습니다.

꽃으로 이성에게 구애하거나 열정적인 연애편지를 보내는 것을 선호했던 빅토리아 시대 이전에도 세계의 주요 종교가 유독 신성시하는 특별한 식물이 있었습니다. 유대교, 이슬람교, 기독교, 불교에서 엄숙하게 여긴 최초의 상징 식물은 나무입니다. 에덴동산에 있던 것으로 알려진 선악과의 수종이 어떤 것이었는지 정확히 알 길은 없습니다. 그럼에도 사과나무*Malus domestica*의 열매가 어떻게 비공식적으로 또는 거의 공식적으로 금단의 열매가 되었는가에 대해서는 사과를 가로로 잘랐을 때 뚜렷하게 드러나는 상징적인 별 모양(이때의 별 모양은 악마를 상징한다고 여김)과 연관이 있다고 전해집니다. 이런 배경에서 식물을 사용할 때도 유용하고 강력한 요소를 감안해서 적절히 써야 한다는 생각이 줄곧 전해져 오는 것입니다.

마찬가지로 우리는 석가모니가 특별한 인도보리수*Ficus religiosa* 아래에서 명상을 하다가 깨달음을 얻었다는 사실을 잘 알고 있습니다. 전해오는 이야기에 따르면, 지금 그 나무는 더 이상 그곳에 있지 않지만 그 나무에서 뻗어나온 줄기는 지금까지도 살아남아 있다고 합니다. 그 두 나무들이 가진 힘은 여전히 영적으로 뚜렷하게 감지되며 앞으로도 그럴 것입니다. 즉 뚜렷이 눈에 보이는 나무와 더불어 확연히 눈에 보이지는 않지만 여전히 깊고도 심오한 무엇이 함께하는 것이지요.

아무튼 어떤 식물이 지닌 힘을 염두에 두면 쓸모가 많습니다. 이를테면 정원을 가꾸어서 긍정적인 기운이 가정을 에워싸게 되면 그로 인해 집안 전체가 풍요롭고 평온해질 수 있습니다. 마찬가지로 잠재적으로 가정에 해가 되는 부정적인 기운을 밀어내거나 차단하는 데도 식물이 도움을 줄 수 있습니다.

스스로 가꿀 정원이 있든 없든 간에, 어떤 일이 긍정적인 기운을 받아 잘 진행되기를 바라는 마음으로 적절한 식물을 고르는 일은 의미가 있습니다. 특히 결혼식이나 성인식처럼 특별한 행사에 어울리는 꽃을 준비할 때 이 점은 굉장히 중요한 고려사항이겠지요.

끝으로 덧붙이자면, 민간에 전승되는 비법에서 특별한 식물을 다른 식물에 더할 때 그 식물에 내재하는 잠재력을 북돋는 능력이 어느 정도인가가 중요한 선택의 기준이 되었다는 것입니다. 마찬가지로 어떤 특별한 식물이 더해지면 안 되는 경우가 생기기도 합니다. 이처럼 오랜 세월에 걸쳐 시행착오를 거듭한 끝에 우리는 그에 내재한 요소들이 증명된 식물들을 마음 놓고 선택할 수 있게 되었습니다. 대표적인 예가 소박하고 흔해서 접근하기 쉬운 서양민들레*Taraxacum officinale*일 것입니다. 대대로 크나큰 소원을 빌 때 나이 든 세대에서 젊은 세대에 이르기까지 서양민들레 한 송이만큼 적절하게 사용하는 예가 있을까 싶습니다. 그러니 먼 훗날에도 이 식물을 사용하기를 그만두어야 할 이유가 있을까요?

이 책 사용법

이 책에서 소개하는 식물들의 이름은 라틴어 학명으로, 일부는 전 세계적으로 널리 통용되는 유통명으로 표기했으며, 이를 바탕으로 알파벳 순으로 배열했습니다. 해당 이름은 001번을 시작으로 각 식물마다 번호를 부여해서 표기했습니다. 각각의 식물에 대한 기본 학명 밑에는 전 세계적으로 사용되는 유통명과 함께 대륙별 혹은 나라별로 사용되는 다양한 이름들도 함께 소개하고 있습니다. 따라서 여러분이 어떤 식물의 주요 학명을 알고 있다면 해당 알파벳 챕터로 가 쉽게 찾을 수 있을 겁니다. 때로는 식물이 재분류되면서 새로운 학명이 주어지기도 하는데 이 책에서는 옛 학명도 함께 기재했습니다. 혹시 식물의 학명을 알지 못하고 유통명만 알고 있다면 〈찾아보기〉를 참조해서 그 식물에 해당하는 번호로 가면 관련 내용을 접할 수 있습니다.

그 다음에는 각 식물의 이름과 꽃말에 담긴 상징과 의미, 특별한 색에 담긴 의미, 잔가지, 줄기, 씨앗, 꽃잎 등에 담긴 의미 등을 소개하고 있습니다. 또 식물마다 지닌 힘과 효능에 대해서도 정리해 놓았습니다. 마지막으로는 개별 식물에 대한 식물학적 상식, 관련 신화 및 전설과 함께 역사적 사실 및 사건, 사람들 사이에서 전해져 내려오는 각각의 식물에 대한 전 세계의 민담 및 미신에 대해서도 들려주고 있습니다. 중세시대나 먼 과거에는 주술이나 민간요법 등에서 식물을 활용해 왔지만 현대에 적용하기에는 비과학적이거나 허구적인 정보들도 함께 게재했습니다. 이는 마치 역사의 흐름에 따라 식물들의 역할이 어떻게 바뀌고 있는지를 엿보는 데 작은 재미가 될 수도 있을 것입니다.

이 책은 식물의 어떤 부분에 독소가 있고, 언제 독성을 갖는지, 또는 익었을 때 독성이 제거되는지 같은 구체적인 정보는 제공하지 않습니다. 만지거나 태울 때 나오는 연기만 들이마셔도 지극히 치명적일 수 있는 엄청난 독성을 가진 식물들은 각별히 주의해야 합니다. 또한 이 책은 특별히 섭취, 흡입, 피부에 직접 발라도 되는 식물들을 알려주고 있지는 않습니다. 어떤 식물을 접하기 전에 무엇을 보거나 만지고 있는지 스스로 더 많은 자료를 찾아보는 등 시간을 투자해볼 것을 권합니다. 인터넷이야말로 이러한 과학적인 정보의 훌륭한 원천이 될 테니까요.

나무나 꽃 등이 지닌 힘을 자유롭게 받아들이면서 당신의 꽃 선물을 받는 이로 하여금 당신 마음속 깊은 생각과 느낌을 알게 해보세요. 물론 당신이 언제 무엇을 하든 꽃의 요정들을 성가시게 하면 안 된답니다!

- 주요 학명은 이탤릭체로 표기했습니다.
- 식물에 독성이 있는 경우는 학명 옆에 (독성)이라고 병기되어 있습니다.
- 기본 학명 밑에 작게 이탤릭체로 표기된 것은 과거의 학명 혹은 또다른 학명이며, 그 옆에는 일반적인 유통명, 각 나라에서 사용되고 있는 이름들을 소개하고 있습니다.
- 〈의미〉는 각 식물의 이름과 꽃말에 담긴 상징과 의미를 뜻합니다. 때로는 나라별 혹은 지역별로 정반대의 의미를 담고 있는 경우도 있는데 이 경우도 모두 담았습니다.
- 〈효능〉은 각 식물이 지닌 심리적, 실용적 효능을 뜻합니다.
- 〈특별한 색에 담긴 의미〉는 해당 식물에 다양한 색깔의 꽃이 필 경우 각 색깔에 해당되는 의미를 뜻합니다.

001

Abies holophylla

전나무

전나무 Fir Tree

의미: 상승, 높음, 우정, 장수, 발현, 감지, 발전, 추억, 회복, 시간.

침엽수나 소나무과 식물들은 바늘처럼 생긴 잎의 평평한 정도와 그들이 나뭇가지에 붙어 있는 방식으로 전나무와 구분된다. 어린 전나무의 바늘은 좀 더 뾰족하다.

002

Abutilon 아부틸론

차이니스 벨 플라워 Chinese Bell Flower | 인디언 맬로우 Indian Mallow | 벨벳 리프 Velvet Leaf | 룸 메이플 Room Maple

의미: 깨달음, 명상.

아부틸론은 오렌지색이나 노란색이 가장 흔하지만 분홍색이나 빨간색도 있다.

003

Acacia 아카시아

미모사 Mimosa | 손 트리 Thorn Tree | 엄브렐라 아카시아 Umbrella Acacia | 휘슬링 손 Whistling Thorn | 옐로우 피버 아카시아 Yellow-fever Acacia

의미: 순수한 사랑, 플라토닉 러브, 감춰진 사랑, 은밀한 사랑, 우아함, 정신적인 인내.

효능: 풍요로움, 우정, 성장, 치유, 기쁨, 생명, 빛, 사랑, 금전, 자연의 힘, 보호, 정화, 에너지.

성경의 출애굽기 3장 2절에서 모세가 맞닥뜨린 불타는 덤불은 아카시아였을 거라는 이야기가 전해진다. (한국에서 아카시아로 잘못 알려진 식물은 그 정확한 명칭이 아까시나무(790번 참조)로, 3번의 아카시아와는 전혀 관련이 없다.)

004

Acacia senegal 아라비아고무나무

아라비아 검 Arabic Gum | 음크와티아 Mkwatia | 이집트 가시나무 Egyptian Thorn | 검 아카시아 Gum Acacia

의미: 플라토닉 러브.

효능: 플라토닉 러브, 보호, 심령의 힘, 정화, 부정한 힘을 정화, 영성.

이 나무의 가지를 모자에 꽂아 침대 위에 걸어두면 악한 기운을 물리친다고 한다. 또 그러한 기운이 깃든 장소를 정화한다고도 여겨졌다.

005

Acanthus mollis 아칸투스 몰리스

아칸서스 Acanthus | 베어스 브리치 Bear's Breeches | 오이스터 플랜트 Oyster Plant

의미: 기교, 계략, 미술, 예술, 빈곤.

그리스와 로마시대 건축물에서 보이는 코린트식 기둥머리에 새겨진 정교한 잎사귀 무늬는 바로 이 식물의 잎에서 영감을 얻었다고 보는 것이 타당하다.

006

Acer palmatum 단풍나무

단풍나무 Maple | 메이플 트리 Maple Tree

의미: 보존, 비축.

효능: 장수, 사랑, 금전.

단풍나무 꼬투리는 특이하게도 짝을 지어 빙빙 돌면서 떨어진다. 단풍나무 씨앗은 익과 samara, 시과 maple key, 헬리콥터 또는 폴리노우즈 poly-nose라고도 불린다. 미 육군이 사용하고 있는 보급품 수송 상자는 비행기에서 투하해도 29킬로그램까지는 끄떡없는데 이는 떨어지면서 고속 회전을 하는 단풍나무 씨앗에서 아이디어를 얻었다고 한다. 또 이른 봄이면 단풍나무에서 수액을 채취한 뒤 졸여서 시럽을 만들기도 하는데 여기서 더 나아가 메이플 설탕을 만들기도 한다.

007

Achillea filipendulina 터리톱풀

Achillea eupatorium | *Achillea filicifolia* | 클로스 오브 골드Cloth of Gold | 클로스 오브 골드 야로우Cloth of Gold Yarrow | 펀 리프 야로우Fern-leaf Yarrow

의미: 양호한 건강 상태.

효능: 동물의 의사소통.

호메로스의 『일리아드』에 나오는 아킬레스가 휘하의 병사들이 부상을 입었을 때 약으로 쓴 식물이 터리톱풀이었던 것으로 추측된다.

008

Achillea millefolium 서양톱풀 (독성)

애로우루트Arrowroot | 야로우Yarrow | 아킬레아Achillea | 노우즈블리드 플랜드Nosebleed Plant | 밀리터리 허브Military Herb | 7년의 사랑Seven Year's Love | 백 개의 잎을 가진 풀Hundred-leaved Grass | 목수의 풀Carpenter's Weed | 죽음의 꽃Death Flower | 악인의 장난감Bad Man's Plaything | 악마의 쐐기풀Devil's Nettle | 기사의 톱풀Knight's Milfoil | 노인의 겨자Old Man's Mustard | 노인의 후추Old Man's Pepper | 뱀풀Snake's Grass | 병사의 약초Soldier's Woundwort

의미: 용기, 치유, 사랑, 정신력, 두통, 전쟁.

효능: 마음의 고통을 치료, 치유, 건강, 정신의 힘, 아름다움, 매력, 용기, 우정, 선물, 조화, 기쁨, 사랑, 즐거움, 보호, 관능.

당나라 승려 의정은 말린 서양톱풀 줄기를 던져서 만들어지는 형태를 보고 미래를 점쳤다고도 한다. 결혼식장의 장식으로 사용하거나 신혼부부의 머리맡에 걸어두면 진실한 사랑이 7년 동안은 보장된다고 믿었다. 또 용기를 얻고 보호를 받기 위해 몸에 지니면 친구의 관심을 끌 수 있다는 말도 있었다. 서양톱풀은 어떤 장소나 사건, 사람이 내뿜는 악한 기운을 물리치는 데 쓰이기도 했다.

009

Achimenes 아키메네스

핫 워터 플랜트Hot Water Plant | 과부의 눈물Widow's Tears | 매직 플라워Magic Flowers | 큐피드의 나무그늘Cupid's Bower

의미: 흔치 않은 가치.

Hot water plant, 즉 〈온수식물〉이라는 별명은 정원사들 사이에서 따뜻한 물이 아키메네스의 개화를 촉진한다고 전해져 오는 것에서 붙여졌다.

010

Aconitum napellus 아코니툼 나펠루스 (독성)

아코나이트Aconite | 헬멧 플라워Helmet Flower | 곰의 발Bear's Foot | 병사의 모자Soldier's Cap | 마녀의 꽃Witch Flower | 늑대의 모자Wolf's Hat | 수도승의 피Monk's Blood

의미: 불구대천의 원수가 다가온다, 원수가 가까이 있다, 조심하라, 위험이 다가온다, 속임수, 기사도, 형제애, 용맹, 의로운 행위, 염세적인, 독설, 절제, 배반.

효능: 균형, 늑대인간을 치유, 남의 눈에 보이지 않게 할 수 있음, 해독, 뱀파이어나 늑대인간으로부터 보호.

로마시대 말기 유럽에서는 금지된 식물이었다. 혹시라도 이 식물을 기르다가 발각되면 사형에 처해지기도 했다. 중세에는 이 꽃을 마녀들과 연결 짓기도 했다. 또 씨앗을 구슬처럼 꿰어서 목이나 손목에 두르면 치유 효과를 볼 수 있다고 믿기도 했다. 자신의 몸을 보이지 않게 숨기고 싶을 때 말린 도마뱀 가죽에 이 식물의 씨앗을 넣어 주술을 행하기도 했다는 이야기가 있다.

011

Acorus calamus 창포 (독성)

머틀 플래그Myrtle Flag |
스위트 플래그Sweet Flag |
칼라무스Calamus |
스위트 루트Sweet Root

의미: 애착, 설렘, 최음, 정력제, 건강함, 애통, 사랑, 관능.

효능: 감정, 임신과 출산, 치유, 영감, 직관, 사랑, 행운, 정욕, 금전, 보호, 영적인 능력, 바다, 잠재의식.

헨리 데이비드 소로가 가장 좋아했던 식물이 창포였다고 한다. 월터 휘트먼의 시집 『풀잎Leaves of Grass』의 3판 별책에 실린 「창포Calamus」라는 시는 창포꽃에서 영감을 받아 쓴 사랑과 욕망에 관한 시다. 옛날에는 힐링을 목적으로 창포 씨앗들을 구슬처럼 실에 꿰어 지니기도 했다. 또 부엌 구석구석에 창포를 조금씩 놓아두면 빈곤과 굶주림으로부터 지켜준다는 설도 전해진다.

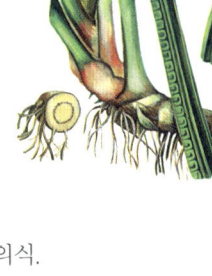

012

Actaea racemosa 검은승마 (독성)

Cimicifuga racemosa | 악테아Actaea | 블랙 코호시Black Cohosh |
요정의 촛불Fairy Candle | 스쿼 루트Squaw Root | 블랙 버그베인Black Bugbane | 블랙 스네이크루트Black Snakeroot

의미: 투박함.

효능: 용기, 사랑, 정욕, 금전, 성행위 능력, 보호.

집 주위나 문지방에 뿌려두면 나쁜 기운이 집 안으로 들어오는 것을 막아준다고 한다. 과거에는 성욕이 감퇴했을 때나 성 불능 시에 검은승마를 넣은 작은 주머니를 만들어서 지니면 좋다고 여겼다. 기력이 쇠할 때도 이 식물을 넣은 작은 주머니를 지니면 기운을 북돋아준다고 믿었다.

013

Adenium obesum 사막장미 (독성)

아데니움Adenium | 사막의 장미Desert-Rose |
임팔라 릴리Impala Lily | 쿠두Kudu

의미: 죽음, 망상, 허구, 꾸며낸, 허상.

사막장미가 크게 자라는 경우는 드물다. 두꺼운 몸통 위에서 가지들이 자라는 작고 아름다운 꽃나무라 할 수 있다.

014

Adiantum pedatum 공작고사리

공작고사리Maidenhair Fern

의미: 신중함, 비밀 유지, 은밀한 사랑의 결속.

효능: 아름다움, 사랑.

드루이드교에서는 공작고사리에 타인의 눈에 보이지 않게 하는 힘이 숨어 있다고 믿었다.

015

Adonis 아도니스

플로스 아도니스Flos Adonis | 블러드 드롭스Blooddrops | 꿩의 눈Pheasant's Eye

의미: 고통스러운 기억들, 슬픈 기억들, 삶의 환희를 기억함.

신화에 따르면 아도니스를 몹시 사랑한 아프로디테는 사냥을 나선 아도니스가 야생 멧돼지에게 목숨을 잃자 극도로 실의에 빠졌다고 한다. 아프로디테의 눈물이 떨어진 곳에 아도니스의 피와 섞여서 피어난 꽃이 아도니스이다. 그 후 이 꽃은 아프로디테의 슬픈 사랑의 기억과 깨지기 쉬운 덧없는 삶을 상징하게 되었다.

016

Adoxa moschatellina 연복초

머스크루트Muskroot | 할로우루트Hollowroot |
타운홀 클락Townhall Clock |
다섯 얼굴의 주교Five-Faced Bishop |
구근 까마귀발Tuberous Crowfoot

의미: 나약함.

연복초가 〈다섯 얼굴의 주교〉라는
별명을 얻게 된 것은 개화 시 5개 꽃잎
가운데 1개는 위로, 나머지 4개는 바깥쪽으로 향하고 있는
데서 비롯되었다.

017

Aesculus turbinata 칠엽수 (독성)

콩커스Conkers |
레드 체스트넛Red Chestnut |
화이트 체스트넛White Chestnut

의미: 행운의 부적.

효능: 행운, 금전, 번영, 재산.

영국에서는 오래전부터 아이들
사이에서 〈콩커(conker, 칠엽수 열매)
까기〉라는 게임이 전해지고 있다.
두 참가자가 칠엽수 열매를 각자의 실에 매달고 상대방의
열매가 깨질 때까지 치는 게임이다.

018

Aesculus hippocastanum 가시칠엽수 (독성)

벅아이Buckeye | 마로니에 나무Conker Tree |
호스 체스트넛Horse Chestnut

의미: 사치스럽고
호사스러운.

효능: 치유, 금전.

가시칠엽수 열매(밤처럼
생김)를 집 안 가구 안에
넣어두면 나방이나
거미들을 막을 수 있다고
한다.

019

Aethusa cynapium 아이투사 키나피움 (독성)

개의 파슬리Dog's Parsley | 개의 독Dog Poison | 가짜 파슬리False
Parsley | 바보의 파슬리Fool's Parsley | 독 파슬리Poison Parsley

의미: 어리석음, 잘 속음, 바보짓, 태우기 좋은.

무독성 원예품종인 스위트 시슬리Sweet Cicely는 맹독성인
아이투사 키나피움과 매우 비슷하게 생겼다. 따라서 이 꽃의
아름다운 외양에 속는다면 매우 위험할 수 있으니 특히
조심해야 한다.

020

Aframomum melegueta 아프라모뭄 멜레구에타

아프리카 후추African Pepper | 낙원의 곡물Grains of Paradise | 기니
그레인Guinea Grains

의미: 판단.

효능: 결정적 유죄, 점성술, 사랑, 행운, 성적 욕망, 금전,
소원.

서양에서는 이 식물의
일부를 손에 들고 소원을
빈 뒤 사방에 조금씩
던지는데 이때는 반드시
북쪽에서 시작해서 서쪽에서
마무리해야 한다고 한다.

021

Agapanthus 아가판투스 (독성)

아프리카 백합African Lily |
파란 아프리카 백합Blue African Lily |
나일 백합Lily of the Nile

의미: 사랑, 러브레터.

효능: 사랑.

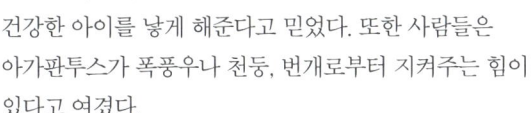

남아프리카의 호사족
여자들은 아가판투스
뿌리를 말려 목에 걸곤
한다. 이렇게 하면 임신과
출산 능력을 촉진해서 힘세고
건강한 아이를 낳게 해준다고 믿었다. 또한 사람들은
아가판투스가 폭풍우나 천둥, 번개로부터 지켜주는 힘이
있다고 여겼다.

022

Agathosma 아가토스마

부쿠Bookoo | 사브Sab | 디오스마Diosma

의미: 좋은 향기.

효능: 예지몽, 영적 능력.

아가토스마는 아름다운 향 때문에
더욱 귀하게 여겨지는 허브다.

023

Agave americana 용설란 (독성)

용설란Maguey | 알로에Aloe | 아메리칸 알로에American Aloe |
아메리칸 센추리American Century | 세기식물Century Plant | 가짜
알로에False Aloe | 플라워링 알로에Flowering Aloe | 생명과 풍요의
멕시코 나무Mexican Tree of Life and Abundance | 자연의 기적Miracle
of Nature | 뾰족한 알로에Spiked Aloe | 서인도 대거로그West Indian
Daggerlog

의미: 안전.

효능: 부유함, 치유, 욕망.

용설란은 너무 천천히
자라서 세기식물century
plant로도 알려졌다.

용설란이 꽃을 피울 즈음엔 줄기 꼭대기에서 아주 긴
안테나 같은 것이 튀어 나오는데 여기서 꽃봉오리가 맺힌
뒤 위를 향해 활짝 꽃을 피운다.

024

Ageratum 아게라툼 (독성)

멕시코엉겅퀴Flossflower |
화이트위드Whiteweed

의미: 지체, 지연.

아게라툼 꽃잎은 푹신한
솜털처럼 보인다.

025

Agrimonia eupatoria 등골짚신나물

아그리모니아Agrimonia | 교회의 첨탑Church Steeples |
코클버Cocklebur | 필란트로포스Philanthropos | 스틱워트Stickwort

의미: 보은, 감사.

효능: 미확인 물질 제거, 부정한 기운을 차단하거나 퇴치,
마음의 치유를 촉진, 보호, 악령으로부터 지켜줌,
독으로부터 지켜줌, 잠.

등골짚신나물을 잠자는 이의 머리맡에 두었다가
그를 잠에서 온전히 깨게 하려면 반드시 치워야 한다.
옛사람들은 이것의 씨앗을 흩뿌리면 마법의 주술을
피할 수 있다고 믿었다. 특히 집 주위에 뿌리거나 작은
주머니에 넣어 목에 걸거나
허리춤에 차는 것도 효험이
있다고 생각했다. 또한
마녀가 근처에 있는
것을 알려주는
식물로도 여겼다.
과거에는 이
식물이 악령이나
독으로부터
지켜줄 뿐 아니라
부정적인 기운과
혼을 퇴치해
준다고도 믿었다.

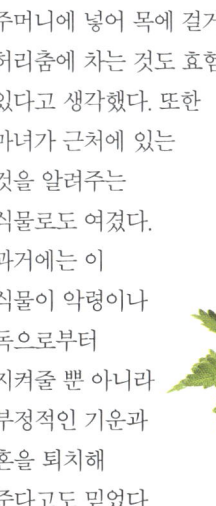

026

Agrostemma githago 선옹초 (독성)

올드 메이드 핑크Old-Maid's-Pink | 콘 코클Corn Cockle

의미: 고상함, 고풍스러움.

예전에는 곡물밭에서 자라는 독풀인 선옹초를 치명적인 골칫거리로 여겼다. 중세에는 빵의 색과 풍미를 망쳐서 못 먹게 만들어 버리는 이 식물이 필요 이상으로 피해를 준다고 생각했다. 이후 종자를 선별하는 기술이 발전해서 선옹초 씨앗을 다른 곡물 씨앗과 분리해낼 수 있게 되었다. 그렇다고 해도 곡물을 재배할 때는 주기적으로 경작지에 주의를 기울일 필요가 있다.

027

Ajuga multiflora 조개나물

그라운드 파인Ground Pine | 버글위드Bugleweed | 부굴라Bugula | 카페트 풀Carpet Weed

의미: 마음을 다독이다, 사랑스러운.

짙고 어두운 색에 쪼글쪼글하고 광택 있는 잎이 난다.

028

Alcea rosea 접시꽃

홀리호크Hollyhock

의미: 야망, 학문적 야심, 다산, 비옥함, 후덕함.

접시꽃은 커다란 꽃이 피는 아름답고 키가 큰 식물이다. 그래서 정원에서는 키가 작은 식물 뒤에 심는 것이 좋다.

029

Alchemilla 알케밀라

레이디스 맨틀Lady's Mantle | 곰의 발Bear's Foot | 사자의 발Lion's Foot | 이슬컵Dew-cup

의미: 부드러움.

효능: 매혹적인 사랑, 여성스러움, 사랑.

중세에는 알케밀라의 잎에 앉은 이슬을 성스럽게 여겼다. 이 이슬방울은 마법의 재료로도 쓰였기 때문에 이슬컵Dew-cup이라는 이름을 얻기도 했다. 또한 사람들은 알케밀라에게는 요정들을 매혹시키는 힘이 있다고 믿었다. 베개 속에 알케밀라를 슬쩍 넣어두거나 베개 밑에 놓아두면 깊은 잠을 이룰 수 있다는 미신도 있었다. 중세에는 심지어 이것이 잃어버린 순결을 복원해 준다고 진지하게 믿기도 했다.

030

Aletris farinosa 알레트리스 파리노사 (독성)

Aletris alba | *Aletris lucida* | 유니콘 루트Unicorn Root | 류머티즘 루트Rheumatism root | 화이트 스타 그래스White Star Grass | 비터 그래스Bitter Grass | 블랙 루트Black Root | 스타 루트Star Root

의미: 완성, 강인함.

효능: 선한 정령에게서 보호받기, 액운 퇴치, 보호, 악한 주술을 뒤엎기.

옛날에는 사악한 기운이 그 가정을 괴롭힌다고 여기면 이 식물로 십자가 형상을 만들어서 현관 밖에 놓아두곤 했다. 그러면 액운을 퇴치할 수 있다고 믿었다.

031

Aleurites moluccana 쿠쿠이나무 (독성)

Aleurites javanicus | 캔들베리Candleberry | 캔들넛Candlenut | 쿠키Kuki | 인도 호두나무Indian Walnut | 바니시 트리Varnish Tree

의미: 깨달음.

효능: 깨달음.

옛날 하와이 사람들은 쿠쿠이나무를 갈라서 기름이 함유된 견과(호두보다 작음)를 꺼내 꼬챙이에 끼워 모닥불 위에 올려 태웠다. 이런 원시적 형태의 초는 약 45분 정도 탔다. 하와이에서는 지금도 여전히 돌로 만든 등잔에 쿠쿠이나무 오일로 불을 밝히는 원주민들이 있다. 폴리네시아에서 이 나무는 버릴 것 하나 없이 모든 부분이 유용하게 쓰인다. 반들반들하게 윤을 낸 견과들은 채색이 되었든 되지 않았든 간에 값진 목걸이 못지않은 아름다운 화환이 된다.

032

Allamanda 알라만다 (독성)

버터컵 플라워Buttercup Flower | 골든 알라만다Golden Allamanda | 골든 트럼펫Golden Trumpet | 옐로우 벨Yellow Bell | 골든 컵Golden Cup | 옐로우 트럼펫 바인Yellow Trumpet Vine

의미: 천상의 지위.

알라만다 덩굴은 크기와 높이에 제한 없이 자란다.

033

Allium 알리움

양파꽃Onion Flower | 오너맨털 어니언Ornamental Onion | 꽃양파Flowering Onion

의미: 강인함.

우아하시네요, 당신은 완벽해요, 당신은 완벽하고 우아해요.

알리움은 공 모양의 꽃이 피고 줄기는 길어서 아주 빽빽한 정원이라도 몇 포기 찔러넣기만 하면 키울 수 있다. 일 년 중 가을에만 심을 수 있다.

034

Allium ampeloprasum 리크

Allium porrum | 리크Leek | 코끼리 마늘Elephant Garlic | 진주 양파Pearl Onion | 알로 브라보Alho Bravo | 큰머리마늘Great-headed Garlic

의미: 잔존, 오래 남아 있음.

효능: 사랑, 보호.

선사시대 때 영국 남서부와 웨일스 지역에 처음 들어온 것으로 알려졌다.

035

Allium cepa 양파

어니언Onion | 벌브 어니언Bulb Onion

의미: 정서적 안정, 다층적 보호.

효능: 액운 퇴치, 치유, 욕망, 금전, 보호, 마음의 정화, 영혼.

고대 이집트인들은 양파를 자르면 나오는 여러 층의 막과 동심원 고리를 영생의 상징으로 여겨서 장례 의식에도 양파를 사용했다. 중세에는 양파를 몹시 귀하게 여겨 구근을 선물하거나 빌리기도 했다. 과거에 양파는 이른바 초자연적인 공격, 즉 심령의 공격을 당했거나 감지했을 때 해독제로 쓰거나 집 안의 부정한 기운을 물리치는 데 쓰이기도 했다. 이 경우 양파 한 개를 네 조각으로 잘라서 나쁜 기운이 확연한 곳에 놓아두거나 가장 흔하게는 침실 공간에 둔다. 그리고 나서 12시간이 지나면 양파 조각들을 집 밖으로 들고 나가 멀리 던져버린다. 이런 식으로 매일 밤 양파를 사용했다고 한다. 초기 미국 정착민들은 양파를 문 앞에 걸어둬서 가족 구성원들을 역병으로부터 보호하려고 했다. 또 양파를 이용해서 관심 있는 문제에 대한 점을 쳐볼 수도 있었다. 단 각 선택지마다 양파를 한 개씩 사용한다. 양파 한 알에 각각의 가능성을 새긴 다음 어두운 곳에 두고 하루에 한 번씩 체크해 본다. 그 중 가장 먼저 싹이 나는 양파를 답으로 보았다고 한다.

036
Allium oschaninii 샬롯

Allium ascalonicum | 프렌치 그레이 샬롯French Gray Shallot |
그리셀Griselle

의미: 아스톨레의 땅, 짝사랑.

효능: 정화.

아스톨레의 땅은 아더 왕 전설에서 랜슬롯을 짝사랑하다가 상심해서 죽은 일레인의 성이 있던 곳으로 알려져 있다.

037
Allium sativum 마늘

아티초크 갈릭Artichoke Garlic | 크레올 갈릭Creole Garlic | 필드 갈릭Field Garlic | 메도우 갈릭Meadow Garlic | 크로우 갈릭Crow Garlic | 하드넥 갈릭Hard Necked Garlic | 포슬린 갈릭Porcelain Garlic | 퍼플 스트라이프 갈릭Purple Stripe Garlic | 실버스킨 갈릭Silverskin Garlic | 소프트 넥 갈릭Soft Necked Garlic | 와일드 어니언Wild Onion

의미: 용기, 회복, 강인한 힘.

효능: 도난 방지, 퇴마, 치유, 보호, 악령으로부터 보호, 뱀파이어와 늑대인간으로부터 보호, 짝사랑, 악의 퇴치, 질병의 퇴치, 저주의 눈길이 다가오지 못하게 하다.

산스크리트어 초기 문헌과 공자가 쓴『시경』에서도 마늘이 언급된다. 미신을 믿는 투우사는 투우를 시작하기 전에 수호의 의미로 목에 마늘 한 쪽을 걸기도 했다. 옛사람들은 마늘 꿈을 꾸면 행운이, 마늘을 버리는 꿈을 꾸면 불운이 온다고 생각했다. 또 마늘 리스를 문 앞에 걸어두면 마녀 혹은 정신을 공격하는 뱀파이어를 물리칠 수 있다고 믿었다. 마늘 한 쪽을 목에 걸면 여행길을 지켜준다고도 여겼다. 그래서 뱃사람들은 조난 사고를 방지하려고 마늘을 가지고 승선하기도 했다. 마늘은 하현달 아래에서 자라는 것으로 추정하기도 한다.

038
Allium schoenoprasum 차이브

차이브Chives | 러시 리크Rush Leek

의미: 유용함, 왜 울고 있나요?

효능: 치유, 정신의 힘을 증진, 액운으로부터 보호, 부정적 기운으로부터 보호.

일찍이 사람들은 잡귀를 물리치려고 차이브 한 다발을 집에 걸어두곤 했다. 초창기 네덜란드에서 아메리카로 온 이주민들은 소를 칠 때 우유의 풍미를 돋우려는 의도로 방목장에 차이브를 심기도 했다.

039
Allium tuberosum 부추

솔Sol | 차이니스 차이브Chinese Chives | 갈릭 차이브Garlic Chives | 오리엔탈 갈릭 차이브Oriental Garlic Chives

의미: 용기, 힘.

효능: 보호, 정신력.

부추는 자르거나 으깨었을 때 양파와 비슷한 향이 나지만 알고 보면 바이올렛에 더 가깝다.

040
Alnus japonica 오리나무 (독성)

앨더Alder

의미: 기부, 보육.

오리나무 목재는 그 밝은 색감 덕분에 1950년대 이후 펜더 스트라토캐스터Fender Stratocaster 기타와 텔레캐스터Telecaster 전기 기타의 몸통으로 사용되고 있다.

041

Aloe vera 알로에 베라

알로에Aloe | 악어의 꼬리Crocodile's tail | 악어의 혓바닥Crocodile's Tongue | 메디슨 플랜트Medicine Plant | 미러클 플랜트Miracle Plant | 사막의 백합Lily of the Desert | 불멸의 나무Plant of Immortality | 응급처치 나무First-aid Plant

의미: 쓰라림, 낙담, 비탄, 슬픔, 지혜, 완전무결함, 행운, 가장 효험 있는 치유자, 종교적 미신.

효능: 행운을 불러옴, 마수로부터 보호, 치유, 적적함을 풀어줌, 가정 내 사고를 예방, 보호, 안전, 피난처, 세계적 성공.

옛날에는 망자가 편하게 환생하기를 기원하며 무덤에 알로에 베라를 심곤 했다. 이집트 파라오의 무덤에서도 알로에 베라 그림이 발견된다. 현재도 이 식물의 광범위한 효능에 대한 연구가 진행되고 있다. 실내용 화초로 심으면 가정에서 벌어지는 사고로부터 지켜주고 문과 벽에 걸어두면 액운을 막고 행운을 불러다 준다고 여겼다.

042

Alopecurus pratensis 큰뚝새풀

알로페쿠루스Alopecurus | 여우꼬리 풀Foxtail Grass | 여우꼬리 들풀Field Meadow Foxtail

의미: 재미, 능청맞음, 스포츠, 정정당당한 시합.

브러시처럼 생긴 꽃은 얼핏 부스스한 여우꼬리털처럼 보인다.

043

Aloysia citrodora 레몬버베나

Aloysia citriodora | 이에르바 루이사Hierba Luisa | 예르바 루이사Yerba Luisa | 레몬 비브러시Lemon Beebrush

의미: 매력, 성적 매력, 이성을 끌어들임, 사랑.

효능: 예술, 매력, 아름다움, 우정, 재능, 조화, 기쁨, 사랑, 쾌락, 보호, 정화, 관능.

레몬버베나를 목욕물에 띄우면 부정적인 기운으로부터 지켜준다는 미신이 있었다.

044

Alpinia purpurata 홍화월도

셸 진저Shell Ginger | 타히티 생강Tahitian Ginger

의미: 위로, 다양성, 즐거움, 안전, 힘, 무한한 부, 온화함, 부유함.

효능: 풍요, 공격, 분노, 갈등, 굳센 의지, 우정, 성장, 치유, 기쁨, 생명, 빛, 사랑, 욕망, 금전, 자연의 힘, 록 음악, 강인한 힘, 투쟁, 성공, 전쟁.

이 식물의 꽃과 잎은 열대풍 플라워 어레인지먼트를 했을 때 현저하게 이국적인 분위기를 돋보이게 해준다.

045
Alpinia galanga 알피니아 갈랑가

Languas galanga | *Maranta galanga* | 블루 진저Blue Ginger | 갈랑가Galanga | 차이나 루트China Root | 라오스Laos | 타이 갈랑갈Thai Galangal | 타이 진저Thai Ginger | 동인도 카타르 루트East India Catarrh Root | 인디아 루트India Root | 츄잉 존Chewing John | 코트 케이스 루트Court Case Root | 정복자 로 존Low John the Conqueror

의미: 좋은 향.

효능: 건강, 욕망, 보호, 정신의 힘.

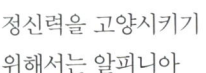

정신력을 고양시키기 위해서는 알피니아 갈랑가를 지니거나 몸에 두르면 좋다고 한다. 또 이 식물은 행운도 불러들인다고 한다. 가죽 주머니에 알피니아 갈랑가를 넣고 은화를 달아두면 금전이 들어온다는 믿음도 있다. 성적 활력을 키우려고 집 주위에 간간이 뿌려두기도 했다.

046
Alstroemeria 알스트로메리아 (독성)

잉카의 백합Lily of the Incas | 페루인의 백합Peruvian Lily | 앵무새 백합Parrot Lily | 페루의 왕자Peruvian Princess

의미: 강한 유대.

효능: 행운, 장수, 타인과의 강한 유대, 결속, 번영, 부.

알스트로메리아의 꽃은 향기를 풍기지 않는다.

047
Althaea officinalis 마시멜로

마시멜로Marshmallow | 스위트 위드Sweet Weed

의미: 사랑을 위해 죽다, 미혼.

효능: 선한 정신, 선행, 악을 압도, 신념의 설득, 보호, 정신력, 부활, 우울함 떨치기, 비밀을 벗김, 지식의 적용.

마시멜로로 사셰를 만들어 지니고 있으면 정신력을 자극한다고 한다. 또한 선한 정신을 끌어내 준다고도 한다. 화병에 꽂아 창가에 두면 방황하는 연인을 돌아오게 한다는 미신도 있었다.

048
Alyssum 알리숨

Aurinia saxatilis | *Lobularia maritima* | 앨리슨Alison

의미: 아름다움 이상의 가치.

효능: 울분과 분노를 완화, 보호.

부적처럼 지니면 부정적인 요인을 떨쳐낼 수 있고, 울분이 가득한 사람이 만지거나 몸에 지니고 있으면 분노를 가라앉힐 수 있다고 믿었다. 또 집에 걸어두면 나쁜 유혹으로부터 가족들을 지킬 수 있다고 여겼다.

049

Alyxia oliviformis 알릭시아 올리비포르미스

마일리(Maile, 하와이산 덩굴식물) | 마일리 덩굴Maile Vine

의미: 사랑의 향기.

효능: 결속, 기념, 치유, 사랑, 보호.

새로운 전통들이 행해지는 오늘날 하와이에서도 유일하게 지속되고 있는 고대 결혼식 전통은 카후나 앞에 신랑과 신부를 세우는 것이다. 카후나는 향기로운 마일리 덩굴로 만든 화환으로 두 사람의 손을 묶어준다. 또 신랑과 신부 들러리들이 마일리 화환을 쓰는 전통도 있다. 마일리로 만든 화환은 하와이에서 여러 특별한 행사에서도 종종 사용된다.

050

Amaranthus 아마란투스

아마란트Amarant |
왕자의 깃털Prince's Feather |
벨벳 플라워Velvet Flower |
플라워 젠틀Flower Gentle |
레이디 블리딩Lady Bleeding |
붉은 닭벼슬Red Cock's Comb

의미: 끝없는 사랑, 신의, 불멸, 시들지 않는 꽃, 바래지 않는.

효능: 치유, 불멸, 화재로부터 보호, 가정 내 사고들로부터 보호, 눈에 보이지 않게 함.

옛사람들은 아마란투스로 만든 화환이나 리스를 걸면 남의 눈에 띄지 않는 능력을 얻는다고 믿었다. 고대 그리스인들은 아마란투스에 내재한 불멸의 힘을 맹신해서 무덤에 그 꽃을 흩뿌리곤 했다. 이것의 말린 꽃을 지니면 실연으로 상처받은 마음을 치유해 준다고도 여겼다.

051

Amaranthus caudatus 줄맨드라미

여우꼬리 아마란스Foxtail Amaranth |
벨벳 플라워Velvet Flower |
러브 라이즈 블리딩Love Lies Bleeding | 태슬 플라워Tassel Flower | 팬던트 아마란스Pendant Amaranth

의미: 황폐, 절망, 절망스럽지만 비정하지는 않은, 낙담.

효능: 마법의 공격, 마법으로 보호.

정원 가장자리에 가장 흔하게 심는 줄맨드라미는 셔닐실(실을 꼬아 부드럽게 만든 것)로 만든 구부러진 파이프 청소기구와 비슷하게 생겼다.

052

Amaranthus hypochondriacus 아마란투스 히포콘드리아쿠스

왕자의 깃털Prince's Feather | 웨일스 왕자의 깃털Prince-of-Wales-Feather | 불멸의 꽃Flower of Immortality | 벨벳 플라워Velvet Flower | 러브 라이즈 블리딩Love-Lies Bleeding | 붉은 닭벼슬Red Cockscomb

의미: 섬김, 사랑.

효능: 치유, 보호.

스페인 식민 지배를 받을 당시 멕시코에서 이 식물은 아즈텍 의식에서 사용했다는 이유로 금지 식물이었다. 이 식물로 만든 화관을 머리에 쓰면 치유를 촉진한다는 미신도 있었다. 또한 상처받은 마음도 치유해 준다고 여겼다.

053

Amaryllis 아마릴리스 (독성)

Amaryllis belladonna | 아마릴로Amarillo | 네덜란드 아마릴리스Dutch Amaryllis | 벌거벗은 아가씨Naked Lady | 남아프리카 아마릴리스South African Amaryllis | 벨라돈나 릴리Belladonna lily

의미: 예술적 노력, 아름답지만 소심한, 결백, 자부심, 빛나는 미모, 학문적 성취, 수줍음, 번뜩이는, 눈부신 미모, 분투 끝에 얻은 성공, 진정한 아름다움, 글쓰기.

효능: 대담함, 열광, 정열.

그 커다란 구근에서 놀랍게도 쉽게 꽃을 피우는 아마릴리스는 한겨울에 실내에 있다면 6주면 꽃을 피울 수 있다. 그러나 씨앗에서 자라기 시작해 꽃을 피우려면 족히 6년은 걸린다고 한다. 야생에서는 봄이나 여름에 꽃이 핀다.

054

Ambrosia artemisiifolia 돼지풀

래그위드Ragweed | 비터위드Bitterweed | 블러드위드Bloodweed

의미: 용기, 불멸, 보답받은 사랑, 당신의 사랑은 보답받을 것입니다.

효능: 부정한 기운을 제거, 용기.

전 세계에서 돼지풀 꽃가루는 고초열(봄에서 여름에 걸친 개화기에 나타나는 알레르기성 비염)을 일으키는 주된 원인으로 지목되고 있다.

055

Amorpha fruticosa 족제비싸리 (독성)

사막 가짜 인디고Desert False Indigo | 가짜 인디고False Indigo | 인디고 위드Indigo Weed | 호스 플라이 위드Horse Fly Weed | 래틀 부시Rattle Bush | 밥티시아Baptisia

의미: 기형, 무정형, 형체나 모양이 없음, 매몰.

효능: 보호.

집 바깥이나 주변에 수호의 의미로 심기도 했다. 특히 중세에는 영적 조력자들을 보호하는 주술이나 부적에 없어서는 안 될 재료였다.

056

Amorphophallus titanum 시체꽃

시체꽃Corpse Plant | 타이탄 아룸Titan Arum | 붕아 방카이Bunga Bangkai | 카데바 플랜트Cadavar Plant

의미: 변질.

그리스어로 번역하면 대체로 〈거대한 기형 성기〉를 뜻한다. 세계에서 가장 큰 민가지 화초로 7-8년에 한 번씩 2-3일에 걸쳐 꽃이 핀다. 꽃의 알줄기는 거의 51킬로그램에 달한다. 꽃이 활짝 피었을 때 뿜어 나오는 향이 흡사 포유류 썩은 냄새와 비슷해서 시체꽃이라 불리기도 한다.

057

Anacamptis papilionacea 아나캄프티스 파필리오나케아

버터플라이 오키드Butterfly Orchid | 핑크 버터플라이 오키드Pink Butterfly Orchid

의미: 집안의 평온, 흥겨움.

목초지에서도 종종 발견되는, 일명 그라운드 오키드(ground orchid, 정원이나 일반 땅에서 자랄 수 있는 난초)이다.

058

Anacardium occidentale 캐슈나무

캐슈 너트 트리Cashew Nut Tree | 캐슈 애플 트리Cashew Apple Tree | 마라뇽 트리Maranon Tree | 멘테 트리Mente Tree

의미: 보상.

효능: 금전, 번영.

브라질에서는 캐슈 애플로 더 알려진 마라뇽이 너트보다 더 인기가 많다. 하지만 실제로는 열매가 아니라 캐슈나무에 붙어 있는 씨앗이 부풀어 오른 줄기이다.

059

Anagallis arvensis 뚜껑별꽃

Anagallis phoenicea | 빨간 별꽃Red Chickweed | 목동의 시계Shepherd's Clock | 스칼렛 핌퍼넬Scarlet Pimpernel | 가난한 사람의 고도계Poorman's Barometer | 목동의 기압계Shepherd's Weather Glass

의미: 약속, 만날 약속, 밀회, 변화, 불성실.

효능: 건강, 보호.

뚜껑별꽃은 햇빛이 있는 동안에만 꽃잎을 편다.

060

Ananas comosus 파인애플

파인애플Pineapple | 아나나스Ananas | 나나스Nanas

의미: 순결, 기쁨, 완전무결, 당신은 완벽합니다.

효능: 행운, 금전.

솔방울을 닮은 단 한 개의 파인애플 열매가 열리기까지는 2년이 걸린다.

061

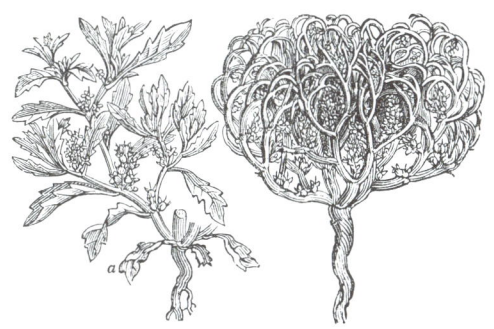

Anastatica hierochuntica 아나스타티카 히에로쿤티카

예리코의 장미Jericho Rose | 성모 마리아의 꽃Flower of Saint Mary | 마리아의 손Mary's Hand | 부활초Resurrection Plant | 공룡초Dinosaur Plant | 팔레스타인 회전초Palestinian Tumbleweed | 흰겨자꽃White Mustard Flower

의미: 부활.

효능: 풍부, 평화, 힘.

이 식물은 회전초(가을이 되면 줄기 밑동에서 떨어져 공 모양으로 바람에 날리는 잡초)이자 부활초이다. 즉 말렸다가 풀리는 과정이 여러 차례 반복된다.

062

Anchusa officinalis 알카넷

알카넷Alkanet | 뷰글로스Bugloss

의미: 거짓말.

효능: 번창을 부름, 번영, 치유, 보호, 정화.

알카넷은 모든 종류의 번영을 불러온다고 알려져 있다.

063

Anemone 아네모네 (독성)

가든 아네모네Garden Anemone | 바람꽃Wind Flower

의미: 변치 않는 사랑, 기대, 버림받은, 멀어짐, 정원사의 자부심, 예상, 시들어 가는 청춘, 치유, 건강, 질병, 사랑, 거절, 아픔, 진심, 성실, 견고한 사랑, 고통과 죽음.

효능: 치유, 사랑, 보호, 질병으로부터 보호.

아네모네의 닫힌 꽃잎을 열기 위해 부는 바람은 다른 꽃들의 죽은 꽃잎들을 날려버린다는 이야기가 전해지고 있다.

064

Anemone coronaria 아네모네 코로나리아 (독성)

크라운 아네모네Crown Anemone | 스패니시 매리골드Spanish Marigold | 양귀비 아네모네Poppy Anemone

의미: 버림받은, 불멸의 사랑, 질병, 저버린 기대.

효능: 치유, 건강, 보호.

065

Anemone nemorosa 아네모네 네모로사 (독성)

바람꽃Windflower | 여우냄새Smell Fox | 우드 아네모네Wood Anemone | 팀블위드Thimbleweed

의미: 질병, 포기, 저버림, 사랑, 성실함.

효능: 치유, 건강, 보호.

아네모네 네모로사에는 장구한 미신의 역사가 도사리고 있다. 고대에는 이 식물이 모든 형태의 역병의 원인이 된다고 여겼다. 그 병은 너무 치명적이어서 사람들은 이 꽃이 피어 있는 들판을 지날 때마다 숨을 참았다고 한다. 그곳에 흐르는 공기를 들이마시는 것만으로도 죽음에 이를 수 있다고 믿었기 때문이다. 그래서 중국인들은 이 꽃을 일컬어 〈죽음의 꽃The Flower of Death〉이라고 했다. 초기 이집트인들도 이 식물을 질병의 상징으로 여겼다. 오래전 영국인들은 처음으로 눈에 띈 아네모네 네모로사를 뽑아 깨끗한 비단 천에 싼 뒤 역병을 물리치는 부적처럼 지니고 다녔다고 한다.

066

Anethum graveolens 딜

딜Dill | 아네툼Anethum | 딜리Dilly | 가든 딜Garden Dill | 딜 위드Dill Weed

의미: 명랑 쾌활, 행운.

효능: 사랑, 욕망, 금전, 보호, 완화, 생존, 악이 다가오지 못하게 함.

딜을 문에 걸어두면 재앙을 피하게 해주며, 자신을 질투하는 사람이나 반갑지 않은 사람을 쫓아줄 거라 여겼다. 또 아기의 요람에 딜의 잔가지를 끼워두면 아기가 안전할 거라고 믿었다.

067

Angelica archangelica 노르웨이당귀

Angelica officinalis | 안젤리카Angelica | 앤젤 플랜트Angel Plant | 유러피언 와일드 안젤리카European Wild Angelica | 천사들의 허브Herb of the Angels | 야생 셀러리Wild Celery | 성령의 허브Herb of the Holy Ghost

의미: 나를 감동시켜 주세요, 선한 마법의 상징, 시적 영감의 상징, 영감.

효능: 용기, 저주를 물리침, 미혹을 물리침, 욕망을 물리침, 모든 형태의 재앙과 망령을 퇴치, 중독을 치료, 보호, 활력, 번개를 피하게 해줌.

전염병이 돌 때면 노르웨이당귀가 마을 전체를 보호한다고 알려졌다. 그 잎이 발산하는 향이야말로 천사의 향이라고

여겼다. 집 주변 사방에 심거나 뿌려두면 일체의 불운과 역병을 막아주고, 목욕물에 섞으면 온갖 종류의 부정적 기운도 막아준다고 믿었다. 도박사들은 노르웨이당귀를 수호 부적처럼 주머니에 넣고 있으면 돈을 잃지 않고 딸 수 있다고 확신했다.

068
Angelonia angustifolia 좁은잎안젤로니아

섬머 스냅드래곤Summer Snapdragon

의미: 오만하고 주제넘음.

중세에 오만함에서 비롯된 속임수로부터 천사들의 가호를 구하는 주술에 좁은잎안젤로니아를 사용했다고 한다.

069
Angraecum sesquipedale 앙그라이쿰 세스퀴페달레

(독성)

크리스마스 난초Christmas Orchid | 다윈의 난Darwin's Orchid | 베들레헴의 별Star of Bethlehem | 앙그레쿰의 왕King of the Angraecums

의미: 속죄, 안내, 희망, 나태, 순수, 화해, 충성.

독특한 별 모양의 꽃 위에 흔치 않게 기다란(25-43센티미터) 꿀샘돌기(꿀샘에 다다르는 자루 모양의 돌기)를 가진 이 꽃을 보고 찰스 다윈은 1862년에 출간된 연구서에서 야생 앙그라이쿰 세스퀴페달레의 수분에 대해 밝혔다. 다윈은 그 긴 꽃술 끝에 몰려 있는 꿀을 먹으려면 그 곤충은 이제껏 안 알려진 특별하게 긴 주둥이를 가졌을 거라고 추측했다. 당시 이 가설은 놀림감이 되었지만 그가 사망한 지 21년이 지난 1903년에 마다가스카르에서 긴 혀를 가진 대형 나방이 발견됨으로써 그의 추측이 맞았음이 증명되었다. 스핑크스 나방 또는 박각시나방으로 불리는 이 나방은 일반적으로 〈모건의 스핑크스 나방Morgan's Sphinx Moth〉이라고도 불린다.

070
Anigozanthos 아니고잔토스

캥거루 발톱Kangaroo Paw | 고양이 발톱Catspaw | 원숭이 발톱Monkey Paw

의미: 특이하고 색다른.

현란한 색의 벨벳 느낌의 꽃을 피우는 아니고잔토스는 야생식물의 보고라 할 호주 서부의 공식 상징화이다.

071
Anthemis nobilis 캐모마일

캐모마일Camomile | 로만 캐모마일Roman Camomile | 와일드 캐모마일Wild Chamomile | 가든 캐모마일Garden Camomile | 그라운드 애플Ground Apple | 론 캐모마일Lawn Chamomile

의미: 당신을 아는 모든 이들이 당신을 사랑할 거예요, 재물을 끌어들임, 역경 속에서도 기운을 냄, 기발한 재주, 주도권, 역경에 처한 사랑, 인내, 잠, 졸음, 생기 없는, 지혜.

효능: 풍부함, 진보, 진정, 의지, 우정, 성장, 치유, 기쁨, 생명, 빛, 사랑, 행운, 명상, 금전, 자연력, 정화, 잠, 성공, 고요.

일명 정원의 〈의사 식물plant doctor〉로 여겨지는 캐모마일을 일부러 쇠약해진 식물 근처에 심어 그 식물의 기운을 북돋기도 했다. 옛날에는 도박을 시작하기 전에 행운을 기대하면서 손에 캐모마일 수액을 바르는 도박사들도 있었다고 한다. 또 그 수액을 목욕물에 풀면 사랑을 끌어들일 수 있다고 믿었다. 소유지 주위에 캐모마일 수액을 뿌리면 그곳에 사는 이들을 겨냥한 저주나 마법을 물리칠 힘을 얻을 수 있다고도 여겼다.

072

Anthoxanthum odoratum 향기풀

Anthoxanthum nitens | *Hierochloe odorata* | 버펄로 그래스Buffalo Grass | 스위트 그래스Sweet Grass | 바닐라 그래스Vanilla Grass | 버날 그래스Vernal Grass | 홀리 그래스Holy Grass

의미: 평화, 가난하지만 행복함, 영성.

효능: 착한 영혼을 부름, 명상, 정화.

아메리카 원주민들은 현재도 성스러운 식물로 여겨서 향으로 태울 정도로 향기풀은 이들에게 상징적인 중요성을 가지고 있다. 일부 원주민 부족들은 가장 오래된 식물로서 향기풀을 어머니 대지Mother Earth의 머리카락이라고 생각한다. 흔히 땋거나 묶어서 무덤에 놓거나 신성한 장소들에 봉헌하기도 한다.

073

Anthriscus cerefolium 처빌

프렌치 파슬리French Parsley | 가든 처빌Garden Chervil | 샐러드 처빌Salad Chervil | 고메 파슬리Gourmet Parsley

의미: 고요, 성실.

처빌이 널리 전파된 것은 로마인들이 로마제국 전체를 가로질러 야영지 가까운 곳에 심었기 때문이다.

074

Antirrhinum majus 금어초

사자의 입Lion's Mouth | 두꺼비의 입Toad's Mouth | 개의 입Dog's Mouth | 송아지의 주둥이Calf's Snout

의미: 창의력, 기만, 의지력, 자애로운 숙녀, 무분별함, 절대로 하지 않는, 주제넘음.

가까운 곳에서 음험한 기운이 느껴지면 금어초를 밟거나 그 기운이 지나갈 때까지 금어초를 손에 쥐고 기다렸다고 한다. 누군가 당신에게 나쁜 기운이나 저주를 보낸다면 금어초를 병에 꽂아 거울 앞에 놓아두면 그것을 보낸 당사자에게 되돌아간다는 미신이 있었다. 옛사람들은 혼을 빼앗기는 것을 막기 위해 금어초 씨앗을 목에 걸기도 했다. 금어초를 지니고 있으면 인자하면서도 매우 매혹적인 사람으로 돋보이게 해준다고도 한다. 또한 조금이라도 몸에 지니고 있으면 기만적인 술수로부터 지켜준다고 믿었다.

075

Anthurium 안수리움 (독성)

홍학꽃Flamingo Flower | 하와이의 심장Heart of Hawaii | 혓바닥에 그린 그림Painted Tongue | 보이 플라워Boy Flower

의미: 풍부함, 흠모, 행복, 환대, 사랑, 애욕, 로맨스, 관능, 성생활.

효능: 인내심.

076

Apium graveolens 셀러리

셀러리Celery | 아피움Apium | 엘마Elma | 마시워트Marshwort

의미: 연회, 오락, 잔치, 축제, 지속적인 기쁨, 크게 기뻐함, 유쾌.

효능: 최음제, 정력제, 균형, 집중, 관능, 수컷의 정력, 맑은 정신, 정신력, 잠.

고대 그리스인들은 월계수에 버금가는 가치를 부여해서 육상경기 우승자에게 셀러리로 만든 화관을 씌워주기도 했다.

077

Apocynum lancifolium 개정향풀 (독성)

인도 대마Indian Hemp | 도그베인Dogbane |
류머티즘 웰드Rheumatism Weld

의미: 속임수, 거짓말, 개에게 유해한.

효능: 지원, 임신과 출산 능력, 조화, 독립, 사랑, 물질적 이득, 고집, 안정, 힘, 끈기.

개정향풀은 맹독성이라 대체로 쓸모없지만 풍부한 꽃을 피워서 벌들에게는 풍부한 꿀을 제공한다.

078

Aptenia cordifolia 화만초

Mesembryanthemum cordifolium | 선로즈Sunrose | 압테니아Aptenia |
베이비 선로즈Baby Sunrose | 듀 플랜트Dew Plant | 크리스털 아이스 플랜트Crystal Ice Plant | 하트 리프 아이스 플랜트Heart Leaf Ice Plant

의미: 연가, 세레나데.

해가 떠 있을 때만 꽃잎을 연다.

079

Aquilaria malaccensis 침향 (독성)

침향나무Agarwood | 우드 알로에Wood Aloes | 아가르Agar

의미: 생명의 정신.

효능: 행운을 불러들임, 사랑을 불러옴, 사랑, 영성.

침향을 지니고 있으면 사랑이 찾아온다는 말이 있다. 이 식물은 수세기 동안 서양에서 행운과 사랑을 부르는 마법에 사용되었다. 현재는 야생 서식지가 사라지고 불법적인 재배와 거래가 늘어나면서 생존이 크게 위협을 받고 있다. 따라서 야생에서는 멸종 위기종으로 여겨지고 있다. 침향은 향수나 향을 만드는 수지를 함유한 침향나무의 원천이며, 세계 주요 종교 경전에서도 영적인 상징으로 숭배되고 있다.

080

Aquilegia 아퀼레기아 (독성)

매발톱꽃Columbine |
사자의 허브Lion's Herb

의미: 어리석음, 불륜, 버림받은 사랑, 버림, 광기, 사랑, 용기, 힘.

특별한 색깔의 의미

보라색: 필승의 각오.
빨간색: 불안, 전율.

효능: 용기, 사랑.

방울 달린 광대모자와 닮았다고 해서 어리석음의 상징이 되기도 한다. 따라서 여성에게 이 꽃을 주는 것은 좋은 의미가 아니다. 아퀼레기아는 전 세계를 통틀어 가장 아름다운 야생화 가운데 하나로 꼽힌다. 예로부터 용기와 기운을 얻고 싶을 때 이 꽃을 달거나 꽂곤 했다. 씨앗을 작은 주머니에 넣어 지니고 있으면 사랑을 불러온다는 설도 있다.

081

Araucaria heterophylla 아라우카리아 헤테로필라 (독성)

Araucaria excelsa | 살아 있는 크리스마스 트리Living Christmas Tree | 노포크 아일랜드 소나무Norfolk Island Pine | 폴리네시아 소나무Polynesian Pine | 스타 파인Star Pine | 트라이앵글 트리Triangle Tree

의미: 잎이 많은.

효능: 기아를 막아줌, 보호.

집 근처에 심거나 화분을 실내에 두면 악령의 침입이나 굶주림을 예방할 수 있다고 믿었다. 높이는 30미터 이상, 둘레는 18미터 이상까지 자란다.

082

Arbutus 아르부투스

딸기나무Strawberry Tree | 마드로나Madrona

의미: 하나뿐인 사랑, 오직 당신만을 사랑합니다.

효능: 신의, 보호.

주기적으로 나무껍질과 잎과 열매들을 떨어뜨린다. 껍질은 탄닌이 풍부해서 가죽의 무두질에 사용된다. 열매가 쭈글쭈글해지기 시작하면 다 자란 뾰족한 가시들이 동물들 몸에 달라붙어서 여러 곳으로 흩어진다.

083

Arbutus unedo 우네도딸기나무

아일랜드 딸기나무Irish Strawberry Tree | 케인 애플Cane Apple

의미: 사랑과 존경, 존중받는 사랑.

효능: 보호.

발효된 우네도딸기나무 열매를 먹은 곰들이 취한 것처럼 흥분했다는 사례들이 보고되고 있다. 고대 로마인들은 이 나무가 주변에 도사린 재앙으로부터 어린 아이들을 보호해 준다고 믿었다.

084

Arctotheca calendula 아르크토테카 칼렌둘라

케이프 위드Cape Weed | 케이프 매리골드Cape Marigold

의미: 징조, 전조, 징후.

가을부터 싹을 틔우기 시작해서 이듬해 여름 무렵에 죽는다.

085

Arctium lappa 우엉

아르크티움Arctium | 그레이트 버독Great Burdock | 라파 버독Lappa Burdock | 걸인의 단추Beggar's Buttons | 해피 메이저Happy Major | 뷰글로스Bugloss | 하독Hardock | 에더블 버독Edible Burdock | 페르소나타Personata

의미: 거짓, 끈덕진 요구, 날 만지지 말아요.

효능: 치유, 보호.

씨앗(껍질이 까글까글함): 무례함, 당신은 날 지치게 하는군요.

벨크로는 우엉 씨앗에서 아이디어를 얻어 만든 것이라고 한다. 우엉 뿌리를 하현달이 뜬 동안 모았다가 짧게 자른 뒤 빨간 실 한 가닥에 꿴 뒤 말려서 구슬 목걸이처럼 착용하면 부정한 기운으로부터 보호받을 수 있다는 미신이 전해져 온다. 집 둘레에 우엉 씨앗을 조심스레 심어둬도 같은 효과를 볼 수 있다고 사람들은 믿었다.

086

Arctostaphylos uva-ursi 아르크토스타필로스 우바 우르시 (독성)

베어베리Bearberry | 밀베리Mealberry | 마운틴 박스Mountain Box | 마운틴 타바코Mountain Tobacco | 크랜베리Cranberry | 곰의 포도Bear's Grape

의미: 곰의 포도.

효능: 정신력, 심령술.

야생 곰이 유난히 이 열매를 좋아한다.

087

Arecaceae 야자나무과

야자수Palm Tree

의미: 임신과 출산 능력, 평화, 정신적인, 열대, 승리와 성공, 휴가, 승리를 거둔.

전 세계적으로 열대와 휴가의 상징적인 이미지로 야자나무만한 게 없을 것이다.

088

Arenaria verna 아레나리아 베르나

황금 이끼Golden Moss | 아일랜드 이끼Irish Moss | 샌드워트Sandwort

의미: 모래를 좋아하는.

효능: 행운, 금전, 보호.

두껍고 푸르러서 마치 살아 있는 카펫을 깔아놓은 것처럼 보일 정도다.

089

Argentina anserina 퀄마

실버위드Silverweed | 퀄마Potentilla anserina

의미: 소박함, 단순함.

효능: 악령을 물리침, 마법을 물리침.

옛날에는 신발 속에 넣어 땀을 흡수하도록 했다.

090

Arisaema dracontium 아리사이마 드라콘티움 (독성)

드래곤 루트Dragon Root | 그린 드래곤Green Dragon

의미: 열정.

야생에서 멸종 위기종으로 여겨지고 있다.

091

Arisarum 아리사룸

Arisarum vulgare | 수도사의 두건Friar's Cowl | 라루스Larus

의미: 열중, 속임수, 흉포함.

두건을 쓴 것 같은 불염포, 즉 포가 변형된 큰 꽃턱잎(꽃대의 밑이나 꽃자루의 밑을 받치고 있는 녹색 비늘 모양의 잎)이 삐죽 위로 솟아 있으면 아리사룸으로 보면 된다.

092

Armeria vulgaris 아르메리아 불가리스

트리프트Thrift | 씨핑크Sea Pinks

의미: 연민, 공감, 전사자에 대한 연민.

영국의 3펜스짜리 동전에 새겨진 식물이 바로 아르메리아 불가리스다.

093

Armoracia rusticana 겨자무

Cochlearia armoracia | 호스래디시Horseradish | 스팅노즈Stingnose

의미: 비참한 노예 상태.

효능: 정화.

12월 31일에 겨자무 한 송이를 지갑이나 호주머니에 넣어두면 새해에는 충분한 금전적 보상이 온다는 속설이 있었다. 그리스 신화에 따르면 델포스 신탁은 아폴론에게 겨자무가 황금만큼의 가치가 있다고 말했다고 한다. 가정에 드리운 악과 부정적인 기운을 없애고 정화하기 위해 집 주변 땅과 현관 계단, 창턱 같은 구석에 말린 겨자무 조각들을 흩뿌려두는 경우도 있었다.

094

Artemisia abrotanum 서던우드 (독성)

서던우드Southernwood | 레몬 플랜트Lemon Plant | 연인의 나무Lover's Plant | 소년의 사랑Boy's Love | 노인의 약쑥Oldman Wormwood | 가든 세이지브러시Garden Sagebrush

의미: 최음, 정력제, 욕정이 넘치는 동침자, 정감 어린, 지조, 신의, 익살, 장난, 고통, 유혹.

효능: 해독, 관능, 정력, 성적 매력, 유혹, 뱀을 쫓아냄, 액운 퇴치.

옛날 서양에서는 서던우드를 마법으로 지은 묘약의 가장 강력한 해독제로 여겼다. 또 뱀과 도둑들을 쫓아버리는 용도로도 사용하곤 했다. 서던우드에 관한 믿음 가운데 이 식물이 남성의 발기부전을 유발한다는 것도 있다. 반면에 중세에는 젊은 남성이 여성을 유혹하기 위해 만드는 꽃다발에 이 식물의 잔가지를 자주 끼워 넣었다고 한다. 또 가지를 침대 밑에 두면 성욕을 증진시킨다고도 믿었다.

095

Artemisia absinthium 향쑥 (독성)

웜우드Wormwood | 압생트Absinthe | 왕을 위한 왕관Crown for a King | 늙은 여자Old Woman | 그랜드 웜우드Grand Wormwood

의미: 부재, 불륜, 쓰라림, 파괴, 낙담하지 마세요, 추방, 우상 숭배, 사랑, 가난, 이별, 사랑의 고통, 불쾌함.

효능: 영을 불러들임, 분노 떨쳐버리기, 점성술, 사랑을 불러오다, 불화 예방, 전쟁 방지, 보호, 안전한 여행, 정신력, 대성통곡.

옛날에는 묘지에서 향쑥을 태우면 망자의 혼이 깨어나 마법사에게 말을 건다는 믿음이 있었다. 사탄이 에덴동산에서 탈출할 때 길을 표시했던 것도 향쑥이었다는 전설이 있다. 향쑥에는 마법으로부터 보호하는 힘도 있다고 믿었다.

096

Artemisia dracunculus 타라곤

드래곤 허브Dragon Herb | 용의 풀Dragon's Wort | 프렌치 타라곤French Tarragon | 뱀의 발Snakesfoot | 허브의 왕King of Herbs

의미: 공포, 약속의 지속, 지속적인 관심, 지속적인 열중, 영속성, 재난 발생, 테러.

효능: 사랑, 사냥, 뱀에게 물린 상처 치료.

타라곤은 정원을 돌아다니는 해충이 싫어하는 맛과 향을 지니고 있어서 주변의 다른 식물들을 보호해 주는 바람직한 식물로 꼽힌다. 사냥을 떠날 때 타라곤을 지니면 행운이 온다는 설도 있었다.

097

Artemisia vulgaris 잔쑥 (독성)

머그워트Mugwort | 아르테미시아Artemisia | 성 요한의 풀Saint John's Plant | 뱃사람의 담배Sailor's Tobacco | 야생 웜우드Wild Wormwood | 늙은 삼촌 헨리Old Uncle Henry | 아르테미스 허브Artemis Herb | 흉악범의 허브Felon Herb | 불량배Naughty Man | 웨스턴 머그워트Western Mugwort | 화이트 머그워트White Mugwort

의미: 우리의 영적 경로를 깨달음, 품위, 행운, 행복, 평온.

효능: 끌림, 아름다움, 우정, 선물, 조화, 치유, 건강, 기쁨, 장수, 사랑, 쾌락, 보호, 예지몽, 어두운 힘으로부터 보호, 정신력, 관능, 힘, 미술.

사랑하는 이들의 여행길에 잔쑥을 넣어주면 안전하게 귀환하고 야생동물, 일사병, 피로로부터 여행자를 지켜준다는 미신이 있었다. 또한 잔쑥은 성욕과 수태능력을 증진하기도 한다. 옛사람들은 이 식물에 마술적인 힘이 담겨 있다고 믿어서 사악한 힘으로부터 보호받으려고 몸에 지니곤 했다. 성 요한 축일 전날 저녁에 이 풀을 모으면 악, 불운, 질병으로부터 지켜준다고 한다. 또 장거리 달리기를 할 때

신발 안에 넣어두면 힘을 얻을 수 있고, 베개 속에 넣어두면 자는 동안 예지몽을 꿀 수 있다는 얘기도 있었다. 수정구슬 밑 또는 주변에 놓아두면 점괘를 더 잘 읽게 해준다는 설도 있다. 옛날 일본과 중국에서는 질병의 기운이 잔쑥의 냄새를 싫어한다고 믿어서 병을 물리치기 위해 다발을 문에 걸어두곤 했다. 또 몸에 지니고 있으면 요통을 방지하고 광기를 치유한다는 미신도 있었다.

098
Arum maculatum 아룸 마쿨라툼 (독성)

와일드 아룸Wild Arum | 아담과 이브Adam and Eve | 악마와 천사Devils and Angels | 벌거벗은 소년Naked Boys | 주인과 마님Lords and Ladies | 천남성Jack-in-the-Pulpit | 인디언 터닙Indian Turnip | 젖소와 황소Cows and Bulls

의미: 열정, 열의.

효능: 사랑을 불러옴, 행복.

099
Arundo donax 물대

아룬도Arundo | 자이언트 케인Giant Cane | 자이언트 리드Giant Reed | 스패니시 케인Spanish Cane

의미: 백파이프의 선율관, 정화, 소통, 정중함, 음악, 노래, 파이프, 목관악기, 목적, 만남, 여행.

효능: 보호, 정화, 낚시.

물대는 오랫동안 플루트를 만드는 용도로 쓰이고 있다. 또한 목관악기와 백파이프의 리드 부분을 제작하는 데 쓰는 기초 재료이기도 하다.

100

Asclepias 아스클레피아스

밀크위드Milkweed

의미: 고통 속의 희망.

왕나비가 알을 낳는 유일한 식물이다. 왕나비의 애벌레가 포식자 조류가 달가워하지 않는 독소를 아스클레피아스 잎으로부터 얻을 수 있기 때문이다. 벌새는 아스클레피아스의 가느다란 섬유실을 써서 둥지의 내부 벽을 다진다. 코르크보다 부력이 6배는 좋아 제2차 세계대전 기간에는 구명조끼 재료로도 사용되었다.

101
Asclepias curassavica 금관화 (독성)

블러드 플라워Blood Flower | 멕시칸 버터플라이 위드Mexican Butterfly Weed | 스칼렛 밀크위드Scarlet Milkweed

의미: 사랑을 위해 사랑에 대항, 의무 준수 요구, 역경을 통해 교훈을 얻음, 나를 내버려두세요.

102
Asclepias tuberosa 아스클레피아스 투베로사 (독성)

버터플라이 러브Butterfly Love | 버터플라이 위드Butterfly Weed | 인디언 페인트 브러시Indian Paint Brush | 오렌지 밀크위드Orange Milkweed | 화이트 루트White-Root | 윈드루트Windroot

의미: 심적 고통을 치료, 날 보내줘요, 사랑.

효능: 심적 고통을 치료, 사랑.

103
Asparagus densiflorus 아스파라거스 덴시플로루스
(독성)

Asparagus aethiopicus | 아스파라거스 펀Asparagus Fern | 수양 아스파라거스Sprenger's Asparagus

의미: 매혹.

아스파라거스 펀(Asparagus Fern, fern은 양치식물이라는 뜻)이라는 명칭에도 불구하고 이 식물은 채소나 양치식물이 아니다.

104
Asparagus officinalis 아스파라거스 (독성)

아스파라거스Asparagus | 가든 아스파라거스Garden Asparagus | 참새풀Sparrow Grass | 러브 팁Love Tips | 에스파라고Espárrago | 뿌엥 다무르Points d'Amour

의미: 매혹.

기원전 3000년 무렵의 고대 이집트 벽화에는 아스파라거스를 봉헌하는 제례 장면이 그려져 있다.

105
Asphodeline lutea 아스포델리네 루테아

아스포델Asphodel | 왕의 창King's Spear | 야곱의 회초리Jacob's Rod | 옐로우 아스포델Yellow Asphodel

의미: 나른, 지루함, 후회.

튼튼하고 질긴 식물이라 땅에서 자라게 내버려 두면 훨씬 크고 아름다운 꽃이 핀다. 전설에 따르면 영웅적이거나 특히 선한 사람들의 마지막 사후 안식처인 그리스 지하세계 엘리시안 들판에서 자란다고 한다.

106
Asphodelus 아스포델루스

아스포델Asphodel | 아스포델로이데스Asphodeloides

의미: 죽은 이를 위해, 죽을 때까지 충실하겠어요, 내 후회는 저승까지 당신을 따라갈 것입니다, 후회, 죽은 뒤에도 기억됨, 지하세계, 영원한 후회.

효능: 내세, 죽음, 마법을 초래, 뱀에게 물림.

고대 그리스의 전설에서는 어두운 잿빛의 아스포델루스를 죽음에 비유하면서, 지하세계(저승)에서 야생으로 자란다고 하여 사후세계와 연관시키기도 했다. 그래서 무덤에 심는 경우도 많았다. 페르세포네는 이것의 꽃과 잎으로 만든 화관을 썼다고 한다.

107
Aster amellus 아스테르 아멜루스

Amellus officinalis | *Aster elegans* | 애스터Aster | 독일 과꽃German Aster | 유럽 성 미카엘의 데이지European Michaelmas Daisy | 그리스도의 눈Eye of Christ | 성 미카엘의 데이지Michaelmas Daisy

의미: 섬세함, 우아함, 믿음, 신의, 희망, 당신과 마음을 나눕니다, 빛, 별과 같은, 사랑, 힘(권력), 사랑의 상징, 사랑의 부적, 용맹, 다양성, 지혜, 일이 상황에 따라 바뀌기를 바람.

아스테르 아멜루스를 지니고 있으면 사랑을 얻는다는 이야기가 있다. 그래서 사랑이 이뤄지기를 기원하는 의미로 정원에서 가꾸기도 한다.

108
Astilbe 아스틸베

노루오줌False Goat's Beard | 가짜 조팝나무False Spirea

의미: 계속 기다릴래요.

솜털 같은 깃털이 달린 꽃은 정원에 조화와 극적인 분위기를 더해준다. 깃털 같은 줄기는 쉽게 마르기 때문에 물을 자주 줘야 한다.

109
Astilbe chinensis 노루오줌

차이니스 아스틸베Chinese Astilbe | 키 큰 노루오줌Tall False-Buck's-Beard

의미: 따분한, 우둔함.

바짝 마른 신기한 솜털 같은 꽃이 핀다.

110
Astragalus membranaceus 황기 (독성)

로코위드locoweed | 염소 가시Goat's-Thorn

의미: 당신으로 인해 내 고통이 누그러집니다.

황기는 방목 가축을 기르는 목초지에서는 위험하다. 황기를 먹은 가축들이 평소와 다르게 날뛰거나 정신이 나간 것처럼 행동하는 등 짐승들의 정신에 영향을 미치기 때문이다.

111
Astragalus glycyphyllos 감초황기 (독성)

리커리시 밀크베치Liquorice Milkvetch | 야생 리커리시Wild Licorice

의미: 당신에게 반대합니다.

효능: 용기.

핀란드에서는 멸종 위기종으로 지정돼 나라 전체에서 보호하고 있다.

112

Atropa belladonna 아트로파 벨라돈나 (독성)

아트로파Atropa | 블랙 체리Black Cherry | 죽음의 허브Death's Herb | 마녀의 베리Witches' Berry | 데들리 나이트셰이드Deadly Nightshade | 죽음의 체리Death Cherries | 악마의 베리Devil's Berries | 악마의 체리Devil's Cherries | 불량배의 체리Naughty Man's Cherries | 마법사의 베리Sorcerer's Berry

의미: 거짓말, 고요, 외로움, 침묵, 경고.

효능: 환각, 환각 상태에서 마녀의 비행, 환영(환상).

모든 부분이 맹독성을 띄고 있어서 어떤 경우라도 피해야 한다.

113

Aurinia saxatilis 아우리니아 삭사틸리스

Alyssum saxatile | *Alyssum saxatile compactum* | 황금바구니Basket of Gold | 골든 터프트 매드워트Golden-Tuft Madwort | 골든 앨리슨Golden Alison | 골든 터프트 알리숨Golden-Tuft Alyssum | 록 매드워트Rock Madwort

의미: 평온.

봄이 되면 잎 부분을 완전히 덮어버릴 정도로 꽃이 만개한다.

114

Autumn Leaves 여러 가지 낙엽들

의미: 우울.

여러 색의 부드러운 낙엽들은 오래도록 보존할 수 있다. 간단하게는 왁스를 얇게 발라 코팅하는 방법도 있다.

115

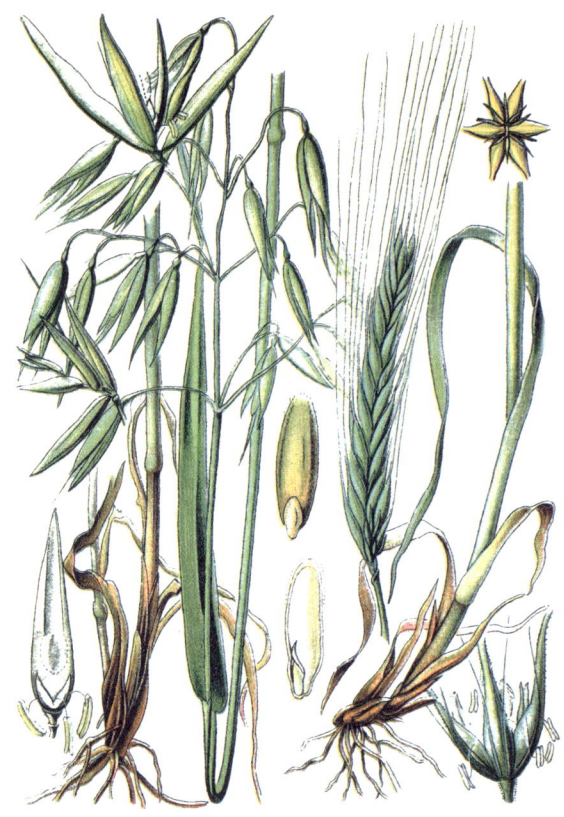

Avena sativa 귀리

오트Oat | 그로트Groats

의미: 음악, 매혹적인 음악 소리.

효능: 금전.

Azadirachta indica 님나무

생명의 나무 The Tree of Life | 자연의 약방 Nature's Drugstore | 치유의 나무 The Cure Tree | 40가지 약재 나무 Tree of the Forty Cures | 만병통치약 Panacea for All Diseases | 건강의 나무 The Tree of Good Health | 동네 약방 Village Pharmacy

의미: 완료, 자유, 불멸의, 생명, 고귀한, 완성, 구원, 활기, 살아 있음.

효능: 힐링.

Azalea 아잘레아 (독성)

진달래속 식물의 통칭 | 싱킹 오브 홈 부시 Thinking of Home Bush

의미: 연약한, 깨지기 쉬운 열정, 온화, 열정, 인내, 로맨스, 보살핌, 나를 위해 몸조심하세요, 절제, 일시적인 정열, 여성적인.

아잘레아 꽃가루를 모아 만든 벌꿀은 독성이 매우 강하다.

118
Bambusa vulgaris 밤부사 불가리스

대나무Bamboo | 암펠 대나무Bambu Ampel | 밤부 불가르Bambu Vulgar | 부다스 벨리 밤부Buddha's Belly Bamboo | 황금 대나무Golden Bamboo

의미: 행운, 충성, 보호, 만남, 꿋꿋함, 견고함, 소원.

효능: 행운, 보호, 4대 원소인 공기·물·불·흙을 상징, 소원.

밤부사 불가리스에 소원을 새긴 다음 조용한 장소를 찾아 묻어둔다. 또 정성 들여 수호와 행운의 상징을 새긴 뒤 집 근처에 심어 공들여 키우면 가정이 평탄하고 행운이 찾아온다는 설도 있다.

119
Banksia laricina 방크시아 라리키나

로즈 방시아Rose Banksia | 로즈-프루티드 방시아Rose-Fruited Banksia | 폼폼 로즈Pompom Rose

의미: 고풍스러운 품위.

약 2미터 정도까지 자라는 관목으로, 특이하게도 구불구불한 물결 모양으로 아름답게 구과(솔방울처럼 모인 포린 위에 2개 이상의 소견과가 달린 열매)가 열린다.

120
Bassia scoparia 댑싸리

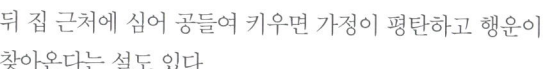

Kochia scoparia | *Kochia trichophylla* | 불타는 덤불Burning Bush | 래그위드Ragweed | 섬머 사이프러스Summer Cypress | 멕시칸 파이어위드Mexican Fireweed

의미: 당신에게 반대합니다.

효능: 용기.

댑싸리 전체를 물이나 바람으로부터 멀리 두면 회전초가 된다.

121

Begonia 베고니아 (독성)

의미: 다정하게 대해주세요, 조심하세요, 변형된, 기형, 상상 속의 자연, 경고, 선량함, 조화.

효능: 높은 의식, 정신, 영적 능력.

122
Begonia x tuberhybrida 구근베고니아 (독성)

겹꽃 베고니아Double-flowered Begonia | 로즈 베고니아Rose Begonia | 논스톱 베고니아Nonstop Begonia | 하이브리드 구근베고니아Hybrid Tuberous Begonia

의미: 조심하세요, 조심성, 위험, 평온한 우정, 2배로 좋은.

효능: 당면한 위험을 감지하는 높은 능력, 평화로운 협력의 시작.

구근베고니아는 지나치게 흥분된 대화를 평화롭고 차분하게 진행하는 데 힘을 발휘한다고 알려져 있다.

123

Bellis perennis 데이지 (독성)

Bellis perennis margaritifolia | *Bellis perennis tubulosa* | 잉글리시 데이지English Daisy | 론 데이지Lawn Daisy | 문 데이지Moon Daisy | 와일드 데이지Wild Daisy | 아이 오브 더 데이Eye of the Day | 아이즈Eyes | 필드 데이지Field Daisy

의미: 아름다움, 순수, 환호, 아이 같은 장난기, 세속적 가치를 무시함, 창의성, 결정, 날 사랑하나요?, 믿음, 한결같이 젊은 모습, 점잖음, 주고받는 친절, 행운을 빕니다, 당신과 마음을 나눕니다, 생각해 볼게요, 결코 말하지 않을 거예요, 순결, 충직한 사랑, 순수, 단순함, 강인함, 당신에겐 데이지 꽃잎만큼 장점이 많아요.

효능: 점성술, 사랑점, 높은 단계의 깨달음, 내면의 힘, 사랑, 정욕.

데이지는 연인들과 시인 그리고 어린이들에게도 큰 사랑을 받는 감상적인 꽃이다. 과거에는 데이지꽃을 사슬처럼 엮어 아이에게 두르게 하면 요정들이 아이를 훔쳐 가는 것을 막을 수 있다는 미신이 있었다. 또 뿌리를 베개 밑에 두고 자면 떠나버린 연인이 돌아오고, 꽃을 몸에 달면 사랑이 찾아온다는 믿음도 있었다. 옛날에는 데이지꽃이 피는 계절에 그 꽃을 처음 따면 누구든지 걷잡을 수 없는 교태를 부리는 사람이 될 거라는 미신 아닌 미신도 있었다.

124

***Bellis perennis* "*Flore Pleno*"** 데이지 "플로레 플레노" (독성)

더블 데이지Double Daisy

의미: 즐거움을 향유, 참여.

얼핏 보면 중심부가 살짝 안으로 뭉쳐 있는 털방울을 닮았다.

125

Berberis 매자나무속 (독성)

바베리Barberry | 매발톱나무Pepperidge Bush

의미: 심술궂은, 성마른, 풍자, 날카로운, 신랄함.

이탈리아에 전해 내려오는 전설에 따르면, 예수에게 씌운 가시면류관은 다름 아닌 매자나무로 만든 것이라고 한다.

126

Bertholletia excelsa 브라질너트

브라질 너트 트리Brazil Nut Tree

의미: 준비.

효능: 사랑.

브라질너트를 부적처럼 지니면 사랑에 행운이 깃든다고 한다. 브라질에서는 이 나무를 함부로 베면 위법이다.

127
Beta vulgaris 비트

비트루트Beetroot | 블러드 터닙Blood Turnip | 슈가 비트Sugar Beet

의미: 피, 심장, 사랑.

효능: 최음, 정력제, 사랑.

과거에는 비트의 즙으로 사랑하는 사람에게 편지를 쓰기도 했다. 여자와 남자가 같은 비트를 먹게 되면 사랑에 빠진다는 속설도 있었다.

128
Betula pendula 자작나무

자작나무Birch Tree | 버치Birch | 숲의 여인Lady of the Woods

의미: 우아함, 품위, 기품, 성장, 입문, 적응, 꿈, 유순함, 갱신, 개척 정신, 안정성, 변신.

효능: 액운을 막음, 보호, 정화.

일찍이 아기 요람을 자작나무로 만들었던 것은 아기들이 자는 동안 사악한 기운으로부터 지켜주기 위해서였다. 무언가에 홀린 것 같은 사람을 자작나무로 부드럽게 치면 그 고통의 원인이 제거되고 치유된다는 믿음도 있었다. 러시아에서는 저주가 담긴 시선을 물리치거나 그로부터 벗어나기 위해 자작나무 몸통이나 가지 또는 잔가지에 빨간 리본을 매는 관습이 있었다고 한다. 서양에서는 마녀의 빗자루를 이 나무로 만든다는 이야기도 있었다.

129
Billardiera 빌라르디에라

마리안투스Marianthus | 프로나야Pronaya | 칼로페탈론Calopetalon | 솔야Sollya | 온코스포룸Oncosporum | 프로나야Pronaya

의미: 더 좋은 날을 기대함.

잎은 좁고 가죽처럼 딱딱하고 질기다.

130
Borago officinalis 보리지

허브 오브 글래드니스Herb of Gladness | 스타플라워Starflower | 보락Borak | 뷰글로스Bugloss

의미: 무뚝뚝함, 무딘, 화려한 치장, 무례함.

효능: 행복한 느낌, 용기, 정신력.

보리지의 선명한 다섯 개의 파란색 꽃잎은 공들여서 놓는 수예 작품의 단골 소재였다. 옛날에는 용기를 키우려고 지니기도 했다. 야외를 다닐 때 보리지꽃을 꽂거나 걸치면 안전이 보장된다는 설도 있었다.

131
Boswellia carterii 유향

Boswellia sacra | *Boswellia thurifera* | 보스웰리아Boswellia | 프랑킨센스 플랜트Frankincense Plant | 올리바누스Olibanus | 신성한 보스웰리아Sacred Boswellia

의미: 성스러움.

효능: 풍요, 진보, 의지, 에너지, 우정, 성장, 치유, 기쁨, 생명, 빛, 자연의 힘, 보호, 정화, 영성, 성공.

유향나무에서 추출한 향내 나는 수액을 사용했다는 가장 오래된 기록이 고대 이집트 무덤에 새겨져 있다. 태운 유향의 재는 콜kohl이라 부르는 아이라이너로 사용됐다. 고대부터 여러 종교의식에서 유향이 사용되었는데, 특히 유향의 연기가 기도자들과 신자들의 감정을 고양시킨다고 믿었다. 1922년에 열린 파라오 투탄카문의 무덤에서도 밀봉된 병에 담긴 유향이 발견됐다. 3천3백 년이 흐른 지금도 그 향은 사라지지 않고 있다. 마법의 묘약을 만들 때도 유향은 없어선 안 될 재료였다. 또한 주변을 환기하는 성수 또는 축성과 입교식 같은 의례에서도 사용했다. 유향은 대단히 강하게 공명하는 힘을 지니고 있어서 나쁜 기운을 물리치는 데 가장 많이 쓰이는 허브 가운데 하나가 됐다. 성경에 따르면 동방박사들이 베들레헴의 아기 예수를 경배하러 갈 때 가져간 세 가지 선물 중 하나가 유향이다. 한때는 금보다 귀할 때도 있었다.

132

Botrychium lunaria 백두산고사리삼

문워트Moonwort

의미: 건망증, 소홀, 불운한.

효능: 사랑, 금전.

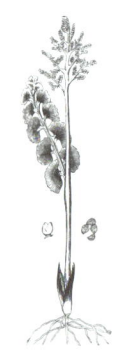

133

Bougainvillea 부겐빌레아 (독성)

페이퍼 플라워Paper Flower | 세쌍둥이 꽃잎Triplet Flower | 사론Saron | 트리시클라Tricycla | 트리니타리아Trinitaria

의미: 서신 왕래.

가시 달린 덩굴성 관목인 이 식물의 꽃은 실제로는 꽃이 아니다. 포라고 하는 세 개의 작은 수술과 함께 모여 있는 원색의 세 개짜리 작은 잎 무리이다.

134

Bouvardia 부바르디아

벌새꽃Hummingbird Flower

의미: 열정.

신선한 물에 보존만 잘한다면 자른 줄기는 2주 이상 갈 수 있다.

135

Brachyscome decipiens 브라키스코메 데키피엔스

필드 데이지Field Daisy | 파티 컬러드 데이지Party-coloured Daisy

의미: 아름다움.

꽃 한 송이: 생각하겠습니다.

색색의 앙증맞고 아름다운 꽃을 피운다. 데이지꽃과 비슷하게 생긴 꽃은 주로 오스트레일리아 남부에 자생하는데 선명한 연보라, 보라, 분홍, 레몬, 흰색 등의 꽃이 핀다.

136

Brassica oleracea var. *capitata* 양배추

캐비지Cabbage | 와일드 캐비지Wild Cabbage

의미: 이익, 고집이 센.

효능: 행운, 부.

오래전 신혼부부가 행복한 결혼 생활을 위해 가장 먼저 하는 일은 그들의 정원에 양배추를 심는 것이었다.

137

Brassica rapa 브라시카 라파

Brassica campestris | 터닙Turnip | 필드 머스타드Field Mustard | 와일드 머스타드Wild Mustard

의미: 박애, 무관심.

효능: 부정한 기운을 제거, 관계를 끊기, 끝내기, 임신과 출산 능력, 맑은 정신, 정신의 힘, 보호.

씨앗: 행운의 부적, 무심함, 선명한 믿음.

브라시카 라파의 씨앗을 붉은색 천으로 만든 주머니에 넣고 지니면 영적인 능력이 상승한다고 믿었다. 문 근처나 그 바닥에 씨앗을 묻으면 초자연적인 존재들이 집 안으로 들어오는 것을 막아준다는 미신도 있었다.

138

Briza minor 방울새풀

퀘이킹 그래스Quaking Grass

의미: 동요, 경박함.

개화한 방울새풀꽃은 달그락거리는 방울뱀 꼬리와 비슷하게 생겼는데, 실제로 살짝 스치는 바람에도 부르르 떤다.

139

Bromeliaceae 파인애플과

브로멜리아드Bromeliad

의미: 아름다움, 매력, 우아함, 인생에서의 성공, 사랑의 성공, 부유.

효능: 점성술, 금전, 보호.

140

Browallia speciosa 브로왈리아

부시 바이올렛Bush Violet | 애머시스트 플라워Amethyst Flower

의미: 감탄과 존경.

행잉 바스켓에 넣어 키우면 멋들어지게 아래로 드리워진다.

141

Brugmansia suaveolens 천사의나팔 (독성)

엔젤 트럼펫Angel's Trumpet | 마이코아Maikoa

의미: 명성, 분리.

커다란 트럼펫 모양의 꽃이 땅을 향해 아래로 피는 대형 관목으로, 꽃이 활짝 피었을 때는 믿기 어려우리만큼 아름다운 자태를 자랑한다. 게다가 밤낮으로 매혹적인 향기를 풍기기까지 한다.

142
Bryonia 브리오니아 (독성)

브리오니Briony

의미: 무성하게 자라는.

효능: 금전, 보호.

정원에 그 뿌리를 걸어두면 해로운 일이나 험한 날씨로부터 보호해 준다고 한다.

143
Bryonia alba 브리오니아 알바 (독성)

Bryonia vulgaris | *Bryonia monoeca* | 화이트 홉White Hop | 화이트 브리오니White Bryony | 악마의 순무Devil's Turnip | 잉글리시 맨드레이크English Mandrake | 가짜 맨드레이크False Mandrake | 레이디스 실Ladies' Seal

의미: 무성하게 자라다, 여기 있었으나 떠나버렸다.

효능: 금전.

가지고 있는 돈을 더 불리고 싶다면 이 식물 근처에 돈을 조금 놓아두어 보라. 만약 제물로 삼은 그 돈이 사라졌다면 돈이 불어나던 일도 멈춘다고 한다. 또 이 식물은 땅에서 뽑힐 때 비명을 지른다고 믿는 이들도 있었다. 이 식물 모든 부분에는 치명적인 독소가 들어 있다.

144
Bryophyta 선태식물

이끼Moss | 브라이어파이트Bryophyte

의미: 권태, 모성애.

효능: 결속, 변화, 자선, 용기, 흥망성쇠, 해방, 행운, 자비, 금전, 승리.

145
Buddleja 부들레야

Buddleja americana | *Buddleia davidii* | 섬머 라일락Summer Lilac | 버터플라이 플랜트Butterfly Plant | 버터플라이 부시Butterfly Bush | 폭격지 식물Bombsite Plant

의미: 고집.

효능: 사후 영적인 삶.

부들레야는 꿀을 찾는 나비들을 맹렬히 끌어들이지만 나비 애벌레가 그 즙을 먹지 않기 때문에 번식에 도움이 된다고는 볼 수 없다. 기찻길 옆이나 버려진 땅에서 대규모로 자라는 모습을 볼 수 있는데 그것은 마치 그곳에 사람의 관심이 필요하다는 것을 적극적으로 알리는 것처럼 보인다. 영국에서는 폭격지 식물bombsite plant이라고 부르기도 하는데, 제2차 세계대전 때 폭격을 맞은 도시의 빈터에서 부들레야가 무성하게 자라는 것이 발견되었기 때문이다.

146

Bursera graveolens 팔로산토

팔로 산토Palo Santo | 부르세라Bursera | 홀리 스틱Holy Stick | 홀리 우드Holy Wood

의미: 청결.

효능: 청결, 불운, 나쁜 기운이나 생각을 쫓아냄, 행운, 정화, 휴식, 긴장 완화, 정신의 정화.

남아메리카 여러 곳에서 자생하는 야생묘로 유향과 몰약과 같은 감람나무 식물이다. 이 식물의 에센셜 오일은 흔히 팔로산토 오일로 알려져 있다. 에콰도르에서는 부정한 기운을 퇴치하기 위해 향처럼 태우는데 이는 잉카시대로까지 거슬러 올라가는 풍습이다. 남아메리카에서는 스머징(smudging, 부정적 기운을 정화하기 위해 식물을 태워 그 연기를 쐬거나 퍼뜨리는 것)을 위해 틈틈이 팔로산토의 숯을 사용하곤 했다.

147

Butomus umbellatus 부토무스 움벨라투스

부토무스Butomus | 플라워링 리드Flowering Reed | 그래스 러시Grass Rush | 플라워링 러시Flowering Rush

의미: 천국에 대한 확신, 고요함, 신께 의지.

호수나 개울가 또는 유속이 낮은 강가에서 주로 자란다.

148

Buxus sempervirens 서양회양목 (독성)

박스 트리Box Tree | 박스우드Boxwood | 에버그린 박스우드Evergreen Boxwood

의미: 한결같음, 변치 않는 우정, 무심함, 금욕.

예전에는 섬세하게 조각을 새겨 만든 작은 상자에 키울 나무로 서양회양목을 선택하곤 했다. 잎이 매우 작고 촘촘하기 때문에 마녀들이 그 잎의 수를 일일이 다 세지 못한다고 한다. 셀 때마다 자꾸 잊어버려서 다시 셀 수밖에 없다는 것이다. 그러므로 중세에는 서양회양목으로 울타리를 두르면 정원에서 꽃을 훔치려는 마녀의 정신을 산란하게 한다고 믿었다.

149
Cactaceae 선인장과

칵투스Cactus

의미: 열렬한 사랑, 사랑으로 불태우다, 아름다움, 순결, 인내, 모성애, 내 마음은 결실을 꿈꾸네, 보호, 따뜻함, 당신은 나를 떠났습니다.

효능: 순결, 보호.

실내에서 키우는 선인장은 절도나 무단 침입으로부터 보호해 준다고 믿었다. 선인장을 집 밖에 심을 때는 동서남북으로 마주보게 해서 집을 수호하게 했다고 한다.

150

Caladium 칼라디움 (독성)

코끼리 귀Elephant Ear | 천사의 날개Angel Wings | 예수의 심장Heart of Jesus

의미: 크나큰 기쁨.

칼라디움은 크고 화려한 잎 때문에 키운다. 남아메리카가 원산지이며 인도와 아프리카 일부에서 자생하고 있다. 현재는 대부분 상업적으로 재배하는데 특히 플로리다 주의 레이크 플라시드에서 집중적으로 재배하고 있다.

151
Calathea 칼라테아

수컷공작 식물Peacock Plant | 얼룩말 식물Zebra Plant | 기도하는 식물Prayer Plant

의미: 새로운 시작, 새잎이 나다, 나를 무시하지 마세요, 과시.

효능: 새로운 시작.

크고, 거칠고, 화려한 칼라테아의 잎은 그 자체로 작은 용기처럼 쓰이기도 한다. 태국에서는 가정용 또는 기념품으로 여러 색깔의 칼라테아 잎으로 된 그릇을 제작하고 있다. 잎과 줄기의 마디가 관절처럼 연결된 탓에 밤에는 잎들이 접혔다가 아침이 되면 다시 펴지는 극적인 장면을 연출한다.

152
Calceolaria 칼세올라리아

주머니꽃Pocketbook Flower | 슬리퍼워트Slipperwort | 숙녀의 지갑Lady's Purse | 구두장이꽃 Shoemaker Flower | 슬리퍼꽃Slipper Flower

의미: 지원, 당신에게 재정 지원을 해주지요, 내 운을 나눠드립니다, 당신을 금전적으로 돕겠습니다.

작은 동전 지갑이나 둥근 구두를 닮은 귀여운 꽃이다.

153
Calendula officinalis 금잔화

금잔화Calendula | 매리골드Marigold | 포트 매리골드Pot Marigold | 잉글리시 매리골드English Marigold | 여름의 신부Summer's Bride | 술고래Drunkard | 가든 매리골드Garden Marigold | 농부의 시계Husbandman's Dial | 예언하는 매리골드Prophetic Marigold | 스코틀랜드 매리골드Scottish Marigold

의미: 애정, 신의, 품위, 신성한 애정, 건강, 장수, 추정 손해, 잔인함, 절망, 비탄, 질투, 쾌락, 고통, 골칫거리.

효능: 다정다감, 드림 매직, 예측, 예지몽, 보호, 정신력, 거듭남, 사악한 생각.

당신 주변을 떠도는 악의적인 소문을 잠재우려면 월계수 잎과 금잔화 꽃잎을 함께 지녀보라. 금잔화 꽃잎은 해바라기처럼 햇빛을 따라간다. 초기 기독교에서는 금잔화를 성모 마리아 상 곁에 두었다고 한다. 또 고대 인도에서는 매우 신성하게 여겨 화환으로 만들어 사원에 두거나 결혼식에 사용했다.

154

Callisia fragrans 태국달개비 (독성)

Rectanthera fragrans | *Spironema fragrans* | 인치 플랜트Inch Plant | 바스켓 플랜트Basket Plant | 체인 플랜트Chain Plant

의미: 아름다움.

태국달개비를 인치 식물Inch Plant이라고도 부르는 것은 흙이 닿는 곳이라면 어디든 뿌리를 내리면서 몇 인치씩 퍼지기 때문이다.

155

Callistephus chinensis 과꽃

애스터Aster | 차이나 애스터China Aster | 한해살이 애스터Annual Aster | 미니 레인보우Mini Rainbow | 칼리스테푸스Callistephus | 큰꽃애스터Large-Flowered Aster | 레인보우 애스터Rainbow Aster

의미: 뒤늦은 생각, 아름다운 왕관, 호사 취미, 차이, 우아함, 신의, 지혜와 행운을 얻음, 생각해 볼게요, 당신을 생각할게요, 질투, 사랑, 굴곡진 사랑, 인내, 사랑의 상징, 사랑의 부적, 사실, 다양성.

과꽃 한 송이: 생각해 볼게요.

과꽃 두 송이: 당신의 감정을 나눕니다.

효능: 사랑.

사랑이 이루어지기를 바란다면 과꽃을 키우라는 옛말이 있다. 사랑에서 승리하고 싶다면 과꽃 한 송이를 지니면 좋다고도 한다.

156

Calluna vulgaris 칼루나 불가리스

해더Heather | 칼루나Calluna | 에리카Erica | 링Ling | 스코틀랜드 해더Scottish Heather

의미: 감탄, 끌림, 아름다움, 행운, 위험으로부터 보호, 순수성, 개선, 내적 자아를 드러냄, 로맨스, 고독, 희망은 이루어진다.

각각의 색에 담긴 의미

분홍색: 행운.
보라색: 감탄, 존경, 아름다움, 고독.
하얀색: 위험으로부터 보호.

효능: 정화, 강령술, 행운, 힐링, 불멸, 입문, 도취, 보호, 겁탈, 절도 방지, 강력 범죄로부터 보호, 부적절한 구애자 피하기, 일하기 적합한 날씨.

칼루나 불가리스로 만든 부적을 몸에 지니면 진정한 불멸의 영혼을 감지하게 된다는 설이 있다. 옛날에는 이것의 잔가지를 빗자루로 쓰기도 했다. 또한 중세에 마녀의 빗자루를 만드는 데 사용하는 두 가지 식물 가운데 하나였다고도 한다. 특히 옛사람들은 이것의 잔가지가 겁탈을 비롯한 강력 범죄로부터 몸을 보호할 수 있다고 믿어서 부적처럼 지니기도 했다. 화이트 칼루나 불가리스의 잔가지는 행운의 부적으로 여겨졌다.

157

Calotropis procera 칼로트로피스 프로케라 (독성)

Asclepias procera | 소돔의 사과Apple of Sodom |
왕관King's Crown | 고무 부시Rubber Bush |
고무나무Rubber Tree

의미: 흉물, 먹을 수 없는, 무의미.

효능: 개인의 허영심을 드러냄, 한 개인의 거만함을 선명히 드러냄, 무기력.

이 식물의 열매는 신기하게도 누르면 터지는 공기 잘 통하는 솜틸로 주로 채워져 있다. 고대에는 이것의 씨앗에 엉겨 붙어 있는 수염을 초나 램프의 심지 대용으로 쓴 것으로 보인다. 옛 히브리 지역에서는 이것의 열매에서 나오는 실을 직조해서 최고위 사제들의 의상을 만들었다고 한다.

158

Caltha palustris 동의나물 (독성)

Trollius paluster | 킹컵Kingcup |
워터 버블스Water Bubbles | 메리 골드Mary Gold | 카우슬립Cowslip | 골린스Gollins |
호스 블롭Horse Blob | 버터컵Buttercup | 습지 매리골드Marsh Marigold | 메이플라워Mayflower

의미: 재치 있는 말, 천진난만, 재물 욕심, 부자가 되고 싶어요, 은혜를 모름, 부를 쌓고 싶어 함.

동의나물은 이른 봄에 가장 먼저 화사하게 꽃을 피우는 식물 가운데 하나로 긴 겨울 동안 침울해져 있는 기분을 밝게 고조시킨다.

159

Calycanthus floridus 자주받침꽃 (독성)

스위트 슈럽Sweet Shrub

의미: 선행.

예전 미국 남부에서는 아름다운 여인들이 향이 강한 이 꽃을 몸에 지니고 다니기도 했다.

160

Calystegia sepium 큰메꽃 (독성)

큰메꽃Larger Bindweed | 천상의 트럼펫Heavenly Trumpets | 그레이트 바인드위드Great Bindweed | 노인의 취침용 모자Old Man's Nightcap | 와일드 모닝 글로리Wild Morning Glory | 신부의 가운Bride's Gown | 흰색 마녀 모자White Witch's Hat | 러틀랜드 미녀Rutland Beauty

의미: 소멸된 희망, 암시.

큰메꽃은 무리 지어 자라는 식물로, 커다란 튜브 모양의 꽃을 피운다.

161

Camassia 카마시아

카마스Camas |
인디언 히아신스Indian Hyacinth |
야생 히아신스Wild Hyacinth

의미: 놀이.

카마시아 구근이 온전히 자라기까지는 족히 수년은 걸린다.

162
Camellia 카멜리아
동백꽃Dongbaek-kot

의미: 감탄과 존경, 깊은 갈망, 섬세하고 우아한, 욕망, 탁월함, 남자에게 행운의 선물을, 감사, 남성의 에너지, 정열, 완벽하게 사랑스러운, 완벽함, 동정, 정제, 재물, 견고함, 인생무상.

특별한 색에 담긴 의미
분홍색: 욕망, 갈망, 당신을 갈망합니다. 끝없는 욕망.
빨간색: 열렬한 사랑, 사랑에 빠져 있어요, 당신으로 인해 내 마음은 활활 타오릅니다.
하얀색: 흠모, 아름다움, 사랑스러움, 완벽, 기다림, 사랑스러운 당신.
노란색: 갈망.

효능: 호사스러움, 번영, 재물, 부.

1797년 처음 미국에 소개된 이 식물은 정식 야구의 탄생지로 알려진 뉴저지 주의 호보켄에 있는 엘리시안 필즈를 장식하기 위해 심어졌다.

163
Camellia japonica 동백나무
재패니즈 카멜리아Japanese Camellia | 저팬 로즈Japan Rose | 겨울의 장미Rose of Winter | 피시테일 카멜리아Fishtail Camellia

의미: 감탄과 존경, 깊은 갈망, 욕망, 탁월함, 남성에게 주는 행운의 선물, 감사, 남성 에너지, 정열, 완벽한, 완전히 사랑스러운, 완전무결, 연민, 정제, 재물, 겸손한, 꾸미지 않는 탁월함.

특별한 색에 담긴 의미
분홍색: 욕망, 갈망, 당신을 갈망합니다. 끝없는 욕망.
빨간색: 열정적인 사랑, 당신은 내 마음속의 불꽃.
하얀색: 흠모, 아름다움, 사랑스러움, 완전함, 기다림, 당신은 사랑스러워요.
노란색: 갈망.

효능: 호사스러움, 번영, 재물, 부.

164
Camellia sinensis 차나무
Camellia angustifolia | 차이나 티 플랜트China Tea Plant | 블랙티Black Tea | 그린티Green Tea | 카멜리아 티Camellia tea | 티 플랜트Tea Plant | 화이트 티White Tea

의미: 어린 아들과 딸.

효능: 용기, 치유, 힘, 번영, 재물.

힘을 더 키우고 싶다면 차나무 파우치를 부적처럼 지녀보라. 그러면 용기가 더욱 샘솟을 것이다.

165
Campanula 캄파눌라
벨플라워Bellflower | 리틀 벨Little Bell | 라푼티아Rapuntia | 플로라스 벨플라워Flora's Bellflower

의미: 불변성, 감사, 언제고 변치 않을 거예요, 당신을 생각합니다, 가식 없고 수수한.

대개 벨 모양의 파란색 꽃이 핀다.

166
Campanula medium 캄파눌라 메디움

컵 앤 소서Cup and Saucer | 벨플라워Bellflower | 캔터베리 벨스Canterbury Bells

의미: 감사의 말, 변치 않음, 역경에도 꿋꿋함, 감사, 의무, 당신을 생각합니다, 경고.

캄파눌라 메디움은 종 또는 우아한 찻잔 모양이다.

167
Campanula pyramidalis 캄파눌라 피라미달리스

굴뚝 초롱꽃Chimney Bellflower

의미: 출세 지향적인, 감사, 당신을 생각합니다.

줄기가 1.9미터 정도로 우아하게 자라며 파란색 종 모양의 꽃들이 뾰족한 가지의 위쪽에 달려 있다.

168
Campanula rotundifolia 캄파눌라 로툰디폴리아

블루벨Bluebell | 헤어벨Harebell

의미: 감사, 겸손, 은퇴, 비탄, 굴복, 당신을 생각합니다.

효능: 행운, 진실.

캄파눌라 로툰디폴리아를 몸에 지니면 누구나 진실을 말하고 싶은 욕구를 느낀다고 한다. 꽃잎을 안쪽에서 바깥쪽으로 상하지 않게 뒤집을 수 있다면 언젠가는 사랑하는 사람의 마음을 얻을 것이라는 이야기도 전해진다.

169
Campsis radicans 미국능소화 (독성)

Bignonia radicans | 벌새 넝쿨Hummingbird Vine | 애시-리브드 트럼펫 플라워Ash-Leaved Trumpet Flower | 트럼펫 넝쿨Trumpet Vine | 트럼펫 크리퍼Trumpet Creeper

의미: 이별.

벌새는 유독 미국능소화를 좋아한다.

170
Cananga odorata 일랑일랑

Artabotrys odoratissimus | 일랑일랑Ilang-Ilang | 카난가 트리Cananga Tree | 향기로운 카난가Fragrant Cananga | 케낭가Kenanga | 모호코이Mohokoi

의미: 야생화.

효능: 최음, 정력제.

물론 일랑일랑의 꽃이 드물게 좋은 향을 풍기긴 하지만, 일반적으로 〈꽃 중의 꽃〉이라는 번역은 잘못된 것이다.

171
Cannabis sativa 삼

대마Hemp | 칸니비스Cannibis | 햄프시드 플랜트Hempseed Plant | 넥위드Neckweed | 스크래치풀Scratch Weed | 마리화나Marijuana

의미: 숙명, 억셈, 험하고 거침.

효능: 사색, 힐링, 사랑, 명상, 잠, 환상.

옛 중국에서는 삼을 꼬아 만든 줄을 밧줄이라 불렀다. 이 끈을 뱀 형상으로 꼬아서 병을 불러오는 귀신을 물리치기 위한 뱀의 대용물로 사용하기도 했다.

172

Capparis spinosa 카파리스 스피노사

케이퍼Caper | 케이퍼베리 부시Caperberry Bush | 캅파리스Kápparis | 샤팔라Shaffallah | 플린더스 로즈Flinders Rose

의미: 무모한 장난.

효능: 최음, 정력제, 사랑, 관능, 성적 능력.

열매: 최음, 정력제, 사랑, 관능, 성적 능력.

173

Caprifolium 카프리폴리움

로니세라Lonicera | 먼슬리 허니서클Monthly Honeysuckle

의미: 사랑의 끈, 가정의 행복, 지속적인 기쁨, 항구적이며 견고함, 상냥한 성품, 성급하게 대답하지 않겠습니다.

효능: 돈, 보호, 정신력.

174

Capsella bursa-pastoris 냉이

목동의 지갑Shepherd's Purse | 어머니의 심장Mother's Heart

의미: 내 모든 것을 드립니다.

일반적으로 통용되는 학명인 캅셀라 부르사 파스토리스*capsella bursa-pastoris*는 이 식물의 열매가 삼각형의 주머니를 닮은 데서 비롯된 것으로 추측된다.

175

Capsicum annuum 고추

레드 페퍼Red Pepper | 핫 페퍼스Hot Peppers | 벨 칠리Bell Chillie | 칠리 페퍼Chili Pepper

의미: 삶의 양념.

효능: 충실함, 사랑, 액운이나 악령을 막아줌.

자신에게 저주가 씌었다고 느껴질 때 그 저주를 풀기 위해 집 주변을 고추로 둘러싸면 효험이 있다는 미신이 전해져 내려온다.

176

Cardamine flexuosa 황새냉이

덴타리아Dentaria | 비터크레스Bittercress

의미: 아버지의 실수.

10세기 잉글랜드에서는 황새냉이를 아홉 가지 약초 부적 가운데 하나로 여겼다. 사악한 뱀의 힘을 감지했을 때 그 기운을 퇴치하기 위한 부적의 하나로 황새냉이를 사용했던 것으로도 보인다.

177

Cardamine pratensis 꽃냉이

쿠쿠 플라워Cuckoo Flower | 아가씨의 작업복Lady's Smock | 우유 짜는 여자Milkmaids

의미: 열중, 요정에게 바쳐진.

효능: 임신과 출산 능력, 사랑.

옛사람들은 꽃냉이를 집 안에 들이면 불운이 찾아온다고 믿었다. 또 5월의 봄 축제 때는 꽃냉이를 꽃목걸이나 화환용으로는 절대 쓰지 않았는데 그것을 걸친 사람은 요정의 땅으로 들어가게 되고, 기다란 목걸이가 땅 위를 질질 끌어 요정들의 심기를 건드릴 수 있기 때문이라는 것이다.

178

Cardiospermum halicacabum 풍선덩굴

풍선초Balloon Plant | 풍선덩굴Balloon Vine | 아그니발리Agniballii | 하트 피Heart Pea | 넓은잎사과Broadleaved Apple | 희미한 연기 속의 사랑Love in a Puff | 바로Barro | 칸파타Kanphata | 하트시드Heartseed

의미: 자신감 넘치는, 진심 어린, 밝고 가벼움, 소유욕 강한 사랑, 보호받는 사랑.

씨방 안에 들어 있는 씨앗마다 흰색 하트 모양의 얼룩이 찍혀 있다.

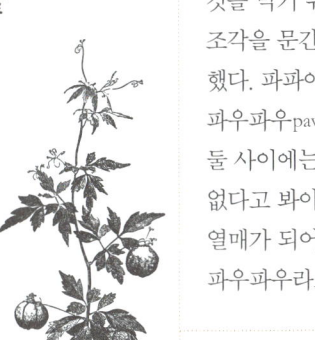

179

Carduus crispus 지느러미엉겅퀴

시슬Thistle | 레이디스 시슬Lady's Thistle

의미: 내핍, 혹독함, 독립, 앙갚음, 준엄함.

씨앗: 떠남, 출발.

효능: 지원, 조화, 힐링, 독립, 물질적 이득, 지속성, 보호, 안정.

우울감을 떨쳐버리고 싶을 때 지느러미엉겅퀴를 몸에 달거나 지니면 효험이 있다는 이야기가 전해진다. 화병에 꽂아 방에 두면 방에 있는 이들의 활력을 회복시켜 준다고도 한다. 또 도둑이나 액운을 막으려면 정원에 심거나 들여놓으면 좋다. 남성이 정력을 증진시키고 싶을 때도 도움을 줄 수 있다고 한다. 오래전 잉글랜드에서는 마법사가 가장 키가 큰 지느러미엉겅퀴를 골라 지팡이로 썼다는 이야기가 전해진다.

180

Carica papaya 파파야 (독성)

파파야Papaya | 무구아Mugua | 파우파우Pawpaw

의미: 나쁜 건강, 좋은 건강, 내면의 평화.

효능: 사랑, 보호, 소원.

나쁜 기운이 집 안으로 들어오는 것을 막기 위해 파파야 한 조각을 문간에 놓아두기도 했다. 파파야나 포도나무 둘 다 파우파우pawpaw라 불리지만 둘 사이에는 아무런 관련이 없다고 봐야 한다. 원래 열매가 되어가는 파파야를 파우파우라고 했다.

181

Carphephorus odoratissimus 카르페포루스 오도라티시무스

사슴의 혀Deer's Tongue | 바닐라 리프Vanilla Leaf | 채프 헤드Chaff Heads

의미: 법정 사건이 잘 풀림, 판사와 배심원에게 좋은 인상을 줌, 유창한 화술, 결혼을 전제로 하는 사랑이 잘 풀림.

효능: 사람을 끄는 매력, 아름다움, 우정, 선물, 조화, 환희, 사랑, 쾌락, 관능, 예술.

남성이 여성에게 결혼 승낙을 받고 싶다면 이 식물을 붉은 플란넬 천으로 만든 주머니 안에 넣어두면 좋다는 미신이 있다.

182

Carpinus laxiflora 서어나무

아이언우드Ironwood | 혼빔Hornbeam

의미: 보물, 사치, 장식.

거의 흰색에 가까운 서어나무 목재는 굉장히 단단하다. 연장의 손잡이, 마차 바퀴 등 단단한 나무가 필요한 경우에 주로 쓰였다.

183
Carum carvi 캐러웨이

카룸Carum | 알카라베아Alcaravea | 페르시안 커민Persian Cumin | 카로Caro | 카르베Karve | 메리디안 펜넬Meridian Fennel

의미: 충실.

효능: 도난 방지, 사업상 거래, 경고, 총명, 의사소통, 창의력, 믿음, 신의, 건강, 조명, 입문, 지성, 진실한 연인 관계를 지속, 배움, 관능, 추억, 정신력, 보호, 신중함, 과학, 자기 보호, 올바른 판단, 지혜.

중세에는 연인들이 서로 등을 돌리거나 마음이 흔들리는 것을 막기 위한 묘약의 주요 재료 가운데 하나로 쓰기도 했다. 씨앗은 빈집털이를 막아주는 데도 효험이 있다고 여겨졌다. 집에 도둑이 침입했을 때 붙잡힐 때까지 그 자리에 얼어붙게 만든다는 것이다. 또 씨앗을 담은 작은 파우치를 아이 방 어딘가에 숨겨두면 병마가 아이를 습격하는 것을 막아준다는 미신도 전해진다.

184
Carya illinoinensis 피칸

Carya pecan

의미: 부의 열매, 남부식 환대.

효능: 고용, 금전.

185
Carya ovata 카르야 오바타

샤그바크 히코리Shagbark Hickory

의미: 보유 자산.

효능: 법률 사건, 보호.

옛날에는 송사로 인한 어려움을 푸는 데 효과적이라고 여겼던 비법이 있었다. 먼저 카르야 오바타 뿌리 한 조각을 재가 될 때까지 태운다. 그 재에 양지꽃을 조금 넣어 섞는다. 그런 다음 이  혼합물을 작은 상자에 넣어 집 출입문에 걸어두면 된다고 믿었다.

186
Castanea crenata 밤나무

Fagus castanea | 밤Chestnut | 스위트 체스트넛Sweet Chestnut

의미: 나를 공정하게 대해주세요, 독립, 불의, 정의, 호화로움.

효능: 사랑.

187
Catalpa ovata 개오동

시가 트리Cigar Tree | 인디언 빈 트리Indian Bean Tree | 카토바Catawba

의미: 요부를 조심하세요.

씨방이 기다란 콩처럼 생겼고 난을 닮은 꽃이 피는 흥미로운 관상수다. 또 박각시나방의 유일한 식량원인 탓에 나방 애벌레들이 많은 곳에 있는 개오동나무는 거의 잎이 남아 있지 않을 수도 있다.

188
Catananche caerulea 카타낭케 카이룰레아

큐피드의 화살Cupid's Dart | 블루 서베리나Blue Cerverina

의미: 충동, 주술.

효능: 정열을 유도, 사랑의 영감.

고대 그리스에서 사랑의 주술을 쓸 때 없어서는 안 되는 재료였다.

189
Cattleya 카틀레야

카틀레야 오키드Cattleya Orchid

의미: 성숙한 매력.

크고 화려한 카틀레야꽃은 북미에서 어머니날 코사지에 가장 널리 쓰이는 소재다.

190
Cattleya pumila 카틀레야 푸밀라

Cattleya pumila major | *Cattleya spectabilis* | 난쟁이 소프로니티스Dwarf Sophronitis

의미: 후덕하고 품위 있는.

크기는 작은 편이지만 화려함은 어느 꽃에도 지지 않는 난쟁이 카틀레야 푸밀라 꽃은 나이 지긋한 부인을 위한 코사지 재료로 자주 쓰인다.

191
Cedrus deodara 개잎갈나무

시더Cedar

의미: 목표, 당신만을 위해 삽니다, 나를 생각해줘요.

잎: 지조, 당신을 위해 삽니다.

잔가지: 악몽을 꾸는 성향을 고침, 힐링, 금전, 보호, 정화.

돈을 보관하는 곳에 개잎갈나무 조각을 함께 넣어두면 돈이 더 들어온다는 미신이 있었다.

192
Cedrus libani 레바논시다

레바논 삼나무Lebanon Cedar | 터키 삼나무Turkish Cedar | 타우루스 삼나무Taurus Cedar

의미: 청렴결백, 썩지 않는.

효능: 힐링, 금전, 보호, 정화.

세 갈래로 갈라진 부분을 위로 하고 집 가까운 땅에 이 나뭇가지를 꽂아두면 온갖 액운으로부터 가정을 지켜준다는 미신이 있었다. 돈이 있는 곳이라면 어디든 이 나무의 작은 조각을 넣어 두면 돈을 끌어당긴다는 설도 있었다.

193
Celastrus scandens 켈라스트루스 스칸덴스 (독성)

아메리칸 비터스위트American Bittersweet | 스태프 트리Staff Tree | 우디 나이트셰이드Woody Nightshade

의미: 정직, 진실.

효능: 죽음, 비통함을 잊으라, 힐링, 달의 활동, 보호, 악한 마법을 쓰는 마녀로부터 보호, 재생, 진실, 마녀들을 물리침.

맹독성 식물로, 오래전에는 극히 악랄한 마법이나 마녀들을 집에서 쫓아내는 데 이 식물을 쓰기도 했다.

194
Celosia cristata 맨드라미

울플라워Woolflower | 닭벼슬Cockscomb | 닭벼슬 아마란스Cockscomb Amaranth | 수탉 벼슬Rooster Comb

의미: 애정, 동반자 관계, 겉치레, 어리석음, 특이성.

효능: 사랑, 동반자 관계.

벨벳처럼 폭신해서 재미있게 생긴 맨드라미꽃은 어떤 정원이라도 어린이들이 즐겁게 키울 만한 식물이다.

195
Celtis sinensis 팽나무

핵베리Hackberry | 네틀 트리Nettle Tree

의미: 음악회.

팽나무의 마법은 어떤 이로 하여금 꾸준히 최선을 다하게끔 만드는 데 있다.

196
Centaurea cyanus 수레국화

콘플라워Cornflower | 센토레아Centaurea | 악마의 꽃Devil's Flower | 레드 캄피온Red Campion

의미: 독신생활, 섬세, 우아, 희망, 사랑의 희망, 사랑, 인내, 정제.

효능: 사랑, 뱀 쫓기.

오래전 사랑에 빠진 남자들이 수레국화를 재배하기도 했다. 그런데 꽃이 너무 일찍 지면 그 사랑을 보답받지 못한다는 징조로 여겼다.

197
Centaurea moschata 스위트술탄

Amberboa moschata | 스위트 술탄Sweet Sultan

의미: 더할 나위 없는 행복, 과부 신세.

솜털로 덮인 푹신한 꽃잎에서 달콤한 향을 발산한다.

198
Centaurea scabiosa 센토레아 스카비오사

퍼플 스카비오사Purple Scabiosa | 그레이터 냅위드Greater Knapweed

의미: 애도.

이 식물의 꽃은 벌과 나비를 끌어들이는 엉겅퀴꽃처럼 생겼다.

199
Centaurium 켄타우리움

센토리Centaury | 예수의 사다리Christ's Ladder | 피버워트Feverwort

의미: 섬세함.

효능: 분노를 완화, 소멸.

옛날에 몸을 숨기는 묘약을 만들 때 가장 흔하게 쓰였던 식물이다.

200
Centella asiatica 병풀

인디언 페니워트Indian Pennywort | 브라미 부티Brahmi Booti | 사라스와티 플랜트Saraswathi Plant | 히드로코틸레 아시아티카Hydrocotyle Asiatica

의미: 깨우침.

효능: 힐링, 명상, 체력, 젊게 나이 들어가기.

201

Centranthus ruber 켄트란투스 루베르

레드 발레리안Red Valerian | 악마의 턱수염Devil's Beard | 여우꼬리Fox's Brush | 주피터의 수염Jupiter's Beard | 키스 미 퀵Kiss-Me-Quick

의미: 평이함.

효능: 사랑, 보호, 정화, 잠.

202

Cerastium tomentosum 우단점나도나물

여름에 내리는 눈Snow-In-Summer | 마우스 이어 칙위드Mouse-Ear Chickweed

의미: 순수하게 단순한, 단순함.

늦은 봄부터 이른 여름까지 작고 앙증맞은 흰색 꽃들이 눈송이처럼 뒤덮는다.

203

Ceratonia siliqua 캐롭

캐롭나무Carob Tree | 카로바Caroba | 가로파Garrofa | 성 요한의 빵Saint John's Bread

의미: 저승까지 이어지는 애정, 우아함, 저승에서도 사랑함.

효능: 건강, 보호.

고대 중동에서 주로 캐롭의 씨앗을 기준으로 금이나 보석의 무게를 잰 것에서 캐럿carat이라는 용어가 유래했다. 캐롭을 몸에 지니면 액운을 쫓고 건강을 지켜준다는 믿음도 있었다.

204

Cercis siliquastrum 유다박태기나무

Siliquastrum orbicularis | 유다 나무Judas Tree

의미: 배신, 배반당함, 불신.

유다박태기나무는 이국적이고 아름다운 꽃나무인데 유다 이스카리옷(Judas Iscariot, 예수 그리스도의 열두 사도 가운데 한 사람이었으나 나중에 예수를 배반)이 그 나무에 목을 매어 목숨을 끊었다는 전설이 늘 따라다닌다.

205

Cestrum nocturnum 야래향

밤에 피는 자스민Night Blooming Jessamine | 밤의 여인Lady of the Night | 밤의 여왕Queen of the Night

의미: 신의 선물.

효능: 황홀감, 사랑, 미스터리, 초자연적인 꿈.

206

Cetraria islandica 아이슬란드이끼

아이슬란드 이끼Iceland moss

의미: 건강.

겉모습도 이끼처럼 보이고, 실제로도 지의류에 속한다.

207

Chaenomeles speciosa 명자나무

자포니카Japonica | 재패니즈 퀸스Japanese Quince | 피루스 자포니카Pyrus Japonica | 플라워링 퀸스Flowering Quince

의미: 탁월함, 요정의 불.

효능: 행복, 사랑, 행운, 악령으로부터 보호.

208

Chamelaucium 카멜라우키움

왁스 플라워Wax Flower | 제럴튼 왁스Geraldton Wax

의미: 행복한 결혼.

향이 좋고 예쁜 꽃이 피는 이 식물은 특히 결혼식 꽃에 포함될 만한 좋은 의미를 지니고 있다.

209

Cheiranthus cheiri 꽃무

Erysimum cheiri | 에게해 꽃무Aegean Wallflower | 월플라워Wallflower | 클로브 플라워Clove Flower

의미: 역경과 불운에도 충직한, 더없는 행복, 애정의 끈, 변치 않는 미모, 변치 않는 사랑, 우정, 자연미, 신속함.

향기로운 꽃무는 낭만적인 분위기를 찾을 때 첫손가락으로 꼽는 꽃이다. 몇 백 년 전 잉글랜드에서는 땅을 구입할 때 꽃무로 비용을 지불하기도 했다.

210

Chelidonium majus 애기똥풀 (독성)

스왈로우 허브Swallow Herb | 악마의 젖Devil's Milk | 켄닝 워트Kenning Wort | 가든 셀런다인Garden Celandine

의미: 가짜 희망.

효능: 탈출, 행복, 환희, 법적 분쟁, 보호.

애기똥풀을 몸에 지니면 기쁨과 선한 영혼이 찾아오고 우울증도 치료된다는 믿음이 있었다. 또 피부에 닿게 지니고 있으면서 사흘에 한 번씩 위치를 바꿔주면 일체의 부당한 유폐(강제적 구속)나 함정 수사로부터 벗어날 수 있다는 미신도 전해진다. 재판정에 갈 때 보호책으로 몸에 지니면 판사와 배심원의 호의를 얻을 수 있다는 설도 있었다.

211

Chenopodium 명아주속 (독성)

명아주Goosefoot | 블루부시Bluebush

의미: 선량함, 모욕.

효능: 조상에게 청하다.

212

Chenopodium bonus-henricus 헨리시금치 (독성)

다년생 명아주Perennial Goosefoot | 훌륭한 왕 헨리Good King Henry | 가난한 사람의 아스파라거스Poor Man's Asparagus

의미: 선량함.

효능: 카리스마 있는 리더십.

헨리시금치는 섬유의 천연염료로 쓰였는데, 어두운 금빛 또는 노란색에서부터 초록색까지 낼 수 있었다. 즉 식물 전체에서 진노랑과 녹색 염료를 얻을 수 있었다.

213

Chenopodium botrys 케노포디움 보트리스 (독성)

Dysphania botrys | 예루살렘 오크Jerusalem Oak | 웜시드Wormseed | 깃털 제라늄Feathered Geranium | 끈끈이 명아주Sticky Goosefoot

의미: 당신의 사랑은 보답받을 겁니다.

이 식물의 꽃은 톡 쏘는 향으로 나방을 쫓는다고 알려져 있다.

214

Chimaphila umbellata 큰매화노루발

가짜 윈터그린False Wintergreen | 그라운드 홀리Ground Holly | 왕자의 소나무Prince's Pine | 스포티드 윈터그린Spotted Wintergreen | 왕의 만능 치료제King's Cure

의미: 작은 조각들로 부서지다.

효능: 선한 영을 불러들임, 금전.

이것의 잔가지를 몸에 지니거나 가지고 있으면 금전운이 상승한다고 한다.

215

Chiranthodendron pentadactylon 키란토덴드론 펜타닥틸론

원숭이 손 나무Monkey's Hand Tree | 악마의 손 나무Devil's Hand Tree | 멕시칸 핸드 트리Mexican Hand Tree

의미: 경고.

이 식물의 열린 꽃잎은 사람이나 원숭이 손에 비유된다.

216

Chlorophytum comosum 접란

Anthericum comosum | *Hartwegia comosa* | 스파이더 플랜트Spider Plant | 비행기 식물Airplane Plant

의미: 창조, 도착지, 갱신.

효능: 죽음, 운명, 입문, 바느질, 정신적 성장.

217

Chorizema varium 코리제마 바리움

라임스톤 피Limestone Pea

의미: 내 사랑은 당신 것.

이것의 꽃은 보고 있으면 기분이 좋아지는 예쁜 꽃인데 그 이름은 음주가무를 뜻하는 그리스어에 뿌리를 두고 있다.

218

Chrysanthemum 국화속

크리산트Chrysanth | 행복의 꽃Flower of Happiness | 생명의 꽃Flower of Life | 동쪽의 꽃Flower of the East | 멈스Mums

의미: 풍부함, 풍요롭고 사랑스러움, 풍요롭고 부유함, 유쾌함, 역경 속에서도 유쾌함을 잃지 않는, 신의, 행복, 사랑스러움, 낙관주의, 정신 건강을 촉진, 부유함, 당신은 멋진 친구입니다.

특별한 색에 담긴 의미
빨간색: 당신을 사랑합니다, 사랑의 배신으로 분개.
장미색: 사랑에 빠진.
하얀색: 진실.
노란색: 황제의, 멸시받고 무시당한 사랑으로 분개.

가지: 희망.

효능: 보호.

중국의 풍수에서 국화는 집에 행복을 가져다주는 식물이다. 중국의 왕조시대에는 국화를 재배하는 것이 일반 백성들에게는 허락되지 않았고 귀족층에게만 허용된 특권이었다. 또한 국화는 아시아에서 귀한 꽃으로 여겨진다. 하지만 몰타와 이탈리아에서는 국화를 집에 두면 불운을 불러온다고 여긴다. 싱싱한 국화는 미국의 경우 중고등학교 홈커밍데이 행사에서 여러 재료들과 함께 장식하는 일종의 공식 꽃처럼 여겨지고 있다.

219
Chrysanthemum morifolium 국화

레드 데이지Red Daisy | 레드 데이지
크리산테뭄Red Daisy Chrysanthemum |
레드 데이지 멈Red Daisy Mum

의미: 자각하지 못하는 아름다움.

효능: 보호.

정원에서 키우면 재앙을
막아준다고 한다.

220
Chrysocoma linosyris 크리소코마 리노시리스

Aster linosyris | *Galatella linosyris* | 골디락스 애스터Goldilocks Aster |
아마잎 골든 락스Flax-Leaved Golden Locks

의미: 느림, 당신은 늦었네요.

효능: 금전.

221
Chrysopogon zizanioides 베티베르

Vetiveria zizanioides | 베티버Vetiver |
쿠스쿠스Khus-Khus | 모라스Moras

의미: 조화, 정의, 공정, 생명의 나무.

효능: 도난 방지, 매력, 아름다움, 우정,
선물, 조화, 환희, 사랑, 행운, 금전, 쾌락,
관능, 예술.

상대 이성을 매료시키고 싶을 때
베티베르를 담근 물에 목욕을 하면
효험이 있다는 설이 전해진다. 사업을 번창시키려면 금전
수납기 안에 베티베르 잔가지를 넣어둬 보라고도 한다. 또한
몸에 지니고 있으면 행운이 찾아온다는 말도 있다.

222
Cichorium endivia 엔디브

엔다이브Endive

의미: 검소, 절약.

효능: 사랑, 관능.

사랑의 부적으로 삼고 싶다면
사흘에 한 번씩 교체하는 것이 좋다.

223
Cichorium intybus 치커리

치커리Chicory | 서커리Succory |
인티버스Intybus | 와일드 체리Wild Cherry |
와일드 서커리Wild Succory | 블루 세일러스Blue
Sailors | 콘플라워Cornflower | 커피풀Coffeeweed

의미: 섬세함, 절약, 불감증.

효능: 호의, 절약, 행운, 방해, 장애물
제거.

성 야고보 축일(예수의 열두 사도들 가운데 야고보를 기리는
축일)에 자물쇠를 고르는 사람이 치커리의 잎과 황금 칼을
지니고 있으면 마술처럼 자물쇠가 열린다고 한다. 다만 그
행위는 완전한 침묵 속에서 행해져야지 단 한 마디라도
입 밖에 내면 죽음이 찾아온다는 얘기까지 있었다. 초기
아메리카 정착민들은 치커리를 행운의 상징으로 여겨
몸에 지니곤 했다. 또한 치커리의 잔가지를 가지고 있으면
검소하게 생활하게 해주고 그 사람과 목표 사이를 가로막는
장애물이 제거된다는 믿음이 있었다. 치커리의 즙으로
스스로를 축성하면(성유나 성수를 자신에게 뿌리는 것)
유력자들의 관심을 받고 그들의 호의를 끌어낼 수 있다는
이야기도 전해진다.

224
Cinchona 기나나무

키니네 트리Quinine Tree | 키나Quina |
피버 트리Fever Tree | 홀리 바크
트리Holy Bark Tree | 예수회 바크
트리Jesuit's Bark Tree | 페루비안 바크
트리Peruvian Bark Tree

의미: 해열.

효능: 행운, 보호.

사무엘 하네만이 기나나무로 실험했던 것이 대체의학의 한 형태인 동종요법(질병 증상과 비슷한 증상을 유발시켜 치료하는 방법)의 시초로 본다. 기나나무 껍질의 작은 조각을 가지고 다니면 재앙이나 육체적 위험으로부터 지켜준다고 한다. 기나나무는 키니네(기나나무 껍질에서 얻는 알칼로이드. 말라리아 치료의 특효약으로 해열제, 건위제, 강장제 등으로 쓰인다.)의 원료이다.

225
Cineraria 시네라리아

의미: 항상 즐거운, 일편단심.

둥그스름한 돔 모양을 띠고 있어 플로리스트들이 선호하는 식물이다. 활짝 핀 꽃을 화기에 담았을 때 꽃으로 풍성하게 덮을 수 있기 때문이다.

226
Cinnamomum camphora 녹나무 (독성)

캄포 트리Camphor Tree | 캄포 로렐Camphor Laurel | 카푸르 나무Trees of Kafoor

의미: 순결, 점술, 건강.

효능: 순결, 점술, 감정, 임신과 출산 능력, 생식 활동, 건강, 영감, 직관, 초자연적 능력, 바다, 잠재의식, 조수간만, 배로 여행.

227
Cinnamomum verum 실론계피나무 (독성)

Cinnamomum zeylanicum | 실론 시나몬Ceylon Cinnamon | 스리랑카 시나몬Sri Lanka Cinnamon | 시나몬 트리Cinnamon Tree | 제빵사의 시나몬Baker's Cinnamon

의미: 아름다움, 상처 입힌 것을 용서,

논리, 사랑, 관능, 힘, 성공, 비즈니스, 요부.

효능: 풍족, 의지, 우정, 성장, 힐링, 환희, 생명, 빛, 사랑, 관능, 자연력, 정열, 힘, 보호, 정신력, 영성, 성공.

고대 유대에서 고위 사제들이 성유의 주요 재료로 사용했다. 고대 이집트에서는 미라를 만들 때 실론계피나무 오일을 사용했다. 또한 향처럼 피우거나 사셰로 만들어 사용하면 영적 교감을 증진하고, 힐링을 돕고, 재운을 불러오며, 정신력을 자극하고, 보호 기능도 한다고 믿었다. 고대 중국과 이집트에서는 사원을 정화할 때 사용하기도 했다.

228
Circaea lutetiana 말털이슬 (독성)

키르카에아Circaea | 마법사의 밤의 그림자Enchanter's Nightshade

의미: 죽음, 파멸, 배반, 협잡.

효능: 마법, 주문, 마술.

말털이슬, 즉 키르카에아라는 이름은 그리스의 시인 호메로스가 기원전 800년에 쓴 『오디세이아』에 나오는 헬리오스의 딸 키르케Circe에서 유래했다. 잔인하고 끔찍한 마법사인 키르케는 난파선의 선원들을 비롯한 여러 사람들을 꼬드겨 자신의 섬으로 데려갔다. 그리고 그들에게 약을 먹여 동물(대다수는 돼지)로 변하게 한 다음 그들을 잡아먹었다고 한다.

229
Cirsium 엉겅퀴속

플럼 시슬Plume Thistle | 풀러 시슬Fuller's Thistle

의미: 염세, 인간 혐오.

효능: 조력, 임신과 출산 능력, 조화, 독립, 물질적 이득, 고집, 안정, 힘, 불굴의 끈기.

230

Cistaceae 시스투스과

록 로즈Rock Rose

의미: 시민의 희망, 안전, 보증.

시스투스는 바하 플라워 요법(Bach Flower Remedies, 여러 가지 감정이나 마음 상태 등에 대응하여 질환을 치료하는 38종류의 꽃으로 만든 약, 영국인 의사 에드워드 바하가 개발)의 38종류 식물 가운데 하나다.

231

Cistus ladanifer 키스투스 라다니페르

검 록로즈Gum Rockrose | 브로우 아이드 록로즈Brow-eyed Rockrose | 자라 프린고사Jara Pringosa | 굼 시수스Gum Cisus | 굼 라다눔Gum Ladanum

의미: 내일 죽으리라.

전체가 향을 발산하는 끈적거리고 진한 수지에 덮여 있는데 이는 고대부터 향수를 만드는 원료가 됐다.

232

Citrullus lanatus 수박

워터멜론Watermelon

의미: 풍만함, 평화.

고대 이집트 사람들은 수박을 성스럽게 여겼다.

233

Citrus bergamia 베르가모트

Citrus aurantium bergamia | 베르가모트 오렌지Bergamot Orange | 비터 오렌지Bitter Orange | 오렌지 민트Orange Mint

의미: 황홀감, 저항할 수 없는 매력.

효능: 저항할 수 없는, 금전, 번영, 성공.

옛날에는 돈을 지불하기 전에 베르가모트 잎으로 돈을 문지르면 그에 상응하는 보상이 돌아온다고 믿었다. 또 지갑이나 금고에 베르가모트 잎을 약간 넣어두면 그 이상의 금전이 들어온다는 미신도 있었다.

234

Citrus medica 불수감

시트론Citron | 메디안Median | 금단의 열매Forbidden Fruit | 에트로그Etrog | 페르시안 애플Persian Apple | 러프 레몬Rough Lemon

의미: 소원해짐, 심술궂은 미녀.

효능: 힐링, 정신의 힘.

235

Citrus x aurantium 광귤

비터 오렌지Bitter Orange | 마멀레이드 오렌지Marmalade Orange | 세비야 오렌지Seville Orange

의미: 관능적인 사랑.

효능: 최음, 정력제.

236

Citrus x latifolia 페르시안라임

페르시안 라임Persian Lime | 베어스 라임Bear's Lime | 타히티 라임Tahiti Lime

의미: 간음.

효능: 힐링, 사랑, 보호.

237
Citrus x limon 레몬

레몬나무Citrus limon | 울라물라Ulamula

의미: 참을성 있는, 인내심, 즐거운 생각, 열정.

레몬꽃: 신중함, 신의, 충실한 사랑, 진실할 것을 약속합니다.

효능: 우정, 장수, 사랑, 정화.

보름달이 뜨는 밤, 목욕물에 레몬즙을 첨가하면 몸에 깃든 나쁜 기운을 정화해 준다고 한다.

238
Citrus x sinensis 당귤나무

오렌지Orange | 오렌지나무Orange Tree | 사랑의 열매Love Fruit | 스위트 오렌지Sweet Orange

의미: 영원한 사랑, 너그러움, 결백.

꽃: 신부들의 축제, 결혼, 당신의 순수함은 사랑스러움 못지않네요, 순결, 영원한 사랑, 지혜를 가져다줌, 비옥함, 결백.

효능: 점성술, 사랑, 행운, 금전.

빅토리안 시대에 신부들은 가능하면 당귤나무 꽃을 지니려고 했다. 그 꽃으로 만든 리스를 쓰거나 리스를 베일에 붙이기도 했다. 중국에서는 당귤나무를 행운의 상징으로 여긴다.

239
Citrus x tangerina 탄제린

만다린 오렌지Mandarin Orange | 클레멘타인Clementine | 탄제린Tangerine

의미: 생명, 새로운 시작, 기도, 행운을 기원.

효능: 번영.

중국에서 재배한 지는 3천 년이 넘었다.

240
Clarkia amoena 고데티아

Godetia amoena | 고데티아Godetia | 봄과의 작별Farewell to Spring | 사틴 플라워Satin Flower | 비단꽃Silk Flower | 아틀라스 플라워Atlas Flower | 섬머스 달링Summer's Darling | 빨간 리본Red Ribbons | 록키 마운틴 갈랜드 플라워Rocky Mountain Garland Flower

의미: 매력, 열광, 봄에게 작별을 고함, 기분 좋은, 당신과 다양한 대화를 나눠 즐겁습니다.

고데티아는 루이스와 클락이 19세기에 미국의 루이지애나 지역을 탐험할 때 처음으로 채집하고 기록한 꽃 가운데 하나다.

241
Clematis 클레마티스 (독성)

가죽꽃Leather Flower | 노인의 수염Old Man's Beard | 페퍼 바인Pepper Vine | 여행자의 기쁨Traveller's Joy | 비오르나Viorna | 버진스 바우어Virgin's Bower

의미: 작위적임, 계략, 기발한 재주, 사랑, 내적 아름다움, 소울 메이트.

클레마티스 에버그린: 가난, 바라다.

클레마티스라는 고전적인 그리스어 명칭은 오래전부터 위로 타고 올라가는 덩굴식물들에 두루 사용되었다.

242
Cleome spinosa 풍접초

스파이더 플라워Spider Flower | 비 플랜트Bee Plant

의미: 나와 함께 달아납시다.

꽃 한 송이마다 아주 기다란 수술이 튀어나와 있어서 얼핏 거미 다리처럼 보이기도 한다.

243
Clianthus puniceus 앵무새부리꽃

Kowhai ngutukaka | 앵무새 부리꽃Parrot's Beak | 바닷가재 발톱꽃Lobster Claw

의미: 제멋대로, 한담, 세속적.

흔치 않게도 부리처럼 뾰족한 봉오리와 꽃을 가진 흥미로운 상록관목인 앵무새부리꽃은 오늘날 야생에서 멸종 위기 식물로 지정되어 있다.

244
Clitoria 클리토리아

버터플라이 피Butterfly Pea

의미: 여성의 힘.

효능: 여성의 힘.

클리토리아라는 이름은 이 식물의 꽃이 여성의 생식기를 닮은 데서 비롯됐다.

245
Clivia miniata 군자란 (독성)

클리비아Clivia | 부시 릴리Bush Lily | 윈터 릴리Winter Lily

의미: 외향성, 행운, 장수.

군자란을 화분에 심어 잘 가꾸면 족히 50년 이상을 산다고 알려져 있다.

246
Cnicus benedictus 홀리티슬

Centaurea benedicta | 홀리 티슬Holy Thistle | 크니쿠스Cnicus | 성 베네딕트의 엉겅퀴Saint Benedict's Thistle | 축복받은 엉겅퀴Blessed Thistle | 점박이 엉겅퀴Spotted Thistle

의미: 결심, 헌신, 화려함, 내구성, 힘.

효능: 동물 치유, 도움, 조화, 독립, 물질적 이득, 고집, 보호, 정화, 안정, 힘, 완고함.

옛날 사람들은 나쁜 영으로부터 스스로를 지키기 위해 홀리티슬 한 조각을 몸에 지니거나 보관하기도 했다.

247

Cobaea scandens 멕시칸아이비

대성당의 종Cathedral Bells | 컵 앤 소서 바인Cup-and-Saucer Vine | 바이올렛 아이비Violet Ivy

의미: 험담, 매듭.

찰스 다윈은 1875년에 덩굴을 감고 위로 올라가는 식물을 관찰하고 연구해서 쓴 글에서 멕시칸아이비를 언급하고 있다.

248
Cocos nucifera 코코넛야자

Nux indica | 코코넛 야자Coconut Palm | 인디언 너트Indian Nut

의미: 정결.

효능: 정결, 보호, 정화.

집에 코코넛야자 열매를 통째로 매달아 두거나 열매를 절반으로 갈라서 보호 능력이 있는 다른 나뭇잎, 씨앗, 꽃잎 등으로 채운다. 그리고 그 위를 꼼꼼하게 덮어서 밀폐한다. 그런 다음 자기 소유의 땅에 묻는다. 그러면 보호를 받는다고 믿었다.

249

Codariocalyx motorius 무초

Hedysarum gyrans | 댄싱 플랜트Dancing Plant | 텔레그래프 플랜트Telegraph Plant | 세마포어 플랜트Semaphore Plant | 뱀 부리는 사람의 뿌리Snake Charmer's Root

의미: 흔들림.

무초의 잎은 음악 소리에 노출되면 춤을 춘다고 알려져 있다.

250

Coeloglossum viride 개제비란

Dactylorhiza viridis | 개제비란Frog Orchid | 긴 포엽 초록난Long-Bracted Green Orchid

의미: 혐오.

개제비란은 작은 개구리를 닮은 초록색 포엽들이 끝이 뾰족한 가지 위에 피어 있는 지생란이다.

251

Coffea arabica 커피나무

커피나무Coffee Tree

의미: 조심성, 동료애, 우정, 사교성.

효능: 변화, 용기, 흥망성쇠, 해방, 자비, 승리.

252

Coix lacryma-jobi 염주

Croix arundinacea | 욥의 눈물Job's Tears | 예수의 눈물Christ's Tears | 성모 마리아의 눈물Mary's Tears | 다윗의 눈물David's Tear | 십자가Croix | 티어 드롭스Tear Drops

의미: 큰 고통을 이겨내기.

효능: 힐링, 행운, 소원.

염주 씨앗은 자연적으로 구멍이 뚫려 있어서 구슬처럼 꿰어 장신구로 착용하기에 좋다. 셰이커 교도들은 악기를 제작할 때 움푹 파인 말린 박고지에 염주 씨앗들을 넣어 쓰기도 했다. 소원을 빌고 싶을 때는 염주 씨앗 7개를 골라서 7일 동안 지닌다. 7일째 되는 날, 소원을 한 번 더 빈 뒤 흐르는 물에 그 씨앗들을 던지기도 했다.

253

Colchicum autumnale 콜키쿰 아우툼날레 (독성)

어텀 크로커스Autumn Crocus | 메도우 사프란Meadow Saffron | 네이키드 레이디Naked Lady

의미: 가을, 늙어감, 내 생애 최고의 날들은 지나갔습니다, 내 행복한 날들은 지나갔습니다.

사프란이라는 이름으로도 불리긴 하지만, 사실 콜키쿰 아우툼날레는 사프란을 생산하지 않는다. 그리고 사프란으로 오해하는 사람들에게는 급성 중독을 일으키는 원인이 될 수 있다.

254

Coleonema 콜레오네마

천국의 숨결Breath of Heaven | 색종이 덤불Confetti Bush | 디오스마Diosma

의미: 아무짝에도 쓸모없는, 유용성, 당신의 우아함에 매료됐습니다.

마치 덤불 위에 떨어진 색종이를 연상시키는 아주 작은 꽃들이 핀다.

255

***Coluthea arborescens* 콜루테아 아르보레스켄스**

콜루테아Colutea | 블래더 센나Bladder Senna

의미: 시시껄렁한 오락.

구릿빛의 부풀어 오른 꼬투리는 얇고 건조해서 부서지기 쉽지만 드라이플라워 어레인지먼트에는 매력적인 소재가 된다.

256

***Commiphora gileadensis* 콤미포라 길레아덴시스**

Commiphora opobalsamum | 밤 오브 길레아드 트리Balm of Gilead Tree | 밤 오브 메카 트리Balm of Mecca Tree

의미: 힐링되는 향기.

수지: 치유, 힐링, 사랑, 징후, 보호, 안도.

효능: 구속, 죽음, 건축, 역사, 지식, 한계, 장애물, 시간.

쓰라린 마음을 달래고 싶을 때 이것의 봉오리를 지니기도 했다.

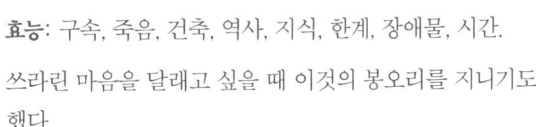

257

***Conium maculatum* 나도독미나리 (독성)**

Conium chaerophylloides | 포이즌 헴락Poison Hemlock | 비버 포이즌Beaver Poison | 악마의 포리지Devil's Porridge | 워터 파슬리Water Parsley

의미: 죽음도 아깝지 않은, 당신으로 인해 죽을 겁니다.

효능: 성욕을 감퇴시킴, 정화.

모든 부분에 치명적인 독성이 있다. 그 때문에 어떤 용도로라도 사용하는 것은 매우 위험하다.

258

***Consolida orientalis* 참제비고깔 (독성)**

락스퍼Larkspur

의미: 경솔, 경박, 솔직함, 신속함.

특별한 색에 담긴 의미

분홍색: 변덕, 가벼움.

보라색: 오만.

효능: 악령이나 전갈을 쫓음, 독을 품은 생명체들을 쫓음, 건강, 보호.

옛날 사람들은 이것에 악령을 쫓아내는 힘이 있다고 믿었다.

259

***Convallaria majalis* 유럽은방울꽃 (독성)**

은방울꽃Convallaria | 골짜기의 백합Lily-of-the-Valley | 야곱의 사다리Jacob's Ladder | 야곱의 눈물Jacob's Tears | 천국으로 가는 사다리Ladder to Heaven | 메일 릴리Male Lily | 메이 벨May Bells | 성모 마리아의 눈물Our Lady's Tears

의미: 예수의 재림, 사랑의 행운, 행복과 순수한 마음, 겸손, 환희, 보답받은 행복, 사교성, 달콤함, 성모 마리아의 눈물, 신뢰할 수 있는, 무심결에 친절을 베풂, 당신으로 인해 내 인생은 완전해졌습니다.

효능: 행복, 힐링, 올바른 선택, 맑은 정신, 정신력, 더 나은 세상을 그려보는 사람들의 힘.

유럽은방울꽃을 방에 두면 그곳에 있는 모든 이들의 기분을 밝게 고양시킨다고 한다.

260

Convolvulus arvensis 서양메꽃 (독성)

Convolvulus arvensis var. *linearifolius* |
유럽 메꽃European Bindweed |
다년생 모닝 글로리Perennial Morning
Glory | 작은꽃 모닝 글로리Small
Flowered Morning Glory |
살랑대는 바람Withy Wind |
필드 바인드위드Field Bindweed |
크리핑 제니Creeping Jenny

의미: 참견하기 좋아하는 호사가, 요부, 겸손, 인내, 끈기, 불확실.

서양메꽃은 가장 급속도로 퍼지는 야생식물 가운데 하나로, 미국에서는 해마다 작물의 수확량을 감소시켜 수백만 달러의 손해를 끼치는 식물로 알려져 있다.

261

Corchorus capsularis 황마

주트 플랜트Jute Plant | 몰로키아Molokhia

의미: 행복을 갈망, 부재를 견디지 못함.

황마포의 주된 재료가 바로 황마이다.

262

Cordyline fruticosa 코르딜리네 프루티코사 (독성)

Asparagus terminalis | *Cordyline terminalis* | 팜 릴리Palm Lily | 캐비지 팜Cabbage Palm | 행운의 나무Good Luck Plant | 아우티Auti | 티 플랜트Ti Plant | 라우티Lauti

의미: 깨달음, 생명의 나무.

효능: 힐링, 보호.

코르딜리네 프루티코사 잎의 녹색 부분을 침대 밑에 놓아두면 자는 동안 보호를 받는다고 한다. 하와이의 훌라춤용 스커트나 통가의 춤 의상은 녹색 코르딜리네 프루티코사로 만든다. 오래전 하와이에서는 굉장한 영적 힘을 지녔다고 믿어서 고위 사제들이나 제사장만이 의식을 진행할 때 이것의 붉은 잎을 목에 걸 수 있었다. 배를 타고 바다로 나가거나 여행을 떠날 때 이 식물의 녹색 잎을 지니고 있으면 익사 사고를 막아준다는 믿음도 있었다. 고대 하와이에서는 땅의 경계를 표시할 때도 이 잎을 쓰기도 했다. 한편 땅의 경계 주변에 액막이 용도로 심을 때는 녹색의 잎이어야 하며 붉은색은 안 된다. 붉은색 잎은 화산의 여신 펠레Pele에게 바쳐진 식물이기 때문에 함부로 보호수 용도로 쓰다가는 재앙을 맞을 수 있다. 왜냐하면 일반인들은 신성한 특권을 보유하고 있지 않기 때문이라고 한다. 마찬가지로 가정에서 붉은 코르딜리네 프루티코사를 화분에 키우면 큰 불운이 닥친다고 믿었다.

263

Coreopsis 기생초속

칼리옵시스Calliopsis |
틱시드Tickseed |
터커마니아Tuckermannia

의미: 늘 쾌활한, 행복을 갈망, 부재, 결핍을 참지 못함, 첫눈에 반함.

효능: 임신과 출산 능력, 행운, 금전 문제, 보호, 번개를 피하게 해줌.

요정들이 사랑하는 꽃들 가운데 하나라고 전해진다.

264

Coreopsis tinctoria 기생초

Coreopsis elegans | *Calliopsis elegans* |
가든 틱시드Garden Tickseed |
프레리 코레옵시스Prairie Coreopsis

의미: 첫눈에 반함.

기생초의 꽃은 노란색 천연섬유를 갈색으로 염색할 때 사용하기도 한다.

265

Coriandrum sativum 고수

코리앤더Coriander | 차이니스 파슬리Chinese Parsley

의미: 숨은 장점, 숨은 가치, 반복하는 사람들 간의 평화.

씨앗: 서로 잘 지내지 못하는 사람들 사이에 평화를 도모하다.

효능: 최음, 정력제, 힐링, 건강, 로맨스를 찾게 도와줌, 지성, 불멸, 사랑, 관능, 보호, 모든 정원사들과 주부들을 수호.

가정을 수호하는 의미에서 자그마한 고수 묶음을 집에 걸어두기도 한다. 중세에 고수는 사랑의 주술과 묘약을 제조하는 데 쓰였다. 고수 씨앗을 부적처럼 몸에 지니면 두통을 완화시켜 준다는 말도 있다.

266

Cornus kousa 산딸나무 (독성)

코넬 트리Cornel Tree | 도그우드Dogwood

의미: 내구력, 지속.

효능: 보호, 기원.

산딸나무의 목재는 굉장히 단단해서 다른 나무들을 쪼개는 쐐기로 쓰이기도 한다.

267

Cornus florida 꽃산딸나무 (독성)

코르넬리안 트리Cornelian Tree | 플라워링 코넬Flowering Cornel | 플로리다 도그우드Florida Dogwood | 버지니아 도그우드Virginia Dogwood | 화이트 코넬White Cornel | 인디언 애로우우드Indian Arrowwood

의미: 내구력, 무심함.

효능: 보호, 기원.

성 요한 축일 전날 꽃산딸나무 수액을 손수건에 조금 묻혀서 줄곧 지니고 다니면 바라는 바가 상대에게 전해진다고 한다. 또 호신용으로 그 조각이나 잎을 조금 지니고 있으면 좋다고도 한다.

268

Cornus mas 미국산수유 (독성)

유러피언 코넬European Cornel | 코넬리안 체리 트리Cornelian Cherry Tree

의미: 내구력, 지속.

효능: 보호, 기원.

269

Coronilla varia 코로닐라 바리아

왕관갈퀴나물Crown Vetch

의미: 당신의 소원이 이루어졌습니다, 당신은 성공할 것입니다.

효능: 신의.

270

Corylus avellana 유럽개암나무

헤이즐Hazel | 콜Coll | 헤이즐넛 트리Hazelnut Tree

의미: 의사소통, 창조적 영감, 화해.

효능: 임신과 출산, 높은 깨달음, 행운, 명상, 보호, 환상, 점성술, 기원.

행운과 다산, 그리고 지혜를 기원하는 의미로 신부에게 이것을 선물하는 풍습이 있었다. 또 줄기를 왕관 모양으로 짜면서 소원을 빌거나 왕관을 쓰고 빌기도 한다. 두 갈래로 갈라진 가지는 점술가들에게 최상의 소재로 꼽힌다.

271

Corylus maxima 막시마개암나무

필버트Filbert

의미: 화해.

막시마개암나무는 성 필버트Philbert 축일인 8월 20일경에 열매가 익기 때문에 필버트Filbert라는 이름을 얻었다고 알려졌다.

272

Cosmelia rubra 코스멜리아 루브라

스핀들 히스Spindle Heath

의미: 첫눈에 반함.

오스트레일리아 서남부가 원산지이다.

273

Cosmos bipinnatus 코스모스

Cosmea tenuifolia | *Cosmos spectabilis* | *Cosmos hybridus* | 가든 코스모스Garden Cosmos | 멕시칸 애스터Mexican Aster

의미: 균형, 조화, 질서정연한, 아름다운, 이리 와서 나와 걸어요, 내 손을 잡고 함께 걸어요, 사랑과 인생의 환희, 꽃을 사랑하다, 겸손, 장식용, 평온함, 고요함, 건전함.

정신적 조화를 회복하고 싶다면 코스모스 다발을 집에 장식해 보라.

274

Cotinus coggygria 안개나무

Rhus cotinus | 스모크 트리Smoke Tree | 유라시안 스모크트리Eurasian Smoketree | 퍼플 스모크부시Purple Smokebush

의미: 뛰어난 지능, 화려함.

흡사 솜털처럼 보이는 안개나무의 꽃은 회색과 베이지색이 섞인 희끄무레한 색으로, 멀리서 보면 나무 전체가 안개에 뒤덮인 것 같은 느낌을 준다.

275

Crassula dichotoma 크라술라 디코토마

Grammanthes chloriflora | 갈라진 크라술라Forked Crassula | 오렌지 크라술라Orange Crassula | 골드 스톤크롭Gold Stonecrop | 틸라에Tillaea

의미: 조급한 성격.

효능: 금전.

276

Crassula ovata 염자

Crassula argentea | *Crassula obliqua* | 돈나무Money Plant | 달러 플랜트Dollar Plant | 우정의 나무Friendship Tree | 행운의 나무Lucky Plant | 제이드 플랜트Jade Plant

의미: 풍족함, 우정, 행운, 금전.

효능: 금전운.

염자는 돈나무로는 으뜸으로 친다. 염자에 꽃이 피는 것은 굉장한 행운으로 받아들여진다.

277

Crataegus pinnatifida 산사나무

Crategus monogyna biflora | 빵과 치즈 나무Bread and Cheese Tree | 영국 산사나무English Hawthorn | 정절의 나무Tree of Chastity | 레이디스 미트Ladies' Meat | 손 애플Thorn Apple

의미: 정결, 모순, 이중성, 희망, 정력, 봄, 반대파들의 통합.

효능: 정결, 연속성, 죽음, 임신과 출산, 행복, 희망.

전해지는 이야기에 따르면, 아리마대의 요셉이 그리스도의 전언을 전하러 브리튼 섬으로 갔다. 그는 지팡이를 꽂아두고 근처에서 잠을 잤는데 눈을 떴을 때 지팡이가 있던 자리에 산사나무가 뿌리를 내리고 자라서 꽃을 피운 것을 발견했다고 한다. 로마인들은 아기의 요람에 산사나무 잎을 달아서 재앙이 드는 것을 막았다고 한다. 반면 중세 유럽에서는 산사나무 가지를 집 안에 들이면 가족 가운데 한 사람이 아프거나 죽을 수 있다는 흉조로 여기기도 했다. 또한 산사나무는 마녀들이 좋아하는 나무 가운데 하나라고 한다. 봄에 마녀들이 산사나무로 변한다는 전설이 깃든 발푸르기스의 밤(독일 민간 전설에서 마녀들이 축제를 벌인다는 5월 1일 전야)도 있듯이 산사나무는 일반인들에게는 기피 대상이 되기도 했다. 하지만 임신 및 출산과 관계있다고 해서 봄철 결혼식 꽃으로 사용되기도 했다. 침대 매트리스 밑이나 침실 주변에 두면 정조를 지키거나 강요하는 의미도 되었다. 반면 모자에 산사나무 이파리를 꽂아두면 낚시할 때 행운을 불러온다고 한다. 한편 현대로 들어오면서는 곤란하거나, 슬프거나, 침울해졌을 때 산사나무 잔가지를 몸에 지니면 행복한 기분을 되찾을 거라고 믿기도 했으며, 잎을 집 주변에 두면 번개나 폭풍의 피해로부터 지켜준다고 여겼다. 또 여러 재앙이나 액운으로부터 보호해 준다고도 믿었다. 산사나무는 과거에 요정들에게 바치는 식물이기도 했다. 산사나무, 떡갈나무, 구주물푸레나무 등 세 가지 나무를 함께 키우면 요정들을 만날 수 있다는 전설도 있다.

278

Crepis tectorum 나도민들레

크레피스Bearded Crepis | 혹스비어드Hawksbeard

의미: 샌들, 슬리퍼.

효능: 보호.

279

Crocus sativus 사프란 (독성)

크로커스Crocus | 어텀 크로커스Autumn Crocus | 스패니시 사프란Spanish Saffron

의미: 고대 태양의 상징, 과유불급, 남용 말라, 지나침은 위험하다, 행복, 발랄, 유쾌한 웃음소리.

효능: 남용, 최음, 정력제, 행복, 힐링, 웃음, 사랑, 관능, 마법, 정신력, 심령의 힘, 기운을 내거나 돋우다, 영성, 기력, 몰아치는 바람.

인도에서는 과거부터 신혼부부의 침상에 사프란 꽃잎을 흩뿌려 놓곤 했다. 사프란은 청동기 시대, 즉 미노스 문명의 종교의식에서 사용되었는데 이후 다른 종교의식에도 사용되었다. 사프란은 오래전 지팡이에 넣어서 몰래 중동에서 잉글랜드로(이후에는 유럽 전체로) 들여왔다고 전해진다. 그만큼 값을 매기기 어려우리만큼 귀중하게 여겨진 식물이었다. 그 양을 늘리기 위해 가치가 낮은 것들과 섞어 질을 떨어뜨리는 행위는 산 채로 화형을 당하는 것 같은 잔인한 방식의 처벌을 받았다! 사프란이 인도에 들어오면서 아름다운 황금빛 염료를 얻게 되자 직물을 염색할 수 있었고 이후 여러 문화권에서 왕실 의상용 염료로 쓰이게 되었다. 중세에 가난한 채색가들은 종교적 필사본에서 금 대신 사프란에서 뽑은 물감으로 잎사귀를 색칠했다. 아일랜드에서는 침실 이부자리를 세탁할 때 사프란을 넣어 헹구면 그것을 덮고 자는 사람의 팔과 다리가 한층 건강해진다는 믿음이 있었다. 고대 페르시아인들은 바람을 불러일으키기 위해 사프란을 공중에 집어 던지기도 했다.

280

Crocus vernus 베르누스크로커스 (독성)

자이언트 더치 크로커스Giant Dutch Crocus | 스프링 크로커스Spring Crocus

의미: 남용하지 말 것, 애착, 기분 좋음, 반가움, 지극한 행복, 난 그의 것, 조바심, 사랑, 부활, 부활과 천상의 행복, 후회 없는 청춘.

효능: 사랑, 비전.

이것을 키우면 사랑을 불러온다는 믿음이 있다.

281

Codiaeum variegatum 크로톤 (독성)

크로톤 페트라Croton Petra | 러시포일Rushfoil

의미: 변화.

효능: 감정, 임신과 출산, 영감, 직관, 영적 능력, 잠재의식, 조수간만, 배로 여행.

집에서 작은 화분에 담아 키우는 하우스 플랜트부터 밖에서 자라는 나무까지 크로톤은 그 색깔만큼이나 크기도 다양하다.

282

Cryptanthus 크립탄투스

카멜레온 스타Chameleon Star | 어스 스타Earth Star

의미: 숨은 꽃.

효능: 금전, 보호.

가정의 평안 또는 재물운을 불러오려면 집 안에서 크립탄투스를 기르면 좋다고 한다.

283

Cucumis sativus 오이

큐컴버Cucumber

의미: 정결, 비판.

효능: 정결, 임신과 출산, 힐링.

로마시대에는 산파들이 오이를 가지고 갔다가 산모가 아이를 출산하면 오이를 멀리 던져 버렸다고 한다. 또 아기를 간절히 바라는 여인들은 허리에 오이를 차고 다녔다. 때로는 집 안에 들어오는 생쥐들에게 겁을 주기 위해 오이를 사용했다고도 한다.

284

Cucurbita pepo 페포호박

필드 펌킨Field Pumpkin | 폼피온Pompion | 펌프킨Pumpkin | 스쿼시Squash

의미: 조악함, 상스러움.

원래 아일랜드에서 악마와 액운을 쫓기 위해 속을 파낸 호박을 현관의 첫 계단에 두는 것으로 시작된 할로윈 호박등은 페포호박이 아니면 진짜 호박등이라 할 수 없다.

285

Cuminum cyminum 쿠민

커민Cumin | 쿠미노 아이그로Cumino Aigro

의미: 충실함, 신의.

효능: 도난 방지, 액운 퇴치, 신의, 보호.

쿠민을 어떤 물건의 안이나 그 위에 두면 도둑을 막아준다는 미신이 있었다. 소금에 섞어 마룻바닥에 뿌리면 액운을 쫓아낸다고 여기기도 했다. 또 결혼식에서 부정한 기운을 물리치기 위해 신부들은 쿠민 잔가지를 몸에 걸치기도 했으며 마음의 평화를 얻기 위해 쿠민을 지니기도 했다.

286

Cupressus 쿠프레수스

사이프러스Cypress | 죽음의 나무Tree of Death

의미: 죽음, 절망, 애도, 슬픔.

효능: 위로, 영원, 힐링, 불멸, 장수, 보호.

친구나 친족의 죽음으로 인한 상심을 위로받으려면 쿠프레수스의 잔가지를 몸에 지녀 보라는 조언이 있다. 불멸을 강력하게 상징하는 이것을 키우는 것은 축복과 가호를 얻는 것이나 다름없었다.

287

Curcuma longa 강황

인도 사프란Indian Saffron | 만잘Manjal |
투메릭Tumeric

의미: 임신과 출산, 행운, 태양.

효능: 행운, 힘, 정화.

인도에서는 강력한 행운의 상징으로 여겨서
수천 년 동안 결혼식이나 종교 행사에 사용하고 있다.

288

Cuscuta japonica 새삼

천사의 머리카락Angel Hair | 악마의
머리카락Devil's Hair | 마녀의 머리카락Witch's
Hair | 머리카락풀Hairweed | 거지풀Beggarweed |
숙녀의 레이스Lady's Laces

의미: 비천함, 비열, 기생하는 것.

효능: 매듭 마법, 사랑점.

새삼으로 사랑점을 치기도 했다.
먼저 큰 잔가지들을 뜯은 뒤 원래 있는 새삼을 향해 어깨
너머로 던진다. 그러면서 마음에 둔 사람이 자신을 사랑해
줄지 묻는다. 다음날 그 장소로 돌아와서 가지의 상태를
확인한다. 만약 그 가지들이 따로 떨어져 있다면 그 소원은
응답받지 못한 것이며, 그 가지들이 다시 붙어 있다면
기다리는 답을 얻게 될 것이라고 한다.

289

Cyclamen persicum 시클라멘

소우브레드Sowbread | 돼지의 빵Pain de Pourceau |
그라운드브레드Groundbread

의미: 자신이 없음, 이별, 사직.

효능: 임신과 출산, 행복, 관능, 보호.

시클라멘을 침실에서 키우면
잠자는 동안 나쁜 기운이
침범하지 못하게 해준다.

290

Cydonia oblonga 털모과

퀸스Quince

의미: 아름다움을 경멸함, 유혹.

효능: 행복, 사랑, 보호.

발굴된 폼페이 유물에는 곰이
털모과 열매를 쥐고 있는 그림이
남아 있다. 털모과 씨앗 한 개만 지니고 있어도 각종 사고나
액운, 몸에 닥치는 재앙으로부터 지켜준다고 한다.

291

Cylindropuntia imbricata 지팡이선인장

Opuntia imbricata | 체인링크 선인장Chainlink Cactus | 악마의 밧줄
선인장Devil's Rope Cactus | 악마의 밧줄 배Devil's Rope Pear | 트리
콜라Tree Cholla | 걸어 다니는 콜라 지팡이Walking Stick Cholla

의미: 공포심, 강직함.

위험한 가시들로 덮인 가지들이 많이 달린 선인장으로
크기가 웬만한 나무만하다. 오스트레일리아 정부는 이
선인장이 인간과 동물에게 위험하다고 판단, 유해 식물로
지정했다.

292

Cymbidium 심비디움

보트 난초Boat Orchid | 이리도르키스Iridorchis | 젠소아Jensoa

의미: 아름다움, 사랑, 정제.

심비디움의 잎 색깔은 그것의 건강 상태를 알려주는
지표다. 진한 녹색 잎은 빛이 더 필요하다는 표시고, 노란색
잎은 빛에 너무 많이 노출되어
있다는 뜻이다.

293

Cymbopogon citratus 레몬그래스 (독성)

피버 그래스Fever Grass | 실키 헤드 Silky Heads | 가시철조망풀Barbed Wire Grass | 레몬그래스Lemongrass

의미: 열린 대화.

효능: 의사소통, 개방성을 증진, 관능, 정신력, 벌레, 뱀을 쫓음.

레몬그래스를 집 주변에 심어두면 뱀이 접근하기 어렵다는 속설이 있다.

294

Cynanchum paniculatum 산해박 (독성)

스왈로우 위트Swallow Wort | 개의 목을 조르는 덩굴Dog-Strangling Vine

의미: 두통 치료, 시들어버린 희망.

효능: 힐링.

295

Cyperus papyrus 파피루스

페이퍼 리드Paper Reed | 파피루스 플랜트Papyrus Plant

의미: 글로 의사소통.

효능: 보호.

파피루스는 고대 이집트에서 종이를 만드는 데 쓰일 정도로 장구한 명성을 누리는 식물이다. 배 안에 파피루스를 두면 악어의 공격으로부터 보호받는다고도 알려졌다.

296

Cypripedium macranthos 복주머니란

레이디 슬리퍼 오키드Lady Slipper Orchid | 비너스의 신발Venus' Shoes | 모카신 플라워Moccasin Flower | 다람쥐 발Squirrel Foot | 낙타 발Camel's Foot | 아담의 풀Adam's Grass | 레이디스 슬리퍼Lady's Slipper | 쿠쿠스 슬리퍼Cuckoo's Slippers

의미: 변덕스러운 미인, 변덕, 날 이기면 자랑해도 됩니다. 여성의 사랑을 쟁취하면 아내로 삼을 수 있습니다 (셰익스피어 「헛소동」의 대사).

효능: 도난 방지, 질병에 도움을 주고 보호함, 저주나 재앙으로부터 보호.

부적들 사이에 끼워두면 여러모로 보호를 받는다고 한다.

297

Cytisus scoparius 양골담초 (독성)

Genista scoparius | *Sarothamnus scoparius* | 금작화Broom | 스카치 브룸Scotch Broom | 아이리시 탑스Irish Tops | 호그 위드Hog Weed

의미: 쓸기.

효능: 보호, 정화, 연합.

옛사람들은 양골담초를 집 밖에 걸어두면 부정한 기운이 집 안으로 스며드는 것을 막을 수 있다고 믿었다.

298
Dahlia 다알리아

벨리아Belia | 멕시칸 조지아나Mexican Georgiana | 란다프의 주교Bishop of Llandaff | 인도 작약Peony of India

의미: 위엄, 우아함, 영원히 당신의 것, 좋은 맛, 불안정, 색다름, 화려한 행사, 세련, 변화의 경고.

효능: 배반의 조짐, 정신의 발전.

299
Daphne 다프네 (독성)

의미: 영광, 불멸.

그리스에서 유래한 다프네의 전설은 에로스 이야기로 거슬러 올라간다. 에로스는 자신을 비웃은 아폴론에게 화살 두 발을 쏘았는데 그 중 황금 화살 한 발이 아폴론의 가슴에 명중해서 아폴론은 물의 신의 딸인 다프네와 비극적인 사랑에 빠지고 만다. 납으로 만든 또 다른 화살은 평생 순결을 지키려고 했던 다프네를 맞추지만 아폴론의 끈질긴 구애를 견디다 못한 다프네는 아프로디테 여신에게 아폴론의 집요한 구애로부터 벗어나게 해달라고 간청한다. 이에 아프로디테는 다프네를 나무로 만들어 버리지만 아폴론의 사랑은 결코 사그라들지 않았다고 한다.

300
Daphne cneorum 장미서향 (독성)

로즈 다프네Rose Daphne

의미: 희열을 열망합니다.

장미서향의 꽃 색깔은 분홍이며 톡 쏘는 향을 풍긴다.

301
Daphne mezereum 이월서향 (독성)

메제레온Mezereon | 2월의 다프네February Daphne | 스퍼지 올리브Spurge Olive

의미: 추파, 교태, 희열을 향한 욕망.

매우 흔한 식물이지만 독성이 있다는 것을 아는 사람은 극히 드물다.

302
Daphne odora 서향 (독성)

윈터 다프네Winter Daphne

의미: 당신을 갖지 않겠습니다, 아름다운 것은 아름답게, 불필요한 장식, 아름다운 것을 필요 이상으로 아름답게 하는 것, 백합 그리기.

서향은 달콤한 향을 풍기는 핑크 자주색 꽃을 피우는데 그 향기가 공기 중에 오래 남는다.

303
Datura tatula 독말풀 (독성)

천사의 나팔Angel's Trumpet | 악마의 사과Devil's Apple | 악마의 나팔Devil's Trumpet | 스팅크위드Stinkweed | 마녀의 골무Witches' Thimble | 제임스타운 위드Jamestown Weed | 악마의 오이Devil's Cucumber | 유령꽃 Ghost Flower | 지옥의 종Hell's Bells | 악마의 허브Herb of the Devil | 인도 사과Indian Apple | 인도 위스키Indian Whiskey | 미친 사과Mad Apple | 미친 허브Mad Herb | 마법사의 허브Sorcerer's Herb

의미: 가짜 매력, 기만, 위장, 혐의.

효능: 죽음, 정신적 및 육체적 장애.

독말풀은 맹독성 식물이다. 또한 서식하는 장소에 따라 크기, 잎, 꽃까지 온전히 변신할 수 있는 능력을 소유하고 있다.

304

Daucus carota 당근

당근Carrot | 가든 캐럿Garden Carrot | 다우콘Daucon | 앤 여왕의 레이스Queen Anne's Lace | 꿀벌의 둥지Bee's-nest | 주교의 꽃Bishop's Flower | 악마의 흑사병Devil's-plague

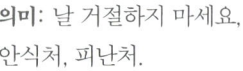

의미: 날 거절하지 마세요, 안식처, 피난처.

앤 여왕의 레이스Queen Anne's Lace라는 이름은 레이스 제작으로 명성이 드높았던 잉글랜드의 앤 여왕에게서 유래했다. 야생에서 자라는 당근을 뽑아서 집으로 가져가면 그들의 어머니가 죽음을 맞는다는 섬뜩한 전설도 있다. 한편 정절을 지키는 여인이 당근을 정원에 심으면 무성하게 잘 자란다는 미신도 있다.

305

Delonix regia 델로닉스 레기아

불꽃나무Flame Tree | 피닉스 테일 트리Phoenix's Tail Tree | 퍼필스 플라워Pupil's Flower

의미: 수난의 꽃.

효능: 번영, 보호, 부유함.

카리브해 지역에서는 유방, 고환 모양을 한 델로닉스 레기아의 꼬투리를 북채로 사용하곤 한다. 주황, 드물게는 노란색 꽃이 피기도 하는 델로닉스 레기아는 세계에서 가장 화려한 꽃이 피는 나무들 가운데 하나로, 아시아 여러 나라들의 공식 국화로 지정되거나 대학의 엠블럼으로도 사용되고 있다.

306

Delphinium 델피니움 (독성)

락스퍼Larkspur | 리틀 락스퍼Little Larkspur | 엘리야의 전차Elijah's Chariot | 종달새 발톱Lark's Claw | 종달새 뒤꿈치Lark's Heel

의미: 열린 마음, 너그러운, 강한 애착, 변덕, 재미, 천국의, 매우 우스운, 경박, 가벼움, 시간과 공간의 한계를 초월하는 능력, 공기.

효능: 가벼움, 신속함.

307

Dendrobium 덴드로비움

칼리스타Callista | 덴드로비움 오키드Dendrobium Orchid

의미: 아름다움, 사랑, 세련.

효능: 우정, 탐욕, 환희, 장수, 사랑, 관능, 부유함.

308

Dendrobium tetragonum 덴드로비움 테트라고눔

Tetrabaculum tetragonum | *Tropolis tetragona* | 스파이더 오키드Spider Orchid | 트리 스파이더 오키드Tree Spider Orchid

의미: 능숙함.

효능: 재주, 기량.

309

Dianthus 패랭이꽃속

핑크Pink

의미: 순수한 애정, 순수한 사랑, 대담, 바삐 서두름.

효능: 순수한 사랑.

특별한 색에 담긴 의미
빨간색: 열렬한 사랑, 수수한 사랑.
하얀색: 기발함, 재능, 당신은 공정합니다.

노란색: 업신여김, 무분별.
얼룩덜룩한 색: 거절.
패랭이 겹꽃: 변치 않는 사랑.

고운 향기와 키우기 쉽다는 이유로 패랭이꽃은 인류가 가장 오래 키워온 꽃 가운데 하나이다. 말린 패랭이꽃은 포푸리나 사셰로 만들 수 있다.

310
Dianthus barbatus 수염패랭이꽃
스위트 윌리엄Sweet William

의미: 내게 미소 한 번 지어주세요, 재주, 수완 좋음, 계략, 용맹, 완벽함, 경멸, 배반.

스위트 윌리엄으로 많이 알려진 수염패랭이꽃은 옛 잉글랜드의 설화와 연가에서 언급된 실연하고 상심한 남자들을 상징한다.

311

Dianthus caryophyllus 카네이션
카네이션Carnation | 클로브 핑크Clove Pink | 디바인 플라워Divine Flower | 주피터의 꽃Jove's Flower | 교수대의 꽃Scaffold Flower

의미: 감탄과 존경, 친밀한 애정 관계, 존엄, 확연히 구분될 만큼 탁월함, 매료됨, 행운, 감사, 건강과 에너지, 천상의, 환희와 헌신, 사랑, 불운, 자부심, 자존심과 아름다움, 순수하고 깊은 사랑, 순수한 사랑, 힘, 진정한 사랑, 여성의 사랑.

특별한 색에 담긴 의미

분홍색: 영원한 모성애, 여자의 사랑, 늘 내 마음속에, 깊은 사랑, 당신을 잊지 않겠어요, 어머니의 날을 상징, 감성적인 사랑.
빨간색: 존경과 감탄, 멀리서부터 존경을, 애정, 아! 내 가여운 마음이여!, 열렬한 사랑, 깊고 낭만적인 사랑, 욕망, 결코 이뤄질 수 없는 욕망, 허망함, 당신 때문에 마음이 아파요, 가여운 마음, 순수한, 순수하고 뜨거운 사랑.
연한 빨간색: 존경과 감탄.
선명하고 진한 빨간색: 애정, 아! 내 가여운 마음이여!, 깊은 사랑.
연보라색: 환상과 공상의 꿈.
보라색: 반감, 변덕스러움, 변하기 쉬움, 애도, 신뢰할 수 없음, 기발함.
하얀색: 업신여김, 충실함, 결백, 행운, 순수한 사랑, 달콤한 사랑, 순수성, 달콤하고 사랑스러운.
노란색: 실망, 업신여김, 거부, 무분별, 당신에게 실망했어요.
단색: 승낙, 동의, 당신과 함께 있고 싶어요, 네.
스트라이프: 싫습니다, 거절, 보답받지 못한 사랑에 대한 회한, 거부, 미안합니다, 당신과 함께할 수 없습니다.

효능: 힐링, 행운, 보호, 힘.

카네이션은 고대 그리스에서도 가장 널리 사랑받는 꽃들 가운데 하나였다. 요양 중인 환자의 방에 싱싱한 붉은 카네이션을 두면 기운과 에너지를 북돋아줄 것이라고 믿었다. 영국에서는 엘리자베스 여왕 시대에 카네이션을 꽂는 것이 유행한 적이 있었는데 이는 카네이션이 교수대에서 처형당하는 것을 막아준다는 믿음이 있었기 때문이다.

312

Dianthus chinensis 패랭이꽃

차이나 핑크China Pinks

의미: 혐오.

톱날 모양의 꽃잎을 가진 귀여운 꽃이 피는 키가 작은 식물이다.

313

Diapensia lapponica 암매

Diapensia obovata | 다이펜시아Diapensia | 핀쿠션 플랜트Pincushion Plant

꽃에 비해 작은 잎들이 가지에 빽빽하게 달린 암매는 고원, 이끼 위, 큰 바위 주변 및 틈새, 그리고 애디론댁 산맥Adirondack Mountains 같은 아주 높은 봉우리들에서 주로 자란다.

314

Diascia 다이아시아

Diascia bergiana | 트윈스퍼Twinspur

의미: 벌들의 친구.

레디비바Rediviva 벌은 야생 다이아시아와 공존한다. 즉 이 꽃의 돌기에만 있는 독특한 즙을 모으기 위해 유독 앞발을 점점 길게 진화시켰다.

315

Dictamnus albus 딕탐누스 알부스

불타는 덤불Burning-Bush | 가스 플랜트Gas Plant | 화이트 디타니White Dittany | 가짜 디타니False Dittany | 화이트 디토White Ditto

의미: 불꽃, 정열, 흠잡을 데 없이 사랑스러움.

휘발성 오일이 내재해 있어 더운 날씨에는 쉽게 불이 붙는다. 이런 자연적 성질 덕분에 성경에서 〈불타는 덤불〉이라는 이름을 얻게 되었다.

316

Dierama 디에라마

웨딩벨Wedding Bells | 요정의 종Fairy Bells | 요정의 지팡이Fairy Wands | 요정의 낚싯대Fairy's Fishing Rods | 깔때기꽃Funnel Flower | 지팡이꽃Wand Flowers

의미: 죽음, 비탄.

옛날에 마녀가 블루벨(히아신스) 속에 숨으려고 토끼로 둔갑할 때 이 디에라마를 이용했다고 한다.

317

Digitalis purpurea 디기탈리스 푸르푸레아 (독성)

여우장갑Foxglove | 요정의 손가락Fairy Fingers | 요정의 속치마Fairy Petticoats | 요정의 모자Fairy-caps | 사자의 입Lion's Mouth | 마녀의 골무Witch's Thimble | 죽은 자의 종Dead Man's Bells | 성모 마리아의 장갑Gant de Notre Dame | 고블린의 장갑Goblin's Gloves | 숙녀의 장갑Lady's Glove | 위대한 허브The Great Herb | 마녀의 종Wiches Bells

의미: 기원, 오직 당신만을

바랍니다, 위엄, 젊음, 속임수, 불성실, 미스터리, 점유.

효능: 마법, 보호.

요정들이 장갑 대용으로 이 꽃을 끼고 다녔다는 이야기가 있다. 만약 사람들이 이 꽃을 꺾는다면 요정들의 기분이 상할 것이라는 전설도 있다. 요정들이 꽃을 모자처럼 썼을 정도로 요정들이 좋아하는 식물이라고도 전해진다. 중세에 마녀들은 정기적으로 주술에 사용하기 위해 이 꽃을 정원에서 키웠다. 오래전 웨일스의 가정주부들은 이 식물의 잎에서 추출한 검은색 염료로 집 밖에서 천에 십자가를 그려 액운을 쫓았다.

318

Dionaea muscipula 파리지옥

플라이트랩Flytrap | 비너스 트랩Venus' Trap | 화이트 플라이트랩White Flytrap | 티피티 트윗쳇Tippity Twitchet

의미: 계략, 결국 잡히다, 갇힘, 속임수, 유폐.

효능: 사랑, 보호.

미국 내에서도 플로리다 북부와 뉴저지처럼 일부 지역에서 귀화에 성공한 식물들이 몇몇 있지만, 식충식물인 파리지옥은 노스캐롤라이나 윌밍턴의 반경 97킬로미터 이내 지역에서만 자생한다.

319

Dioscorea communis 디오스코레아 콤무니스 (독성)

블랙 브리오니Black Bryony | 블랙 바인드위드Black Bindweed | 부인용 도장Lady's-seal

의미: 지지하다.

맹독성이지만 경구 피임약의 주요 성분으로 쓰이고도 있다. 살짝 만지기만 해도 고통스러운 물집이 잡힐 수 있다.

320

Diospyros kaki 감나무

에보니Ebony | 라마Lama | 오비어Obeah | 퍼시몬Persimmon

의미: 자연의 아름다움 속에 나를 묻어주오, 관능.

효능: 성 전환, 힐링, 행운, 보호.

감나무로 만든 지팡이는 마법사에게 순도 높은 힘을 선사한다고 믿었다. 또한 감나무를 써서 만든 부적을 지참하는 사람은 보호받을 수 있다고 여겼다. 오래전에는 한기를 느낄 때마다 감나무에 끈을 한 개씩 묶어두면 효과가 있다는 미신도 있었다. 초록색 감 열매를 묻어두면 행운이 온다는 설도 있었다.

321

Diospyros ebenum 흑단나무

에보니Ebony | 실론 에보니 트리Ceylon Ebony Tree | 인도 에보니India Ebony

의미: 암흑, 위선.

효능: 힘, 보호.

322

Diospyros lotus 고욤나무

데이트 플럼Date-Plum | 코카서스 감Caucasian Persimmon | 신의 과일The Fruit of the Gods | 디오스 피로스Dios Pyros

의미: 저항.

효능: 임신과 출산, 성적 능력.

323

Dipsacus fullonum 도깨비산토끼꽃

풀러스 티젤Fuller's Teasel | 와일드 티젤Wild Teasel

의미: 이익, 질투, 염세.

20세기 이전에는 말린 도깨비산토끼꽃을 섬유나 옷감을 빗질하고 이물질을 제거하는 용도로 방직업에서 주로 사용했다.

324

Dipteryx odorata 통카콩 (독성)

Dipteryx tetraphylla | 통카콩 플랜트Tonka Bean Plant | 쿠마리아 너트Coumaria Nut | 쿠마루Kumaru

의미: 사랑을 기원.

효능: 용기, 사랑, 금전, 소원.

통카콩을 손에 쥐고 소원을 속삭인 다음 가지고 있으면 바라던 바를 이룰 수 있다는 설이 있었다. 그런 다음에는 땅에 묻거나 열매를 발로 짓이겨 부순다. 또 다른 속설로는 소원을 빈 열매를 비옥하고 쾌적한 곳에 심으면 나무가 자라는 동안에 소원이 이뤄진다고 한다. 아마존 지역의 벌목꾼들이 남기고 간 거대한 통카콩나무 그루터기를 방사성 탄소 연대 측정법으로 측정해본 결과 엄청나게 오랜 세월을 살아남을 수 있는 종이라는 것이 밝혀졌다. 거의 1천 년이나 말이다!

325

Dodecatheon meadia 인디언앵초

카우슬립Cowslip | 매드 바이올렛Mad Violets | 유성Shooting Stars | 뱃사람의 모자Sailor-Caps | 아메리칸 카우슬립American Cowslip | 모기 주둥이Mosquito Bills

의미: 성스러운 아름다움, 신성함, 나의 신, 타고난 품위, 수심에 잠김, 소박함, 보물찾기, 마음을 끄는 우아함, 청춘의 아름다움.

효능: 힐링, 젊음.

326

Dracaena 드라세나 (독성)

드래곤 플랜트Dragon Plant | 산세비에라Sanseviera | 슈러비 드라세나Shrubby Dracaena

의미: 당신을 만나러 갑니다, 덫, 당신 가까운 곳에 덫이 있습니다.

이것의 수지는 바이올린의 광택을 내는 특수 목재 밀폐제의 원료가 된다.

327

Dracaena arborea 드라카이나 아르보레아 (독성)

드래곤 트리 Dragon Tree

의미: 갈등, 내면의 힘.

효능: 내면의 힘, 힘.

하나의 몸통에서 한 개 또는 그 이상의 많은 머리가 달린 용 모양으로 자라기도 한다.

328

Dracaena cinnabari 드라카이나 킨나바리 (독성)

Pterocarpus draco | 용혈수 Dragon Blood Tree | 소코트라 드래곤 트리 Socotra Dragon Tree

의미: 용의 피.

효능: 사건 사고, 공격성, 분노, 색정, 갈등, 관능, 성적 능력, 조직, 권력, 보호, 정화, 록 음악, 힘, 투쟁, 전쟁.

수액이 진홍색인 까닭에 고대에 〈용의 피 Dragon's Blood〉라는 영예로운 이름을 얻었다. 그 뒤로 이 수액은 마법 의식이나 연금술에 사용되곤 했다. 분란이 일어난 가정에 평온과 질서를 부여하고 싶을 때면 단지에 이것의 분말과 소금, 설탕을 한가득 넣어서 집 안 곳곳이나 집 안에서 쉽게 발견되지 않는 곳에 숨겨두곤 했다. 북아메리카 지역의 후두교, 뉴올리언스의 부두교, 그리고 아프리카계 아메리칸 전래 신앙에서는 이 나무를 종교적 용도로 사용한다. 이 나무의 수지와 잉크를 섞은 용혈 잉크 Dragon's Blood Ink는 부적이나 봉인용 도장에 쓰이기도 했다.

329

Dracaena reflexa 드라카이나 레플렉사 (독성)

붉은 가장자리 드라세나 Red-edged Dracaena | 인도의 노래 Song of India | 플레오멜레 Pleomele

의미: 노래하는 용.

효능: 힐링.

330

Dracaena sanderiana 드라카이나 산데리아나

행운의 대나무 Lucky Bamboo | 리본 드라세나 Ribbon Dracaena | 리본 플랜트 Ribbon Plant | 벨기에 상록수 Belgian Evergreen

의미: 영원한 생명.

효능: 힐링, 건강, 장수.

풍수 전문가들은 이 식물이 나무와 물의 성분을 상징한다고 본다. 붉은 리본을 줄기에 묶어두는 것은 불의 성질을 끌어들여서 실내에 좋은 기운을 지핀다는 의미다. 한편 이것의 가지들을 쓸 때는 그 숫자에 신경을 써야 한다. 3개는 행복, 5개는 재물, 6개는 건강을 의미한다. 다만 가지 4개는 쓰지 말아야 하는데 그 이유는 중국어에서 4는 죽음을 뜻하는 단어와 발음이 같기 때문이다. 따라서 중요한 경우에 함부로 사용해선 안 된다.

331

Dracunculus vulgaris 드라쿤쿨루스 불가리스 (독성)

블랙 아룸Black Arum | 블랙 드래곤Black Dragon | 드래곤 아룸Dragon Arum | 스네이크 릴리Snake Lily | 부두 릴리Voodoo Lily

의미: 경악, 두려움, 공포, 올가미.

드라쿤쿨루스 불가리스의 꽃은 불길해 보이는 외형에 짐승의 썩은 사체 냄새를 풍긴다. 그래서인지 파리와 송장벌레 같은 곤충들이 꼬인다. 그들은 이 식물을 썩어가는 고깃덩어리로 착각하고 애벌레의 영양분이 될 거라 여겨 그 위에 알을 낳는다. 하지만 이 식물은 유충에게 먹이를 제공하지는 않는다.

332

Drimys winteri 드리미스 윈테리

드리미스Drimys | 윈테라Wintera | 윈테라 아로마틱스Wintera Aromatics | 윈터스 바크Winter's Bark | 윈터스 시나몬Winter's Cinnamon

의미: 양호한 건강, 평화.

효능: 성공.

어떤 일에 성공하고 싶다면 그 일을 하는 동안 이 식물을 지녀 보길 권한다. 또한 불그스름한 색과 육중한 무게 때문에 가구나 악기 재료로도 자주 쓰인다.

333

Drosera rotundifolia 끈끈이주걱

선듀Sundew | 둥근잎 선듀Round-leaved Sundew

의미: 업신여김, 매너, 놀람.

효능: 영적 능력을 고취, 액운을 막아줌.

끈끈이주걱은 곤충을 먹고 사는 육식성 식물이다. 벌레들을 꾀어 잎을 덮고 있는 끈끈한 털로 꼼짝 못 하게끔 들러붙게 한다.

334

Dryas octopetala var. *asiatica* 담자리꽃나무

뱀무Avens

의미: 결백, 장수, 순수성.

효능: 사랑, 정화.

335

Dryopteris filix-mas 드리오프테리스 필릭스마스

웜 펀Worm Fern | 메일 펀(Male Fern, 고사리의 일종)

의미: 남성성.

효능: 사랑, 행운.

강력한 사랑의 묘약을 만들 때 빼놓아선 안 되는 첨가물이었다.

336

Drypetes deplanchei 드리페테스 데플란케이 (독성)

Drypetes australasica | *Hemecyclia australasica* | 그레이 바크Grey Bark | 옐로우 튤립우드Yellow Tulipwood | 화이트 머틀White Myrtle | 그레이 박스우드Grey Boxwood

의미: 사교성.

이 식물의 목재는 생가죽 채찍의 손잡이를 만드는 데 쓰이곤 했다. 수액에는 바다 벌레들을 쫓는 성질이 있어서 태즈먼해 로드하우섬의 초기 이주민들은 이 목재로 말뚝을 만들어 바다에 박았다.

337

Duranta erecta 두란타 에렉타 (독성)

Duranta repens | 하늘꽃Skyflower | 비둘기 베리Pigeon Berry | 오씨 골드Aussie Gold

의미: 무관심, 눈물을 흘리며 떠나감.

라벤더 블루 색깔의 꽃과 아름다운 열매가 열리는 두란타 에렉타는 전부터 어린이들과 반려동물들을 많이 해친 것에서도 알 수 있듯이 굉장히 독성이 강한 식물이다.

338

Durio zibethinus 두리안

두리안 나무Durian Tree | 과실수의 왕King of the Fruits Tree | 악취 나는 과일나무Stinky Fruit Tree

의미: 신비, 비밀스러움.

효능: 최음, 정력제.

인도네시아 자바 지역 주민들은 두리안이야말로 확실한 정력제라는 믿음을 오래도록 간직해 오고 있다. 두리안 꽃은 낮 동안 꽃잎을 닫고 있다가 밤이면 열리는데 이를 틈타 열매를 먹는 박쥐들을 통해 수분을 한다. 동남아시아에서는 호텔, 공항, 식당, 지하철 등 많은 공공장소에 악취 풍기는 과일로 알려진 두리안 열매의 반입을 금지하고 있다.

339
Echeveria 에케베리아

암탉과 병아리들Hens and Chicks |
올리베란투스Oliveranthus |
우르비니아Urbinia

의미: 가정 경제, 근면한 가정.

에케베리아의 잎들은 엄마닭에 달라붙어 자라는 병아리들 같은 모양새다. 특정 나비종들에게는 보금자리 역할도 한다.

340
Echinacea 에키나시아

콘플라워Coneflower | 레드 선플라워Red Sunflower | 블랙 샘슨Black Sampson | 샘슨 루트Sampson Root | 좁은잎 보라색 국화Narrow-leaved Purple Coneflower | 퍼플 콘플라워Purple Coneflower | 성스러운 식물Sacred Plant

의미: 가려진, 영적 전쟁, 영적 투쟁의 전사.

효능: 건강, 면역력, 힘.

341
Elettaria cardamomum 소두구

Elettaria repens | 카다멈Cardamom | 실론 카다멈Ceylon Cardamom | 엘라Ela | 그린 카다멈Green Cardamom | 트루 카다멈True Cardamom

의미: 평화로운 생각이 들게 함.

효능: 사랑, 관능.

342
Epigaea repens 메이플라워

메이플라워Mayflower | 트레일링 아르부투스Trailing Arbutus | 그라운드 로렐Ground Laurel

의미: 갓 피어난 아름다움, 인내, 환영.

매사추세츠와 노바스코샤 주에서 메이플라워를 주 지정 상징꽃으로 삼고 있는 터라 이 식물을 뽑으면 벌금을 물어야 한다. 아메리카 원주민인 포타와토미족은 메이플라워를 신이 내린 선물로 여겨 공식적으로 받들고 있다.

343
Epilobium angustifolium 분홍바늘꽃

Chamaenerion angustifolium |
카메네리온Chamaenerion |
파이어위드Fireweed | 프렌치 윌로우French Willow | 로즈베이 윌로우허브Rosebay Willowherb |
스파이크 프림로즈Spike-Primrose

의미: 용감, 용맹, 불변, 인류애, 가식, 생산.

분홍바늘꽃은 불에 탄 땅이나 폭격을 맞아 황폐해진 땅에 급속히 뿌리를 내리고 자랄 수 있다. 풍성하게 꽃을 피우는 분홍바늘꽃이 순식간에 땅을 뒤덮기 때문에 어두운 기억들과 선명하게 대비된다.

344
Epiphyllum 공작선인장

에피필룸Epiphyllum | 나무를 타고 올라가는 선인장Climbing Cacti | 오키드 칵티Orchid Cacti | 잎 선인장Leaf Cacti

공작선인장은 견고한 나무를 타고 올라가서 그늘에서 꽃을 피운다. 꽃은 향이 강하고 매우 화려한데 단 하룻밤만 활짝 핀 뒤 진다고 한다.

345

Epipremnum aureum 스킨답서스 (독성)

센티피드 통가바인Centipede Tongavine | 골든 포토스Golden Pothos | 악마의 아이비Devil's Ivy | 머니플랜트Money Plant | 솔로몬제도 아이비Solomon Islands' Ivy

의미: 갈망, 인내.

효능: 내구력.

346

Equisetum hyemale 속새

호스테일 러시Horsetail Rush | 뱀풀Snake Grass | 보틀 브러시Bottle Brush | 더치 러시스Dutch Rushes | 스카우링 러시Scouring Rush

의미: 온순함.

효능: 임신과 출산, 뱀을 홀리기.

347

Eremurus 에레무루스

사막의 촛불Desert Candles | 여우꼬리 백합Foxtail Lilies

의미: 인내.

마치 병을 닦는 솔처럼 생긴 높다랗고 끝이 뾰족한 꽃이 핀다.

348

Erigeron annuus 개망초

플리베인Fleabane | 섬머 스타워트Summer Starwort

의미: 순결.

효능: 순결.

개망초를 문에 걸어두면 재앙이 집 안으로 들어오는 것을 막아준다는 설이 있다.

349

Eriodictyon californicum 에리오딕티온 칼리포르니쿰

Wigandia califorica | 예르바 산타Yerba Santa | 거룩한 허브Holy Herb | 검 부시Gum Bush | 마운틴 밤Mountain Balm | 성스러운 허브Sacred Herb | 곰풀Bear Weed

의미: 신성한 풀, 영성.

효능: 아름다움, 대중의 환호, 성공, 부, 확장, 힐링, 명예, 힘, 보호, 정신력, 책임.

옛사람들은 이 식물의 가지를 지니고 있으면 아름다워질 수 있다고 믿었다.

350

Eruca sativa 루콜라

루콜라Rucola | 에루카Eruca | 오루가Oruga | 로켓Rocket | 가든 로켓Garden Rocket | 로켓 리프Rocket Leaf

의미: 경쟁.

효능: 최음, 정력제.

고대 로마시대 이후 남녀 모두에게 효과적인 정력제로 여겨져서 중세에는 수도원 정원에서 키우는 것이 금지되기도 했다.

351

Eryngium 에린기움

사포의 풀Yerba del Sapo | 에린고Eryngo | 씨홀리Sea-holly

의미: 매력, 독립, 혹독.

효능: 사랑, 관능, 평화, 여행자의 행운.

여행을 떠날 때 행운과 안전의 상징으로 에린기움을 지니면 좋다고 한다. 사람들끼리 다툼이 생겼을 때 주홍색 에린기움은 양편 사이에

다툼을 멈추게 하고 평화를 촉진시킨다고 여겨졌다.

352

Erythronium dens-canis 에리트로니움 덴스카니스

(독성)

에리트로니움Erythronium | 살무사의 혀Adder's Tongue | 아메리카 송어백합American Trout Lily | 개이빨바이올렛Dog's Tooth Violet | 뱀의 혀Serpent's Tongue | 옐로우 스노우드롭Yellow Snowdrop | 송어백합Trout Lily

의미: 요정의 모자.

효능: 낚시의 마법, 힐링.

353

Erythroxylum coca 코카나무 (독성)

코카 플랜트Coca Plant

의미: 견디다.

효능: 힐링, 통증의 완화, 자극.

비록 여러 나라에서 금하고 있지만 남아메리카, 특히 안데스 지역에서 코카나무는 수천 년 동안 일상적인 종교의식에 사용돼 오고 있다.

354

Eschscholzia californica 금영화 (독성)

캘리포니아 포피California Poppy

의미: 날 거절하지 마세요.

금영화는 노란색 또는 선명한 오렌지색 꽃잎을 갖고 있다. 흐린 날에는 꽃잎을 오므린다.

355

Eucalyptus 유칼립투스

유키Eukkie | 검 트리Gum Tree

의미: 정화.

효능: 힐링, 보호.

유칼립투스 잎을 지니면 양호한 건강 상태를 유지할 수 있다고 믿었다. 과거에는 환자의 쾌유를 빌기 위해 유칼립투스 가지 한 개를 환자의 침상에 달아두기도 했다. 호주 원주민들은 유칼립투스가 하늘로부터 땅과 지하세계가 분리되는 것을 상징한다면서 신성시해 왔다.

356

Eucalyptus regnans 유칼립투스 레그난스

마운틴 애시Mountain Ash | 빅토리안 애시Victorian Ash | 태즈메이니아 오크Tasmanian Oak | 스웜프 검Swamp Gum

의미: 내가 당신을 지킵니다, 고결, 고상함, 신중함, 조용함.

오스트레일리아의 태즈메이니아와 빅토리아가 원산지인 이 식물은 세계에서 가장 키가 큰 현화식물일 것이다. 또한 북아메리카의 세콰이어에 이어 세계에서 두 번째로 키가 큰 나무라 할 수 있다. 스스로 회복하는 수단인 새싹이 돋지 않아서 산불이 난 뒤에는 다시 씨를 뿌려야 한다.

357

Eucharis 에우카리스 (독성)

유카리스 릴리Eucharis Lily

의미: 황홀감, 화려함, 숙녀의 매력.
예전에는 신부들이 이것으로 만든 화관을 쓰기도 했다.

358

Euonymus alatus 화살나무

사철나무Spindle Tree

의미: 당신의 매력을 내 가슴에 새깁니다, 당신의 모습이 가슴에 새겨졌습니다, 유사성.

과거에는 화사한 색의 화살나무로 물레의 가락을 만들기도 했다. 정식 명칭인 에우오니무스Euonymus는 요정들의 어머니인 에우오니메Euonyme를 기리는 데서 비롯됐다.

359

Euonymus atropurpureus 붉은잎미국회나무

불타는 덤불Burning-bush | 사랑으로 터질 듯한 가슴Hearts Bursting with Love | 인디언 애로우 우드Indian Arrow Wood | 스핀들 트리Spindle Tree | 와후Wahoo | 이스턴 와후Eastern Wahoo

의미: 화살나무.

효능: 마법 깨기, 용기, 성공.

이 나무를 지니면 용기가 샘솟는다는 설이 전해진다.

360

Eupatorium japonicum 등골나물

본셋Boneset | 스네이크루트Snakeroot | 양키위드Yankeeweed | 저스티스위드Justiceweed

의미: 지연, 공포.

효능: 결합, 죽음, 역사, 지식, 제한, 행운, 금전, 장애물, 보호, 시간, 액운을 물리침.

등골나물을 집 주위에 뿌려두면 재앙을 막아준다는 말이 있다.

361

Euphorbia milii 꽃기린 (독성)

가시의 왕관Crown of Thorns | 늑대의 우유Wolf's Milk | 아코코Akoko | 캣츠헤어Catshair

의미: 끈기.

효능: 보호, 정화.

독성이 매우 강한 식물이어서 몹시 조심해서 다뤄야 한다. 실내외를 막론하고 심어두면 보호수 역할을 한다.

362

Euphorbia pulcherrima 포인세티아 (독성)

포인세티아Poinsettia | 크리스마스 꽃Christmas Flower | 크리스마스 이브 꽃Christmas Eve Flower | 부활절 꽃Easter Flower | 스킨 플라워Skin Flower | 안데스의 왕관Crown of the Andes | 영사의 딸The Consul's Daughter

의미: 기운을 내세요, 원기, 유쾌함.

멕시코가 원산지로 빨간색, 분홍색, 오렌지색, 초록색, 흰색 또는 대리석 무늬까지도 피는 포인세티아는 실은 꽃이 아니라 포엽이 물든 것이다. 아즈텍 사람들은 포인세티아를 염료로 쓰기도 했다. 포인세티아를 크리스마스와 연관 지은 것은 16세기부터였다. 생화든 조화든 간에 포인세티아는 크리스마스의 표준 장식으로 받아들여진다.

363
Euphrasia 좁쌀풀속

Euphrasiae herbe | 아이 브라이트Eye Bright | 에르바 에우프라시에Herba Euphrasiae

의미: 활력.

효능: 기쁨, 맑은 정신, 정신력, 영적인 힘.
어떤 사안의 진실을 보고 싶을 때 이 식물을 지니고 있으면 도움을 받을 수 있다고 믿었다. 정신력을 키우고 싶을 때도 이 식물을 지녔다고 한다.

364
Eustoma 에우스토마

텍사스 블루벨Texas Bluebell | 겐티아나Gentian | 프레리 겐티아나Prairie Gentian | 리시언서스Lisianthus | 튤립 겐티아나Tulip Gentian

의미: 외향적 성격.

효능: 행운, 진실.

365
Eutrochium 에우트로키움

조피 위드Jopi Weed | 햄프위드Hempweed | 트럼펫 위드Trumpet Weed | 그래블루트Gravelroot

의미: 보라색.

효능: 사랑, 존경.

에우트로키움의 잎을 몇 개 가지고 있으면 만나는 사람들로부터 호의와 존경을 얻을 수 있다고 한다. 꽃은 부슬부슬한 털처럼 보이는 독특한 모양으로 향기를 발산한다.

366

Evergreen 상록수

의미: 가난, 빈곤과 가치.

367
Evergreen thorn 상록수의 가시

의미: 역경 속에서 위안을 얻음.

효능: 보호.

식물의 가시나 가시 있는 나무를 가까이 할 때는 각별히 신경을 써야 한다.

368

Fagopyrum esculentum 메밀

Fagopyrum tataricum | 메밀Buckwheat | 쓴 메밀Bitter Buckwheat | 비치위트Beechwheat

의미: 마음의 평화, 심리적 안정.

효능: 금전, 평화, 보호.

메밀 알갱이를 가루로 빻아 집 주위에 뿌려두면 나쁜 기운이 들어오는 것을 막을 수 있다.

369

Fagraea berteroana 푸아나무

푸아 케니 케니Pua Keni Keni | 푸아 룰루Pua-Lulu | 텐 센트 플라워 트리Ten Cent Flower Tree

의미: 하늘이 내려주신.

타히티의 전설에 따르면 푸아나무의 꽃은 천상의 향을 풍긴다고 한다. 원래 열 번째 천국에서 유래했다고 여기기 때문이다. 하와이에서는 푸아나무로 아름답고 향이 좋은 화환을 자주 만든다.

370

Fagus multinervis 너도밤나무

비치Beech | 비치우드Beechwood | 파고스Fagos | 파야Faya | 하야Haya

의미: 사랑의 밀회, 개인의 재정.

효능: 창의력, 금전, 번영, 기원.

너도밤나무 잎이나 목재 한 조각을 지니고 있으면 창의력을 향상시킬 수 있다고 한다. 또 가지에 소원을 새겨서 땅에 묻으면 그것이 간절히 바라는 진실한 소원이라면 이뤄질 것이라고 한다.

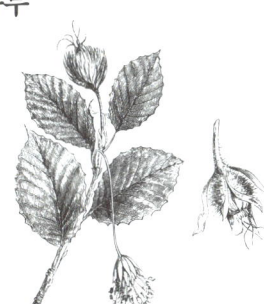

371

Ferula assa-foetida 아위

Ferula assafoetida | 아위Asafetida | 악마의 똥Devi's Dung | 신들의 음식Food of the Gods | 자이언트 펜넬Giant Fennel | 스팅킹 검Stinking Gum

의미: 재앙을 물리침, 행운, 긍정 에너지, 악취가 풍김.

효능: 회피하는 마음, 악령으로부터 보호, 질병으로부터 보호, 망령을 불러일으켜서 힘을 하나로 합침, 보호, 정화, 영을 퇴치.

아위는 일체의 영적인 징후를 무마한다는 믿음이 전해진다. 또 모든 허브 가운데 가장 고약한 냄새를 풍기는 것으로 알려졌는데 살짝 냄새만 맡아도 구토를 유발할 정도라고 한다.

372

Ferula moschata 페룰라 모스카타

Ferula sumbul | 머스크루트Muskroot | 숨불Sumbul

의미: 효율, 충실함, 활기.

효능: 건강, 사랑, 행운, 심령의 힘.

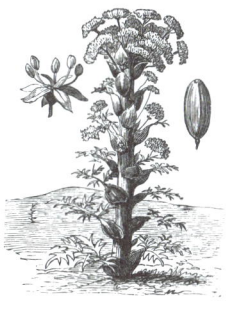

373

Ficus 무화과나무속

무화과나무Fig Tree

의미: 키스, 다산성.

성서 속 이야기에 따르면 알몸에 대한 수치심에 눈을 뜬 아담과 이브가 몸을 가리기 위해 썼던 것이 무화과나무속 식물의 잎이라고 한다.

374

Ficus benghalensis 벵갈고무나무

Ficus benghalensis | 반얀Banyan | 바가드Bargad | 인도 무화과 나무Indian Fig Tree | 바다 트리Vada Tree | 벵갈 피그Bengal Fig | 교살자 무화과Strangler Fig

의미: 명상, 성찰, 자기 인식.

효능: 행복, 행운.

벵갈고무나무 아래에서 결혼하면 행복해진다는 말이 있다. 또 그 나무 아래에 앉아 있으면 행운이 찾아온다고 한다. 심지어 이 나무를 유심히 바라보고만 있어도 행운을 불러올 수 있다고 한다. 한 그루의 가지에서 여러 개의 받침뿌리가 나와 퍼져서 숲을 이루는 나무를 꼽자면 벵갈고무나무야말로 세계에서 가장 큰 나무인 것은 의문의 여지가 없을 것이다.

375

Ficus carica 무화과나무

두무르Dumur | 피코Fico

의미: 논쟁, 욕망, 장수.

효능: 임신과 출산, 사랑.

구약성서의 창세기에 아담과 이브가 알몸을 가렸던 것이 무화과나무 잎이라는 이야기가 있다. 그 결과 무화과나무 잎은 수세기가 지난 뒤에도 여러 예술 작품에서 누드화의 경우 성기를 다소곳이 가리는 방편으로 쓰이곤 했다. 남녀 상관없이 임신과 출산의 어려움이나 성기능 장애를 겪을 때면 무화과나무 목재에 남성의 성기를 작게 새겨서 지니면 효험이 있다는 미신도 있었다.

376

Ficus religiosa 인도보리수

보리수Bo Tree | 피팔Peepal | 보디Bodhi | 피풀Pipul | 성스러운 무화과Sacred Fig | 성스러운 나무Sacred Tree

의미: 명상, 평화, 성스러움, 지혜, 자각, 계몽, 성스러운 나무, 밝은 에너지, 임신과 출산, 행운, 행복, 영감, 장수, 번영, 독실함, 추모, 궁극의 잠재력.

효능: 명상, 지혜, 계몽, 임신과 출산, 보호.

전해지는 이야기에 따르면 싯다르타는 인도보리수 아래에서 깨달음을 얻었다고 한다. 싯다르타는 그 아래에 6년 동안 앉아 있었다. 이 특별한 나무의 직계 후손이 인도 부다 가야의 마하보디 사원에 모셔져 있는데 현재 그곳은 수많은 불교 신자들의 순례 장소가 되고 있다. 인도보리수가 완전히 자라려면 대략 102년에서 500년까지 걸린다. 또 특이하게도 하트 모양의 잎이 난다. 불교 미술작품에서는 인도보리수 잎이 그려진 것을 자주 발견할 수 있다. 인도보리수는 신성한 보물로 간직되는 경우도 많다.

377

Ficus sycomorus 돌무화과나무

시카모어Sycamore | 시카모어 피그Sycamore Fig | 무화과 멀베리Fig-Mulberry

의미: 호기심, 비탄.

성경에 언급된 몇 안 되는 나무들 가운데 하나인 돌무화과나무는 구약에서 일곱 번 등장한다. 다윗왕은 이 나무를 보호하기 위해 특별히 신경을 써서 보살피라는 명령을 내렸다. 고대 이집트에서는 전염병이 창궐하는 동안 이 나무가 서리를 맞고 얼어 죽기도 했다. 케냐의 중앙 고지에 사는 키쿠유족은 이 나무를 성스러운 나무로 받든다.

378

Filipendula ulmaria 느릅터리풀

메도우 스위트Meadow Sweet | 울마리아Ulmaria | 프라이드 오브 더 메도우Pride of the Meadow | 브라이드워트Bridewort | 메도우 퀸Meadow Queen | 풀밭의 아가씨Lady of the Meadow | 목초지의 여왕Queen of the Meadow

의미: 유용함, 무용함.

효능: 행복, 사랑, 평화.

엘리자베스 1세 여왕은 유독 느릅터리풀을 바다에 흩뿌리기를 좋아했다. 웨일스 지방에서는 청동기 시대까지 거슬러 올라가는 이 식물의 흔적이 화장된 유품들과 함께 발견되기도 했다.

379

Fittonia argyroneura 피토니아 아르기로네우라 (독성)

피토니아Fittonia | 너브 플랜트Nerve Plant | 화이트 너브 플랜트White Nerve Plant | 실버 너브 플랜트Silver Nerve Plant

의미: 불안해 하지 마세요, 당신 때문에 불안합니다.

잎에 넓게 퍼진 그물 무늬는 마치 뇌의 신경망을 연상시킨다.

380

Foeniculum vulgare 회향

회향Fennel | 마라톤Marathron | 스위트 펜넬Sweet Fennel | 와일드 펜넬Wild Fennel

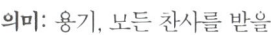

의미: 용기, 모든 찬사를 받을 만함, 인내, 아첨, 속임수, 폭력, 위력, 비탄, 장수, 보호, 정화.

효능: 악령을 물리침, 용기, 불탄, 장수, 보호, 정화, 정력.

회향으로 열쇠 구멍을 막아두면 악령이 들어오는 것을 막아준다고 믿었다. 옛사람들은 회향을 창문이나 문에 걸어만 두어도 악령이 들어오지 못한다고 여겼다. 자신에게 닥칠 액운을 멀리하려면 회향을 지니면 좋다는 설도 있다.

381

Forsythia 개나리속

의미: 기대.

개나리는 밝고 환한 노란색 꽃을 활짝 피워 겨울이 가고 봄이 온다는 것을 상징한다.

382

Fortunella japonica 둥근금감

Citrus japonica | *Citrus sensu lato* | 포르투넬라Fortunella | 골든 탠저린Golden Tangerine | 라운드 쿰콰트Round Kumquat | 골든 오렌지Golden Orange | 킨칸KinKan

의미: 다행스러운, 행운, 절친의 행운, 행운의 번창, 반짝이는 것이 모두 금은 아니다.

효능: 부유함.

껍질은 매우 달콤하지만 속은 시금털털한 까닭에 그것을 받는 이들에게는 "반짝이는 것이 모두 금은 아니다"라는 암묵적인 의미를 전달할 수 있다.

383

Fragaria vesca 베스카딸기

알파인 스트로베리Alpine Strawberry | 유러피언 스트로베리European Strawberry | 와일드 스트로베리Wild Strawberry | 우드랜드 스트로베리Woodland Strawberry

의미: 완전하고 탁월한.

효능: 사랑, 행운.

베스카딸기의 잎을 지니고 있으면 행운이 찾아온다.

384

Fragaria x ananassa 딸기

스트로베리Strawberry | 가든 스트로베리Garden Strawberry

의미: 완벽하고 탁월한, 완벽하게 선량한, 완벽함.

효능: 사랑, 행운.

딸기꽃은 사랑과 행운을 상징한다.

385

Franciscea latifolia 프란키스케아 라티폴리아

브룬펠시아 라티폴리아Brunfelsia latifolia | 키스 미 퀵Kiss Me Quick | 어제-오늘-내일Yesterday-Today-Tomorrow

의미: 거짓 우정에 주의하세요, 당신의 친구는 가짜입니다.

꽃은 처음엔 보라색이다가 차츰 흐릿한 라벤더색으로 바뀌다가 마침내 흰색이 된다.

386

Fraxinus excelsior 구주물푸레나무

프락시누스Fraxinus | 서양물푸레나무European Ash | 애시Ashe | 애시 트리Ash Tree

의미: 확대, 장엄함, 위대함, 성장, 건강, 보다 높은 관점.

효능: 사랑, 번영, 보호, 힐링, 바다에서 지내는 제사.

북구 신화에서는 이 나무를 위그드라실(Yggdrasil: 북유럽 신화에 나오는 세계수. 거대한 물푸레나무로, 우주를 뚫고 솟아 있어 우주수라고도 한다)이라 칭하면서 세상의 중심으로 여겼다. 요컨대 지하세계에 내린 뿌리는 지혜와 믿음의 물을 먹고 자라며, 대지를 떠받치듯 우거진 가지들이 난 몸통은 하늘의 무지개와 맞닿아 있다는 것이다. 바다로 나갈 일이 있다면 구주물푸레나무에 새긴 태양의 십자가를 지니고 가면 익사의 위험을 막아 준다고 전해진다. 문과 창문을 이 나무의 일부로 감싸 재앙이 집으로 들어오는 것을 막기도 했다. 번영을 기원하는 의미에서 크리스마스 장작으로 태우기도 한다. 또 상대방의 사랑을 얻기 위해 잎을 지니기도 한다. 잎을 베개 밑에 두면 신통한 예지몽을 꿀 수 있다는 설도 있었다. 예전에는 집 주변에 이 나무의 잎들을 뿌려서 집과 그 주변을 수호하고자 했다. 물을 담은 그릇에 잎사귀들을 띄워 밤새 침대 곁에 두었다가 아침에 버리면 질병을 예방해 준다는 이야기도 있었다.

387

Freesia refracta 프리지아

의미: 어린 아이 같은, 언제나 충실한, 신의, 미숙한, 결백, 사랑의 고결한 특성, 믿음.

특별한 색에 담긴 의미

분홍색: 모성애.

빨간색: 정열.

하얀색: 결백, 순수.

노란색: 기쁨.

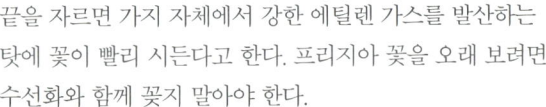

프리지아는 꽃봉오리를 터뜨리기 직전에 글라디올러스 높이만큼 자란다. 가로로 꽃을 피우는데 줄기의 끝머리부터 재면 거의 직각을 이룬 것처럼 보인다. 물에 꽂기 위해 절화로 구입하는 다른 꽃들과는 달리 물에 넣기 전에 프리지아 가지 끝을 자르면 가지 자체에서 강한 에틸렌 가스를 발산하는 탓에 꽃이 빨리 시든다고 한다. 프리지아 꽃을 오래 보려면 수선화와 함께 꽂지 말아야 한다.

388
Fritillaria imperialis 프리틸라리아 임페리알리스

크라운 임페리얼Crown Imperial | 황제 백합Imperial Lily | 카이저의 왕관Kaiser's Crown | 크라운 임페리얼 릴리Crown Imperial Lily | 황제 패모Imperial Fritillary

의미: 오만, 위엄, 권력, 자부심, 출생의 자부심.

봄철에 개화하는 이 꽃은 마치 여우와 비슷한 냄새를 풍기는 바람에 설치류나 다른 작은 짐승들을 쫓는 효과가 있다.

389
Fritillaria meleagris 사두패모

뱀의 머리Snake's Head | 뱀머리 패모Snake's Head Fritillary | 개구리 컵Frog-Cup | 기니 암탉꽃Guinea Hen Flower | 나환자 백합Leper Lily | 라자루스 벨Lazarus Bell | 체스 플라워Chess Flower

의미: 박해.

잉글랜드에서 사두패모가 자생하는 서식지는 오래된 목초지로 알려진 곳으로 극히 한정되어 있다.

390
Fuchsia hybrida 푸크시아

푸크시아Fuchia | 푸크시아스Fuchias | 숙녀의 귀걸이Lady's Ear-Drop

의미: 상냥함, 신뢰할 만한 사랑, 충실함, 검소함, 좋은 취향, 사랑의 비밀, 내 큰 욕심이 사랑을 괴롭히고 있어요, 사랑에 대한 내 야심이 사랑을 병들게 합니다.

달랑거리는 모양새 때문에 흡사 정교한 귀걸이를 보는 것 같다.

391
Fucus vesiculosus 푸쿠스 베시쿨로수스

블래더 푸쿠스Bladder Fucus | 블랙 탱Black Tang | 컷위드Cutweed | 다이어스 푸쿠스Dyers Fucus | 레드 푸쿠스Red Fucus | 록위드Rockweed | 바다의 정령Sea Spirit | 블랙 타니Black Tany

의미: 바다에서는 바람에 도움을 청하라.

효능: 금전, 보호, 심령의 힘.

영국제도 해안에서 가장 흔한 해초인데 발트해, 북해, 대서양 그리고 태평양 연안에서 발견되기도 한다. 또 요오드 치료제의 원료가 되기도 한다. 여행을 떠나거나 바다로 나갈 때 수호용으로 부적처럼 지니기도 한다.

392
Fumaria officinalis 둥근빗살현호색

퓨머터리Fumitory

의미: 분개, 증오, 불안한, 장수, 분노.

효능: 금전, 액운을 막아줌.

G

393

Galanthus nivalis 설강화

스노우드롭Snowdrop │ 딩글댕글Dingle-Dangle │ 교회의 꽃Church Flower │ 2월의 아름다운 아가씨Fair Maid of February │ 눈을 뚫는 송곳Snow Piercers │ 마리아의 양초Mary's Tapers

의미: 위안, 역경, 어려움에 처한 친구, 희망, 슬픔 속의 희망, 순수와 희망.

설강화를 집 안에 들이거나 한 포기라도 정원에서 자라는 것을 보기만 해도 머지않아 재앙이 닥칠 징조라는 설이 있었다.

394

Galax urceolata 갈락스 우르케올라타

갈락스Galax │ 비틀위드Beetleweed │ 지팡이꽃Wand Flower │ 지팡이풀Wand Plant

의미: 사랑으로 맺어진 결혼에 대한 도전, 사랑.

하트 모양의 잎 덕분에 연애나 결혼에 관련된 꽃 장식에 너무 자주 쓰이다 보니 야생에서 그 잎을 지나치게 채취하는 현상이 나타나고 있다. 애팔래치아 산맥의 고지대숲 그늘에서 주로 자란다.

395

Galega officinalis 갈레가 오피키날리스 (독성)

Galega bicolor │ 고트 루Goat's Rue │ 프랑스 라일락French Lilac │ 프로페서 위드Professor-Weed │ 프렌치 허니서클French Honeysuckle │ 이탈리언 피치Italian Fitch

의미: 이성.

특별한 색에 담긴 의미

보라색: 처음 느끼는 사랑의 감정, 첫눈에 반함.

효능: 건강, 보호, 힐링.

잎을 신발 안에 넣어두면 관절염을 예방해 준다는 속설이 있다.

396

Galium aparine 나도갈퀴덩굴

코치위드Coachweed │ 캐치위드Catchweed │ 거위풀Goosegrass │ 클리버스Clivers │ 스티키위드Stickyweed

의미: 들러붙는, 보내지 말아요, 꼭 안아주세요, *끈끈하게 달라붙는*.

씨앗: 내게 매달리세요.

효능: 결합, 헌신, 보호, 관계, 고집.

397

Galium odoratum 선갈퀴 (독성)

Asperula odorata │ 우드러프Woodruff │ 발트마이스터Waldmeister │ 스위트 우드러프Sweet Woodruff │ 야생 안개꽃Wild Baby's Breath │ 으뜸가는 나무Master of the Woods

의미: 겸손.

효능: 금전, 보호, 승리.

금전운을 좋게 하거나 피해를 막고 싶을 때 선갈퀴를 지니기도 했다. 경기에서 이기거나 어떤 종류의 시합에서 이기고 싶을 때도 이 식물을 부적처럼 지녔다.

398

Galium triflorum 갈리움 트리플로룸

커드위드Cudweed | 향 갈퀴덩굴Fragrant Bedstraw | 달콤한 향의 갈퀴덩굴Sweet-scented Bedstraw

의미: 안락, 달콤한 꿈.

효능: 사랑.

몸에 지니거나 걸치면 사랑이 찾아온다고 한다.

399

Galium verum 솔나물

치즈 레닝Cheese Renning | 베드스트로Bedstraw | 레이디스 베드스트로Lady's Bedstraw | 하녀의 머리카락Maid's Hair | 옐로우 베드스트로Yellow Bedstraw | 프리그 그래스Frigg's Grass | 치즈 레닛Cheese Rennet

의미: 사랑, 크게 기뻐함, 무례, 건방짐.

베들레헴에서 아기 예수가 눕혀진 구유에 깔린 건초가 솔나물이었다는 설이 전해져 온다. 옛날에는 말린 솔나물을 침대 매트리스 속에 채워 넣는 용도로 자주 썼는데 그 이유는 벼룩을 죽이는 데 특히 효험이 있다고 믿었기 때문이다. 솔나물 가지를 가지고 있거나 몸에 착용하면 사랑을 불러온다는 설도 있다.

400

Gardenia jasminoides 치자나무

가데니아Gardenia | 케이프 자스민Cape Jasmine

의미: 너무 행복해요, 당신을 몰래 사랑하고 있어요, 사랑스러운 당신, 황홀경, 정서적 지지, 즐거운 기분, 행운, 사랑, 평화, 정화, 순수성, 정제, 은밀한 사랑, 달콤한 사랑, 일시적인 기쁨, 기쁨의 전이.

효능: 사랑, 평화, 영성.

치자나무는 매우 높은 영적 교감의 효력을 지녔다고 한다. 깨끗한 물에 치자나무의 꽃을 띄우거나 말린 꽃잎을 방 주변에 흩뿌려두는 것만으로도 지극한 내면의 평화를 얻으며 영성을 키울 수 있다고 한다.

401

Gaultheria procumbens 파스향나무

윈터그린Wintergreen | 캐나다 티Canada Tea | 마운틴 티Mountain Tea | 그라운드 베리Ground Berry | 스파이스 베리Spice Berry | 스프링 윈터그린Spring Wintergreen | 박스베리Boxberry | 힐베리Hillberry | 체커베리Checkerberry | 디어베리Deerberry

의미: 조화.

효능: 보호.

파스향나무의 가지를 아이의 베개 밑에 두면 아이를 지켜주고 행운 가득한 삶을 살게 해준다는 믿음이 있었다.

402

Gaultheria shallon 가울테리아 스할론

가울테리아Gaultheria | 레몬잎Lemon Leaf | 살랄Salal

의미: 열정.

흔히 레몬잎이라고도 하는 가울테리아 스할론의 가지와 잎은 플로리스트들이 대단히 선호하는 재료다.

403

Gazania rigens 태양국

Gazania splendens | 가자니아Gazania | 보물의 꽃Treasure Flower

의미: 나를 봐주세요, 풍요로움, 강직함, 완고함.

이 식물의 꽃은 다소 예민해서 어두워지면 잎을 오므리고 흐린 날에는 부분적으로만 꽃잎을 펼친다.

404

Gelsemium sempervirens 캐롤라이나자스민 (독성)

캐롤라이나 자스민Carolina Jasmine | 겔세미움Gelsemium | 옐로우 자스민Yellow Jasmine | 이브닝 트럼펫플라워Evening Trumpetflower | 우드바인Woodbine

의미: 우아함, 품격, 우아한 웅변, 형제애, 겸양, 분리.

늘 독성을 품고 있다. 특히 어린이들이 이 꽃에 자그맣게 맺힌 즙을 맛보다가 중독되는 경우가 많다. 또한 꿀벌에게도 유독한 식물로 알려져 있다.

405

Gentiana scabra 용담

용담Gentian | 비터 루트Bitter Root

의미: 사랑스러움.

효능: 지식을 적용하기, 기본 요소들을 통제, 잃어버린 물건 찾기, 사랑, 재앙의 극복, 힘, 갱신, 우울함 떨쳐내기, 관능성, 비밀을 드러냄, 승리.

406

Gentiana andrewsii 앤드루스용담

보틀 겐티아나Bottle Gentian | 클로즈드 겐티아나Closed Gentian

의미: 당신이 달콤한 꿈을 꾸길 바랄게요, 달콤한 꿈.

앤드루스용담 꽃은 마치 봉오리 상태처럼 오므리고 있는 모양새다.

407

Gentianopsis crinita 겐티아놉시스 크리니타

블루 겐티아나Blue Gentian | 프린지드 겐티아나Fringed Gentian

의미: 가을, 천국을 바라봅니다, 고유의 가치.

효능: 사랑, 힘.

408

Geranium 제라늄

크레인스빌Cranesbill | 하디 제라늄Hardy Geranium | 트루 제라늄True Geranium

의미: 유용성, 불변성, 부러움, 고상함, 건강, 환희, 선호, 다시 찾은 기쁨, 진정한 친구, 임신과 출산, 속임수, 어리석음, 우정, 불만을 날려 보냄.

효능: 사랑, 평화, 영성.

뱀이니 피리는 흰색 제라늄 꽃 근처엔 가지 않는다는 이야기도 전해져 온다.

409

Geranium maculatum 제라늄 마쿨라툼

알룸 블룸Alum Bloom | 알룸 루트Alum Root | 까마귀발Crowfoot | 늙은 하녀의 나이트캡Old Maid's Nightcap | 와일드 크레인스빌Wild Cranesbill | 와일드 제라늄Wild Geranium

의미: 부러워함, 고상함, 변치 않은 신앙.

효능: 신심의 균형을 잡다, 행복, 정신을 고양, 부정적 태도와 생각을 극복, 보호, 벌레 퇴치.

410

Geranium phaeum 제라늄 패움

다크 제라늄Dark Geranium | 블랙 위도우Black Widow | 더스키 크레인스빌Dusky Cranesbill | 모닝 위도우Mourning Widow

의미: 고상함, 멜랑콜리, 슬픔, 비탄.

제라늄 패움은 진보라색 꽃이 피는데 뒤집어진 꽃잎은 거의 검정색처럼 보이기도 한다.

411

Geranium versicolor 제라늄 베르시콜로르

펜슬드 제라늄Pencilled Geranium | 베니 제라늄Veiny Geranium

의미: 양호한 건강.

효능: 고상함, 기발한 재주.

412

Gerbera 거베라

아프리칸 데이지African Daisy | 거베라 데이지Gerbera Daisy | 트랜스발 데이지Transvaal Daisy | 바버튼 데이지Barberton Daisy

의미: 결백, 순수성, 힘.

꽃이 달린 통통한 줄기는 내부가 비어서 생각보다 쉽게 휘어진다.

413

Geum urbanum 허브베니트

뱀무Avens | 지구의 별Star of the Earth | 축복받은 허브Blessed Herb | 성 베네딕투스의 허브St. Benedict's Herb | 골든 스타Golden Star | 베니트Bennet | 골디 스타Goldy Star | 우드 에빈스Wood Avens | 옐로우 에빈스Yellow Avens | 토끼발Harefoot

의미: 기도하는 사람처럼 일하라.

효능: 재앙을 떨쳐버리기, 사랑, 정화.

허브베니트를 부적처럼 지니면 맹수나 개, 독사들로부터 지켜준다고 믿었다.

414

Ginkgo biloba 은행나무

깅코Gingko | 생명의 나무Tree of Life | 메이든헤어 트리Maidenhair Tree

의미: 세월, 노년, 기억하기, 생존, 사려 깊음, 진정한 생명의 나무.

효능: 깊이 몰두, 장수, 사랑, 예민한 정신, 처음, 정력제, 임신과 출산, 힐링.

415

Gladiolus 글라디올러스

콘 릴리스Corn Lilies | 글래드Glad |
스워드 릴리Sword Lily

의미: 검투사의 꽃, 너그러움,
잠시 쉬게 해주세요, 저는
진심입니다, 열렬한 심취,
청렴결백, 첫눈에 반함,
무장, 추모, 강인한 품성,
공명, 당신은 내 마음을 후벼
파는군요.

글라디올러스는
팔레스타인의 성지와 아프리카
해안가를 따라서 자생하는데,
몹시도 풍성하게 자라서 예수가
산상수훈(신약성서《마태오의 복음서》5-7장에 기록되어 있는 예수의 산상설교)에서 얘기했던 들에 핀 백합Lilies of the Field의 실제 현장으로 여겨질 정도라고 한다.

416

Glechoma grandis 긴병꽃풀 (독성)

Nepeta glechoma | 그라운드 아이비Ground Ivy | 고양이의 발Cat's Foot | 도망자 로빈Run-Away-Robin | 크리핑 제니Creeping Jenny | 크리핑 찰리Creeping Charley | 필드 밤Field Balm | 헤이메이드Haymaids | 헷지메이드Hedgemaids

의미: 자기주장, 고집.

효능: 점성술.

당신에게 액운이 닥치도록
궁리하는 이가 누구인지
알아내는 방법이 있다. 먼저
화요일에 긴병꽃풀로 노란색
초를 감싼 뒤 촛불을 켠다. 그러면 답을 찾을 수 있을
거라는 옛이야기가 있다. 긴병꽃풀은 유럽 출신 이주민들의
이주 경로를 따라 씨앗과 가지들이 차츰차츰 전 세계에
성공적으로 전파됐다.

417

Gleditsia triacanthos 미국주엽나무

허니 로커스트Honey Locust |
그린 로커스트 트리Green Locust Tree

의미: 저승까지 이어지는
애정, 죽음 뒤의 사랑.

미국주엽나무는 굉장히
높이 자라며, 특히 무시무시한
가시가 있는 꽃나무인데 지붕처럼
넓게 퍼지면서 거의 100년 이상을 사는 것으로 알려져 있다.
커다란 가시가 한 개씩 돋아 있거나 큰 가시에 잔가시들이
돋아 있어서 거의 몸통 전체를 덮기도 한다. 가시의 길이는
대체로 5-10센티미터 정도지만 20센티미터 이상 되는
것도 있다. 목선을 건조하던 시대에는 이 나무의 단단한
가시들을 못 대용으로 쓰기도 했다.

418

Gloxinia 글록시니아

Gloxinia speciosa | *Sinningia speciosa*

의미: 첫눈에 반함.

추위에 매우 약하기 때문에
미지근한 물을 줘야 한다.

419

Glycyrrhiza glabra 민감초

Glycyrrhiza glandulifera | 라크리스Lacris |
리코리스Licorice | 물라이티Mulaithi |
레글리서Reglisse

의미: 지배, 사랑, 회춘.

효능: 사업상 거래, 경고,
영리함, 의사소통, 창의력,
믿음, 신의, 빛 조명, 입문,
지성, 배움, 사랑, 관능, 추억, 신중함, 과학, 자기 보호,
올바른 판단, 지혜.

민감초를 조금 지니고 있으면 사랑이 찾아온다고 한다.
옛날에는 민감초로 질 좋은 지팡이도 만들 수 있었다.

420

Gnaphalium 왜떡쑥속

커드위드Cudweed | 아메리칸 커드위드American Cudweed | 저지 커드위드Jersey Cudweed | 고양이의 발톱Cat's Paw

의미: 당신을 생각합니다.

잎은 겨우내 얼어 있던 상태에서도 살아남는다.

421

Gnaphalium uliginosum 왜떡쑥

필드 발삼Field Balsam | 화이트 발삼White Balsam | 인디언 포시Indian Posy | 에버래스팅Everlasting | 변치 않는 달콤한 향Sweet Scented Life-Everlasting | 마시 에버래스팅Marsh Everlasting | 올드필드 발삼Old Field Balsam

의미: 끝없는 추억, 영원한 기억.

효능: 장수, 건강.

왜떡쑥을 집에 두거나 지니면 병에 걸리는 것을 막아준다고 믿었다.

422

Gomphrena globosa 천일홍

Globe amaranthus | 글로브 아마란스Globe Amaranth | 총각의 단추Bachelor Button

의미: 영원한 사랑, 불멸의 사랑, 불멸, 사랑, 변치 않는.

효능: 보호, 힐링.

천일홍 꽃은 마른 뒤에도 그 형태와 색이 오랫동안 유지되기 때문에 하와이에서는 오래도록 사용할 리스의 재료로 쓴다.

423

Gossypium hirsutum 목화

코튼 플랜트Cotton Plant | 코튼 슈럽Cotton Shrub | 린트 플랜트Lint Plant | 투베리아Thuberia

의미: 의무감을 느낍니다, 의무.

효능: 행운, 보호, 비.

목화를 거처 주변에 뿌리거나 심어두면 악령을 퇴치할 수 있다고 한다. 혹시 마법을 목적으로 의상을 고른다면 목화로 짠 직물이야말로 최우선 선택이 되어야 할 것이다. 목화를 조금 태우면 비가 내린다는 이야기도 있다. 또 설탕통에 목화 조각을 넣어두면 행운이 들어오고, 해가 떠오를 때 오른쪽 어깨 뒤로 목화를 던지면 그날 하루는 운이 좋을 거라고 여겼다. 옛사람들은 화이트 식초에 작은 목화송이 몇 개를 담근 뒤 창턱마다 올려두면 액운을 막아준다고도 믿었다.

424

Grain 곡물

의미: 에너지, 성장, 생명, 제한, 한정된 양분.

효능: 보호.

425

Grevillea 그레빌레아 (독성)

스파이더 플라워Spider Flower |
칫솔풀Toothbrush Plant |
실키 오크Silky-Oak

의미: 나랑 달아나요,
사랑의 충동적 행위.

꽃잎이 없는 꽃이 기다란
꽃받침 위에 얹혀 있는 모습이
마치 칫솔모를 떠올리게 한다.

427

Gypsophila elegans 안개꽃 (독성)

아기의 숨결Baby's Breath | 해피 페스티벌Happy Festival |
비누풀Soap Wort | 러브 초크Love Chalk

의미: 변치 않는 사랑, 순수한 마음, 순수, 달콤하고
아름다운, 결백, 겸손함.

작고 섬세한 꽃들이 한가득 피는 안개꽃이야말로 오랜 세월
신부들의 사랑을 받을 만한 자격이 있다.

426

Guarianthe skinneri 구아리안테 스킨네리

Cattleya skinneri | *Cattleya laelioides* | *Epidendrum huegelianum* |
성 세바스티안의 꽃Flor de San Sebastian

의미: 성숙한 매력.

구아리안테 스킨네리는 코스타리카의 국화이다.

428

Hamamelis japonica 풍년화

Hamamelis virginiana | *Ulmus glabra* |
윈터블룸Winterbloom |
스내핑 헤이즐넛Snapping Hazelnut |
위치 헤이즐Witch Hazel

의미: 나는 주술에 걸렸어요, 마법 주문, 주술, 변덕스러운, 순결.

효능: 점성술, 보호.

양 갈래로 갈라진 풍년화 가지는 점성술에서 점대로 자주 사용된다. 풍년화 가지를 지니면 상심한 마음을 치유하는 데 효험이 있다고 한다.

429

Hebe speciosa 헤베 스페키오사

Veronica speciosa | 뉴질랜드 헤베New Zealand Hebe | 쇼이 헤베Showy Hebe

의미: 날 위해 이것을 간직해 주세요, 감히 할 수 없어요.

화려하게 꽃무리를 이룬 긴 꽃자루를 따라 핀 각각의 작은 꽃에서 아주 긴 수술 두 개가 튀어나와 있다.

430

Hedera helix 아이비

Hedera acuta | *Hedera baccifera* | 잉글리시 아이비English Ivy |
아이비 바인Ivy Vine | 트리 아이비Tree Ivy | 러브스톤Lovestone |
눈물방울Teardrop | 바인드우드Bindwood

의미: 애정, 결혼의 우애와 신의, 행복한 사랑, 결혼, 기혼, 결혼으로 맺어진 사랑.

줄기: 열망.

덩굴: 애정, 호감을 사려고 애쓰다.

효능: 힐링, 보호.

옛 여인들은 아이비를 가지고 있으면 행운이 찾아온다고 믿었다. 또한 기독교도나 이교도를 막론하고 아이비는 영생의 상징으로 받아들여졌다. 크리스마스에 아이비와 호랑가시나무를 배합하면 그 가정의 가장과 아내에게 평온을 가져온다고 믿었다. 아이비는 나무들을 타고 올라가서 너무 무성하게 자라는 바람에 그 나무가 쓰러지기도 한다. 아이비로 덮인 작은 집은 일견 낭만적으로 보이긴 하지만, 실은 공중으로 뻗은 아이비의 작은 뿌리가 쌓아 올린 돌벽 틈으로 침투해서 모르타르(시멘트와 모래를 물로 반죽한 것)를 약화시키고, 널빤지에 압박을 주고, 심지어 집을 관통해서 나중에는 광범위하게 붕괴를 불러올 수 있다. 아이비가 자라거나 흩어져 있는 곳은 재앙과 부정적인 기운으로부터 안전하다는 속설도 있다.

431

Hedysarum coronarium 헤디사룸 코로나리움

콕스 헤드Cock's Head |
프렌치 허니서클French Honeysuckle

의미: 소박한 아름다움.

꼬투리 표면에 가시들이 돋아 있다.

432

Helenium 헬레니움

Helenium autumnale | 재채기풀Sneezeweed |
큰꽃 재채기풀Large-Flowered Sneezeweed

의미: 눈물.

효능: 나쁜 기운을 물리침.

실제로 재채기를 일으킨다고 해서 헬레니움에게 나쁜 기운을 퇴치하는 힘이 있다는 속설이 생겼다.

433
Helianthella parryi 헬리안텔라 파리이

패리의 난쟁이 해바라기 Parry's Dwarf-Sunflower

의미: 흠모, 경배, 열렬한 숭배자.

꽃은 꿀 생산에서 중요한 역할을 한다.

434
Helianthus annuus 해바라기

선플라워 Sunflower | 코로나 Corona | 페루의 매리골드 Marigold of Peru | 솔로 인디아누스 Solo Indianus | 한해살이 꽃의 여왕 Queen of Annuals | 솔리스 Solis

의미: 고결한 사상, 충성, 자양분, 기회, 힘, 자부심, 순수, 순수하고 고결한 생각, 영적 고양, 헌신, 행운, 힐링, 존경의 표시, 영감, 힘, 활력, 온기, 부유함, 행복하지 않은 사랑, 야망, 불변성, 오만, 거짓된 모습, 가짜 재물, 유연함.

효능: 행복, 건강, 장수, 충성, 자양분, 힘, 생명 유지, 따뜻함, 지혜, 소원을 들어주는 마법, 소원, 불변성, 깊은 충성, 임신과 출산.

1532년에 피사로는 페루의 잉카 땅에서 그곳 원주민들이 거대한 해바라기꽃을 숭배하는 것을 목격했다고 전해진다. 잉카 공주들의 드레스에서도 금실로 수놓아진 해바라기 문양을 볼 수 있었다고 한다. 정원에서 해바라기를 기르면 행운이 찾아온다는 설도 있다. 침대 밑에 해바라기꽃을 두면 진실을 알고 싶은 일에 대한 꿈을 꿀 수 있다고 믿는 사람들도 있었다. 또 해바라기꽃은 늘 태양을 향한다. 미국 대평원 지대의 원주민들은 그릇에 해바라기 씨앗을 담아 사랑하는 사람의 무덤에 제물로 바치기도 했다. 흥미진진한 사랑점으로 소녀가 해바라기 씨앗 3개를 허리춤에 지니고 있으면 맨 처음 만나게 되는 소년과 결혼한다는 미신도 있었다. 해바라기 씨앗을 꿰서 목걸이로 만들어 걸고 있으면 천연두를 막아준다고 믿기도 했다. 해가 질 무렵에 해바라기 가지를 자르면서 소원을 빌면 이틀날 해지기 전까지 그 소원이 이뤄진다는 설도 있었다.

435
Helianthus giganteus 헬리안투스 기간테우스

자이언트 선플라워 Giant Sunflower | 키다리 해바라기 Tall Sunflower

의미: 지적인 우월함, 순수하고 고결한 생각, 고통, 장엄, 순수한.

효능: 임신과 출산, 생명 유지의 자양분, 행복, 건강, 지혜.

436
Helianthus tuberosus 뚱딴지

예루살렘 아티초크 Jerusalem Artichoke | 선초크 Sunchoke | 선루트 Sunroot | 땅의 사과 Earth Apple

의미: 밝고 명랑한 인생관.

효능: 힐링.

예루살렘 아티초크라는 일반적인 명칭과 달리 실상 이 식물은 예루살렘과는 아무런 관련이 없다. 그럼에도 이 식물의 뿌리를 들여온 초기 미국 정착민들은 자신들이 택한 그 새로운 세계를 〈새로운 예루살렘 New Jerusalem〉으로 여겼다.

437
Helichrysum 헬리크리숨

에버래스팅 Everlasting | 영생의 꽃 Life Everlasting | 페이퍼 데이지 Paper Daisy | 밀짚꽃 Strawflower

의미: 동의, 불변성, 계속되는 행복, 건강, 장수.

이 꽃으로 만드는 에센셜 오일은 흔히 설탕과 햄을 태운 것을 혼합한 냄새를 풍긴다고 한다.

438
Helichrysum italicum 커리플랜트

Helichrysum angustifolium | 커리 플랜트Curry Plant | 이탈리안 스타플라워Italian Starflower | 임모르텔Immortelle | 겁쟁이풀Scaredy-cat Plant

의미: 전환.

효능: 보호.

카레 요리에 사용되는 요리용 향신료와는 딱히 관계가 없지만 그 향만큼은 꽤 비슷하다.

439
Heliconia 헬리코니아

낙원의 가짜 새False Bird-of-Paradise | 게의 집게발Lobster-Claws | 야생 플랜틴Wild Plantains

의미: 멋진 보답.

헬리코니아라는 이름은 그리스에 있는 헬리콘Helicon 산에서 따왔다. 신화에 따르면 헬리콘 산에는 문학과 학문과 예술의 뮤즈들이 살았다고 한다.

440
Heliotropium arborescens 페루향수초 (독성)

헬리오트로프Heliotrope | 사랑의 허브Herb of Love | 힌디쿰Hindicum | 체리 파이Cherry Pie | 신의 허브God's Herb | 프린세스 마리나Princess Marina | 가든 헬리오트로프Garden Heliotrope

의미: 헌신적인 애정, 헌신, 영원한 사랑, 당신을 흠모합니다, 사랑에 도취된, 진실을 지키다, 성공.

효능: 예지몽, 부.

도둑을 맞았는데 그 도둑이 누구인지 알고 싶다면 이 식물의 잎과 꽃을 작은 흰색 면 주머니나 흰색 실크 주머니에 넣어 베개 밑에 둔다. 그러면 꿈속에서 그 도둑의 정체를 알게 된다는 미신이 있다.

441
Heliotropium peruvianum 헬리오트로피움 페루비아눔 (독성)

페루 향수초Peruvian Heliotrope

의미: 흠모, 헌신, 충실함, 사랑합니다, 탐닉, 당신에게 의지합니다.

효능: 액운을 막음, 힐링, 예지몽, 부.

442
Helleborus 헬레보루스 (독성)

크리스마스 아코나이트Christmas Aconite | 크리스마스 로즈Christmas Rose | 렌톤 로즈Lenton Rose

의미: 내 불안감을 달래주세요, 불안, 초조, 중상모략, 안심, 추문, 재치.

효능: 보호.

모든 부분에 치명적인 독소를 내포하고 있지만, 이것을 꽂은 꽃병을 부정적인 기운이 가득한 방 안에 들이면 불쾌함이 사라지고 평온한 기운으로 바꿔준다는 설도 있다.

443
Helleborus foetidus 헬레보루스 포이티두스 (독성)

악취 나는 헬레보어Stinking Hellebore | 곰의 발Bear's Foot | 똥풀Dungwort

의미: 기사도, 인간 혐오, 염세.

모든 부분에 치명적인 독소를 내포하고 있기 때문에 어떤 용도로든 사용하는 것은 위험하다.

444

Helleborus niger 헬레보루스 니게르 (독성)

블랙 헬레보어Black Hellebore | 크리스마스 로즈Christmas Rose | 윈터 로즈Winter Rose

의미: 불안, 초조, 평화, 추문, 평온, 고요함.

효능: 유체이탈, 액운을 막아줌, 몸이 보이지 않게 함, 평화, 보호, 고요함.

모든 부분에 치명적인 독소를 내포하고 있기 때문에 어떤 식으로든 사용하는 것은 대단히 위험하다. 알렉산드로스 대왕이 병에 걸렸을 때 이 식물로 처치를 받았다고 한다. 그 결과 치명적인 독성으로 인해 끔찍하고 기이한 죽음을 맞았다는 설도 있다.

445

Hemerocallis 원추리속

데이 릴리Day Lily

의미: 교태.

원추리의 그리스어 어원인 헤메로칼리스Hemerocallis는 〈단 하루의 아름다움〉이라는 뜻이다. 실제로 단 하루 동안만 꽃이 활짝 피어 있다고 한다.

446

Hemerocallis fulva 원추리

배수로 백합Ditch Lily | 오렌지 데이릴리Orange Daylily | 레일로드 데이릴리Railroad Daylily | 로드사이드 데이릴리Roadside Daylily | 타이거 데이릴리Tiger Daylily

의미: 교태, 다양성, 집요함.

유럽 이민자들이 북아메리카에 들어온 원추리의 원산지는 중국과 한국이다. 원추리는 구근 상태로 몇 주 동안을 살 수 있어서 바다를 건너 북아메리카로 들어와서 화물열차에 실려 북아메리카 전역으로 퍼져 지금은 길가와 기찻길 주변에서 무성하게 자라고 있다. 꽃은 하루 동안만 활짝 핀 상태로 있다.

447

Hemerocallis coreana 골잎원추리

Hemerocallis flava | 레몬 데이릴리Lemon Day-Lily | 옐로우 데이릴리Yellow Daylily

의미: 교태, 건망증, 모성.

효능: 슬픔을 잊게 해서 치유하다.

448

Hepatica asiatica 노루귀

하트 리프Heart Leaf | 리버리프Liverleaf | 허브 트리니티Herb Trinity

의미: 신뢰, 불변성, 믿음.

효능: 사랑, 보호.

남자의 사랑을 지키려는 여자가 지니면 좋다는 미신이 있다.

449

Hesperis matronalis 헤스페리스 마트로날리스

댐스 로켓Dame's Rocket | 댐스 바이올렛Dame's Violet | 스위트 로켓Sweet Rocket | 다마스크 바이올렛Damask Violet | 퀸스 로켓Queen's Rockek | 저녁의 어머니Mother-of-the-Evening | 섬머 라일락Summer Lilac

의미: 유행, 유행을 따르는, 당신은 요부, 주의 깊음.

하얀색: 절망하지 않는, 신은 어디에나 계시다.

450

Hibiscus rosa-sinensis 하와이무궁화

히비스커스Hibiscus | 차이니스 히비스커스Chinese Hibiscus | 신발꽃Shoeflower | 열대 꽃의 여왕Queen of Tropical Flowers | 붕가 라야Bunga Raya | 자메이카의 꽃Flor de Jamaica | 자바Jaba

의미: 아름다움, 섬세함, 섬세한 아름다움, 평화와 행복, 보기 드문 아름다움.

효능: 높은 이해력, 논리력, 태도, 야망, 명확한 사고, 점성술, 조화, 사랑, 관능, 물질적 형태로 나타나는 징후, 영적인 개념, 사고 과정.

하와이무궁화는 신발꽃이라도 불린다. 꽃잎을 구두의 광택을 내는 데 사용했기 때문이다. 태평양의 섬들에서 여자들은 붉은색의 하와이무궁화 꽃을 몸에 장식하는 방식으로 자신들의 의견을 표시하곤 했다. 이를테면 왼쪽 귀 뒤에 꽂으면 사랑할 사람을 구한다는 의미이며, 오른쪽 귀 뒤에 꽂으면 사랑하는 사람이 이미 있다는 의미다. 양쪽 귀 뒤에 꽂으면 연인이 있지만 또 다른 상대를 찾고 있다는 의미라고도 한다. 열대 지역의 나라들에서는 이 꽃으로 신랑 신부의 리스를 만들기도 한다.

451

Hibiscus syriacus 무궁화

Althaea frutex | 무궁화Mugunghwa | 샤론의 장미Rose of Sharon | 시리아 케트미아Syrian Ketmia | 시리아 맬로우Syrian Mallow | 엘시아의 장미Rose of Althea

의미: 사랑으로 불타는, 끈질긴 사랑, 설득.

효능: 악령을 퇴치함, 사랑, 보호.

452

Hibiscus trionum 수박풀

한 시간의 꽃Flower-of-an-Hour | 베니스 맬로우Venice Mallow | 로즈맬로우Rosemallow | 슈플라이Shoofly | 방광풀Bladder Weed

의미: 섬세한 아름다움, 허약.

수박풀은 중심부가 보라색인 노란색 혹은 흰색 꽃을 피운다.

453

Hieracium umbellatum 조밥나물

호크위드Hawkweed

의미: 유착, 눈치가 빠른.

조밥나물의 꽃은 민들레 꽃과 혼동되는 경우가 많다.

454

Hippomane mancinella 만치닐나무 (독성)

Hippomane dioica | *Hippomane glandulosa* | *Hippomane horrida* | 만치넬라Mancinella | 만치닐나무Manchineel Tree | 죽음의 작은 사과Little Apple of Death

의미: 배신, 거짓말하기, 허위.

주로 해안가에서 발견되는 만치닐나무는 지구상에서 가장 독성이 강한 나무인데 모든 부분에 치명적인 독소를 내포하고 있다. 탐험가 후안 폰세 데 레온Juan Ponce de Leon은 플로리다의 세인트 피터즈버그에 진을 치고 있던 칼루사족이 쏜 만치닐 독화살을 맞고 며칠 만에 사망했다. 옛 카리브족과 칼루사족은 포로들을 이 나무에 묶어두고 독이 든 껍질과 닿게 하는 단순한 행위만으로 고통스럽게 죽이는 방식을 선호했다. 빗물이나 이슬에 이 나무의 희뿌연 수액이 단 한 방울이라도 섞여 들어가 피부에 떨어지기만 해도 수포가 생긴다. 따라서 어떤 이유로든 이 나무 아래에 숨어서는 안 된다. 만치닐나무가 타는 연기는 실명을 일으킬 수도 있다. 하지만 이 나무는 대다수 지역에서 맹독성 식물로 표시되어 있지 않다. 따라서 혹시 나무 몸통에 빨간색으로 X자가 그려져 있는지, 땅바닥 몇 십 센티미터 위에 빨간 밴드가, 또는 이 나무가 극히 위험해서 가까이 가지 말라는 경고 표시가 있는지 주의해서 볼 필요가 있다.

455

Hordeum vulgare 보리

보리Barley

의미: 힐링, 사랑, 보호.

보리는 근동지역에서 일찍부터
재배한 곡물들 가운데
하나인데 그 기원이 거의
기원전 1500년에서 기원전
891년까지 거슬러 올라간다. 야생 보리인 호르데움 불가레
스폰타네움Hordeum vulgare spontaneum의 자취는 거의
기원전 8500년까지 거슬러 올라간다. 고대 중동, 그리스,
이집트의 제례 행사에서 보리를 사용했다는 것만 봐도 이
식물의 중요성을 알 수 있다. 중세에는 보리로 만든 빵을
사용해서 유무죄를 결정하는 점성술이 유행하기도 했다.
이를 보릿점이라 하는데 범죄 용의자들에게 보리로 만든
빵을 먹여서 소화를 시키지 못하면 죄인으로 보는 것이다.
보리를 집 가까운 땅에 뿌려두면 액운이나 부정한 기운이
접근하는 것을 막아준다고 믿기도 했다.

456

Hosta plantaginea 옥잠화 (독성)

비비추Hostaceae | 데이 릴리Day Lily | 코르푸 릴리Corfu Lily | 푼키아Funkia | 기보시Giboshi | 플랜틴 릴리Plantain Lily

의미: 헌신.

잎사귀가 큰 널따란 옥잠화는 백합과 비슷하게 생긴 꽃이
높다란 줄기에 달려 있다. 그 덕분에 빛이 덜 드는 곳이나
겨울철에도 잘 견뎌서 정원에서 특히 선호하는 식물이다.

457

Houstonia caerulea 선애기별꽃

호우스토니아Houstonia | 퀘이커 레이디스Quaker Ladies | 애저 블루이트Azure Bluet

의미: 만족하는.

꽃잎이 다섯 개인 물망초와 자주
혼동되지만 선애기별꽃의 꽃잎은 네 개이다.

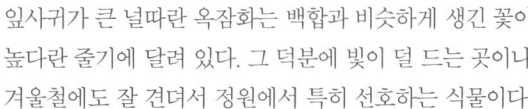

458

Hoya 호야속 (독성)

오각형 별모양 꽃Pentagram Flowers | 왁스 플라워Waxflower | 왁스 바인Waxvine | 펜타그램 플랜트Pentagram Plant

의미: 만족, 조각품, 감수성.

효능: 힘, 보호.

집에서 키우면 수호 역할을
한다. 또 말려서 부적처럼 몸에
지니면 힘을 얻고 보호받는다고 믿었다.

459

Hoya carnosa 호야 (독성)

Asclepias carnosa | 포셀린 플라워Porcelain Flower | 왁스 플랜트Wax Plant | 힌두 로프Hindu Rope | 허니 플랜트Honey Plant | 카르노사Carnosa

의미: 이토록 달콤한, 높은 야망을
갖다, 당신을 꿰뚫어 보고 있어요,
보호, 재산.

호야는 별 모양 꽃에서 반투명 즙을
흘리면서 위로 타고 올라가는 식물로
알려져 있다.

460

Humulus lupulus 홉

홉Hop | 비어 플라워Beer Flower | 맥주꽃Flores de Cerveza

의미: 유쾌한 웃음소리,
자부심과 열정, 불의.

효능: 힐링, 잠.

더욱 편안한 휴식을 원한다면
홉을 넣은 베개를 사용해 보면
좋다.

461

Hyacinthoides non-scripta 블루벨

블루벨Bluebell | 잉글리시 블루벨English Bluebell

의미: 감사하는, 감사, 겸손, 친절, 행운, 불변성, 섬세함, 고독, 슬픈, 후회, 진실.

기분 좋은 향을 발산하는 블루벨은 영국에서 향수나 세면용품 등을 제조할 때 선호하는 원료이기도 하다.

462

Hyacinthus orientalis 히아신스

히아신스Hyacinth | 더치 히아신스Dutch Hyacinth | 가든 히아신스Garden Hyacinth

의미: 자비심, 불변성, 믿음, 게임과 운동, 자연의 관대함, 행복, 충동성, 질투, 사랑, 슬픔을 극복함, 놀이, 보호, 성급함, 스포츠.

특별한 색에 담긴 의미
파란색: 일관성.
분홍색: 무해한 장난, 재미 삼아 벌인 장난.
보라색: 미안해요, 질투, 나를 용서해 주세요, 후회, 슬픔, 비탄, 슬픔에 잠긴.
빨간색: 무해한 장난, 재미 삼아 벌인 장난.
하얀색: 당신을 위해 기도할게요, 사랑스러움, 갈급한 이들을 위한 기도, 요란하지 않은 사랑스러움.
노란색: 질투.

효능: 죽음과 부활, 성적 성숙을 지연시킴, 행복, 사랑, 보호. 싱싱한 히아신스의 향은 우울증과 슬픔을 달래준다. 또 히아신스 화분을 침실에 두면 악몽을 꾸는 걸 막아준다고도 한다.

463

Hybrides remontants 반복 개화 장미

퍼페츄얼 로즈Perpetual Rose | 하이브리드 퍼페츄얼 로즈Hybrid Perpetual Rose | 하이브리드 퍼페츄얼Hybrid Perpetuals | 로사 페르페투아Rosa Perpetua

의미: 시들지 않는 아름다움.

프랑스의 조세핀 황후는 자신의 우아한 정원에서 장미를 기르고 신품종을 개발하기도 했다.

464

Hybrid Tea 하이브리드 티

하이브리드 티 로즈Hybrid Tea Rose | 티 로즈Tea Rose

의미: 늘 사랑스러운, 열망, 꺼지지 않는 욕망, 기억할게요, 항상.

플로리스트들이 코사지를 만들 때 가장 애용하는 장미꽃이다.

465

Hydrangea macrophylla 수국

호르텐시아Hortensia | 일곱 개의 나무껍질Seven Barks

의미: 허풍, 부주의, 무정함, 헛된 자존심, 불감증, 냉담, 당신은 냉정하군요, 자존심, 무자비함, 허영심, 기억하라.

효능: 마법 타파.

수국을 집에 들이거나 주변에 놔두면 액운을 날려준다는 설이 있었다.

466

Hydrastis canadensis 북미황련 (독성)

골든실Goldenseal | 그라운드 라즈베리Ground Raspberry | 옐로우 루트Yellow Root | 오렌지 루트Orange Root | 튜메릭 루트Tumeric Root | 인디언 페인트Indian Paint | 아이밤Eye Balm | 인디언 다이Indian Dye | 야생 강황Wild Curcurma | 노란 퍼쿤Yellow Puccoon

의미: 청정하게 씻음.

효능: 힐링, 금전.

야생에서 자라는 북미황련 열매에 대한 수요가 높아진 탓에 현재 생존의 위험을 받고 있다.

467

Hylocereus undatus 용과

Cereus undatus | *Cereus tricostatus* | 용의 과일Fruit du Dragon | 레드 피타야Red Pitaya | 루나 플라워Luna Flower | 문 플라워Moon Flower | 밤에 피는 세레우스Night Blooming Cereus | 밤의 왕자Princess of the Night | 밤의 여왕Queen of the Night | 밤의 종Belle of the Night | 스트로베리 페어Strawberry Pear | 성배의 꽃Flor de Caliz

의미: 달빛에 드러난 아름다움, 일시적인 아름다움.

1836년에 빙험 부인이 호놀룰루의 푸나후 학교에 심은 용과 울타리야말로 하와이에서 자라는 거의 모든 용과의 모태가 되었다 할 수 있다. 이 학교에서 꺾꽂이로 자른 가지를 시작으로 이후 1세기에 걸쳐 전 지역으로 퍼져나갔다.

468

Hyoscyamus niger 사리풀 (독성)

데블스 아이Devil's Eye | 주피터의 콩Jupiter's Bean | 혹스빈Hogsbean | 블랙 나이트셰이드Black Nightshade | 스팅킹 나이트셰이드Stinking Nightshade | 포이즌 타바코Poison Tobacco

의미: 흠집, 약점, 잘못, 불완전.

효능: 죽음, 사랑, 주술.

사리풀은 모든 부분에 치명적인 독소를 내포하고 있어서 어떤 용도로든 사용하는 것은 매우 위험하다. 이른 아침 남자가 벗은 몸으로 홀로 한 발로 서서 사리풀을 따서 모으면 여성의 사랑을 얻을 수 있다는 미신도 전해지고 있다.

469

Hypericum perforatum 서양고추나물 (독성)

성 요한의 풀Saint John's Wort | 염소풀Goat Weed | 팁턴 위드Tipton Weed | 체이스 데블Chase Devil | 엠버Amber | 악마를 겁주기Scare Devil

의미: 적대감, 단순함, 미신.

효능: 보호, 용기, 행복, 건강, 사랑점, 금전운을 높이는 주술, 힘, 기운.

서양고추나물은 악령이 조금만 들이마셔도 사라지게 하는, 그야말로 액운을 쫓는 데 효험이 있다고 알려졌다. 옛날 소녀들은 서양고추나물을 베개 밑에 두고 자면 나쁜 기운을 쫓을 수 있을 뿐 아니라 훗날 자신의 남편이 누가 될지도 꿈에서 알 수 있다고 믿었다. 또 꽃을 피우지 않으면 누군가 죽음을 맞는다는 설도 있었다. 옛날에는 이 꽃이 화재, 번개, 폭풍우 같은 재해로부터 집을 지켜준다고 믿기도 했다.

470

Hypocalymma angustifolium 히포칼림마 앙구스티폴리움

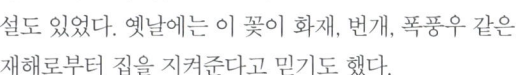

Leptospermum angustifolium | 화이트 머틀White Myrtle | 쿠드지드Koodgeed

의미: 사랑, 떠난 후에도 사랑.

안전한 장소에 심지 않으면 바람에 쉽게 망가질 만큼 연약한 관목이다.

471

Hypoestes phyllostachya 히포이스테스 필로스타키아

Hypoestes sanguinolenta | 물방울 무늬 식물Polka Dot Plant | 주근깨 있는 얼굴을 한 풀Freckle Face Plant

의미: 주근깨, 엉뚱한 생각.

작은 점들이 퍼져 있는 이 식물은 활기차고 신나고 엉뚱한 느낌마저 준다.

472

Hyssopus officinalis 히솝

Hyssopus decumbens | 허브 히솝Herb Hyssop | 히소푸스Hyssopus | 홀리 허브Holy Herb

의미: 청결, 신성함.

효능: 정화, 영혼의 정화, 보호, 액운을 떨쳐내다.

성경을 비롯한 고대의 기록을 보면 히솝은 특별히 신성한 식물로 여겨져서 정화 식물로 가장 자주 사용되었다. 히솝을 집 안에 걸어두면 액운이나 재앙을 물리친다고도 했다. 예수가 십자가에서 고통당하고 있을 때 식초를 적신 스펀지를 히솝 가지에 걸어서 입에 대고 마시게 했다는 이야기도 전해진다.

I

473
Iberis amara 서양말냉이

캔디터프트Candytuft

의미: 건축, 무관심.

서양말냉이는 진기한 포르투갈 흰색얼룩나비의 애벌레들에게 자양분을 제공한다.

474
Iberis sempervirens 이베리스 셈페르비렌스

에버래스팅 캔디터프트Everlasting Candytuft | 에버그린 캔디터프트Evergreen Candytuft | 페레니얼 캔디터프트Perennial Candytuft

의미: 무관심.

봄에 이 식물만큼 화사하고 아름답게 꽃을 피우는 지피식물(땅 위를 덮고 있는 식물)도 흔치 않을 것이다.

475

Ilex aquifolium 유럽호랑가시나무 (독성)

홀리 트리Holly Tree | 크리스마스 홀리Christmas Holly | 그리스도의 가시Christ's Thorn | 잉글리시 홀리English Holly | 유러피언 홀리European Holly | 멕시칸 홀리Mexican Holly | 홈 체이스트Holm Chaste | 박쥐의 날개Bat's Wings

의미: 나를 잊은 건가요, 용기, 방어, 힘겹게 얻은 승리, 가정의 행복, 꿈, 황홀감, 예측, 선견지명, 즐겁고 떠들썩한, 행운, 선한 의지, 남자다움, 잠재의식, 인간의 상징, 경계, 지혜.

열매: 크리스마스의 기쁨.

효능: 번개를 피하게 해줌, 에너지를 끌어당기거나 밀어냄, 꿈의 마법, 불멸, 행운, 보호, 해로운 꿈, 불운으로부터 보호.

남자들이 이 나무를 지니고 있으면 행운을 불러온다는 이야기가 있다. 고대 드루이드교 신자들은 떡갈나무에 잎이 달려 있지 않은 동안 지상을 아름답게 꾸며주는 것이 바로 이 나무의 역할이라고 믿었다. 그 기간 동안 그들은 이 식물의 잎을 머리에 꽂고 자신들이 신성하게 여기는 비스쿰 알붐(Viscum album, 겨우살이) 가지를 사제들이 자르는 것을 지켜본다. 중세 유럽에서는 번개를 피하고 행운을 부르기 위해 집 가까운 곳에 심곤 했다. 잉글랜드에서는 침대 기둥에 이 나무의 가지를 묶어두면 좋은 꿈을 꾼다고 믿었다. 반면 웨일스에서는 크리스마스 이전에 집 안에 이 나무를 들이면 가족 간의 다툼이 심해진다고 믿었다. 또 주현절(1월 6일)이 지났는데도 이 나무로 한 장식이 집 안에 남아 있으면 그 잎들과 가지 숫자만큼 불운이 닥치고 친구의 집에 들여놓으면 죽음을 불러온다는 설도 있었다. 한편 교회에서 크리스마스 장식으로 쓴 이 나무의 조각을 보관하면 일 년 내내 행운이 들어온다는 미신도 있었다. 크리스마스에 이 나무를 집 안에 들이면 재앙과 액운을 피하는 데 매우 훌륭한 역할을 한다고 믿었다. 실제로 이 나무로 자주 치는 점이 있다. 먼저 잎에 작은 초들을 올려놓고 물 위에 띄운다. 그 잎이 그대로 떠 있다면 답을 구하는 이가 마음에 두고 있는 일이 잘 풀릴 것이다. 하지만 그 잎들 가운데 하나라도 물에 가라앉아 촛불이 꺼진다면 그것은 바로 그 일을 추진하지 않는 것이 최선이라는 신호를 보내는 것이라고 믿었다. 옛날에는 이 나무를 보고 친 날씨점을 꽤 진지하게 믿기도 했다. 열매가 너무 많이 열리면 그해 겨울은 혹독할 거라는 조짐이라는 것이다. 야생동물과 맞닥뜨렸을 때 이 나무의 가지를 동물을 향해 던진다면 그 나무의 일부분과 실제 접촉하지 않더라도 사람에게 해를 끼치지 않고 돌아선다는 미신도 있었다. 드루이드교 신자들은 겨울에 그들의 거처에 이 나무를 들여서 추운 날씨를 피해 인간과 함께 지내는 엘프들과 요정들에게 쉼터를 제공하는 것을 중요한 안전장치로 생각했다.

476

Ilex paraguariensis 마테 (독성)

마테Mate | 에르바 마테Erva Mate |
파라과이 차Paraguay Tea

의미: 사랑, 동료, 로맨스.

효능: 결합, 건설, 죽음, 신의, 역사, 지식, 제한, 사랑, 관능, 장애물, 시간.

이성에게 어필하기 위해 마테 잔가지를 몸에 걸치는 경우도 있었다. 만약 마테가 진액을 흘리면 한때 낭만적이었던 관계도 틀어진다고 한다.

477

Illicium verum 팔각붓순나무 (독성)

바디아나Badiana | 붕가 라왕Bunga Lawang | 차이니스 스타 아니스Chinese Star Anise | 스타 아니시드Star Aniseed

의미: 행운.

효능: 행운의 부적, 심령의 힘.

팔각붓순나무 조각을 주머니에 넣고 다니면 행운을 불러온다고 한다. 목걸이처럼 이어서 목에 걸면 영적 능력이 강화된다는 믿음도 있다. 일부를 줄에 꿰어 강력한 추를 만들 수도 있다.

478

Impatiens balsamina 봉선화

날 만지지 마세요Touch-Me-Not | 임페이션트Impatient | 가든 발삼Garden Balsam | 주웰위드Jewelweed | 팝 위드Pop Weed | 로즈 발삼Rose Balsam | 스냅위드Snapweed | 뱅 시드Bang Seed | 스포티드 스냅위드Spotted Snapweed

의미: 뜨거운 사랑, 성급함, 성급한 결론, 날 만지지 마세요, 기다림은 너무 힘들어요.

특별한 색깔의 의미

빨간색: 성급한 결론, 날 만지지 마세요.

노란색: 조급함.

479

Impatiens walleriana 아프리카봉선화

Impatiens sultani | 비지 리지Busy Lizzy | 페이션트 루시Patient Lucy | 설타나Sultana | 발삼Balsam

의미: 성급함.

아프리카봉선화는 흔치 않게 그늘에서 꽃을 피우는 식물 가운데 하나다.

480

Inula helenium 목향

너스 힐Nurse Heal | 호스 힐Horse-Heal | 와일드 선플라워Wild Sunflower | 벨벳 도크Velvet Dock | 마르샬란Marchalan | 엘프 도크Elf Dock

의미: 눈물.

효능: 사랑, 보호, 정신의 힘.

보호와 사랑을 불러오기 위한 용도로 목향 꽃을 몸에 꽂거나 지니기도 했다.

481

Ipomoea nil 나팔꽃 (독성)

모닝 글로리Morning Glory | 인디언 자스민Indian Jasmine | 헤븐리 블루Heavenly Blue | 미나Mina | 바인드위드Bindweed | 메꽃Convolvulus | 파르비티스Pharbitis | 웜위드Wormweed | 글로리 플라워Glory Flower

의미: 애정, 애착, 결합, 경의, 포옹, 눈부신 아름다움, 겸손, 당신에게 애착을 느낍니다, 헛된 사랑, 밤, 완고함, 휴식, 그녀는 당신을 사랑해요, 자발성, 불확실성, 굳센 약속.

분홍색: 신중하고 따뜻한 애정으로 유지할 만한.

효능: 행복, 평화.

파란색 나팔꽃을 뜰에서 키우면 평온과 행복을 가져온다고 한다. 나팔꽃 씨앗들을 베개 밑에 두면 악몽을 꾸지 않게 해준다고 믿었다.

482

Ipomoea alba 이포모이아 알바

문플라워Moonflower | 문 바인Moon Vine | 밤에 피는 나팔꽃Night-Blooming Morning Glory

의미: 사랑을 꿈꾸다, 밤, 오늘 밤.

주로 아침에 파란색과 분홍색 꽃을 피우는 다른 나팔꽃 품종과 달리, 이포모이아 알바는 선명한 흰색에 가벼운 향기를 풍기는 약간 둥그스름한 꽃이 밤에 핀다.

483

Ipomoea batatas 고구마

스위트 포테이토Sweet Potato | 카노에 플랜트Canoe Plant | 쿠마라Kumara | 얌Yam | 튜베로스 모닝 글로리Tuberous Morning Glory

의미: 애착, 당신에게 애착을 느낍니다, 어려운 시기.

뉴질랜드에 전해오는 전설에 따르면, 고구마 줄기를 땅에 늘어뜨려 두면 적을 미치게 해서 퇴치해 버릴 수 있다고 한다.

484

Ipomoea coccinea 둥근잎유홍초

Quamoclit coccinea | 멕시칸 모닝 글로리Mexican Morning Glory | 레드 모닝 글로리Red Morning Glory | 레드스타Redstar

의미: 참견하기 좋아하는 호사가, 첫눈에 반함.

둥근잎유홍초는 대단히 화려한 진홍색과 골든 오렌지색 꽃을 뽐낸다.

485

Ipomoea cordatotriloba 이포모이아 코르다토트릴로바 (독성)

리틀 바이올렛 모닝 글로리Little Violet Morning Glory | 보라색 덩굴Purple Bindweed

의미: 명성, 꺼져버린 희망.

이 식물은 근처에 있는 야생 식물종을 거의 질식시켜 버릴 것처럼 강하게 옭아매거나 그 위를 덮어버리는데 정작 스스로는 매우 아름다운 자태를 보인다.

486
Ipomoea jalapa 이포모이아 얄라파 (독성)

정복자 존John the Conquer

의미: 업적, 정복, 끈기, 우세, 만연한.

효능: 확신, 행복, 건강, 사랑, 금전, 섹스, 힘, 성공.

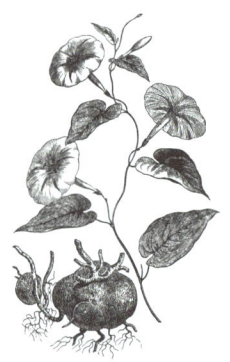

우울감을 떨치고, 사랑을 불러들이고, 주술이나 저주를 퇴치하고, 재앙을 막으려면 이 꽃을 가까이 하라는 말이 있다.

487
Ipomoea lobata 이포모이아 로바타 (독성)

Ipomoea versicolor | *Quamoclit lobata* | 폭죽덩굴Firecracker Vine | 불꽃덩굴Fire Vine | 스패니시 플래그Spanish Flag | 미나 로바타Mina lobata | 이국적 사랑Exotic Love

의미: 이국적 사랑.

아치처럼 휘어진 줄기를 따라 꽃이 달린 모습이 흡사 스페인 국기를 닮았다고 해서 스패니시 플래그Spanish Flag라는 이름을 얻기도 했다.

488
Ipomoea purpurea 둥근잎나팔꽃 (독성)

나팔꽃Morning Glory | 보라색 나팔꽃Purple Morning Glory | 키다리 나팔꽃Tall Morning Glory

의미: 애정, 사랑, 짝사랑, 필연적인 죽음, 부활, 짧은 인생.

둥근잎나팔꽃은 하루 만에 피고 진다. 중국 구전에서 이 꽃은 신들이 갈라놓은 연인들이 만나는 것을 허락받은 단 하루를 상징한다고 전해진다.

489

Ipomoea quamoclit 유홍초 (독성)

Quamoclit pennata | 사이프러스바인 모닝 글로리Cypressvine Morning Glory | 카디널 바인Cardinal Vine | 벌새 덩굴Hummingbird Vine | 카디널 크리퍼Cardinal Creeper | 스타 글로리Star Glory

의미: 참견하기 좋아함, 보호.

선명한 붉은색을 띤 튜브 모양의 유홍초는 특히 개화기 내내 벌새들을 끌어들인다. 솜털로 덮인 나뭇잎은 풍성하게 꽃이 핀 덩굴을 더욱 아름답게 돋보이게 한다.

490
Iris 붓꽃속 (독성)

아이리스Iris | 플래그Flag | 스워드 플래그Sword Flag

의미: 메시지, 용기, 믿음, 불, 불꽃, 불타오름, 우호적인, 좋은 소식, 우아한, 희망, 사랑에 불타올랐어요, 아이디어, 당신에게 전할 말이 있어요, 찬사, 기쁜 전언, 약속, 사랑의 약속, 순수한 마음, 순수, 무지개, 용맹, 상처뿐인, 이기고 정복했지만 고통이 따른, 당신의 호의는 내게 큰 의미가 됩니다, 지혜.

효능: 권한, 믿음, 순수한 목적을 위한 주술과 에너지, 힘, 재앙으로부터 보호, 정화, 환생, 지혜.

대략 15세기 이후로 붓꽃은 신의 가호와 왕가의 상징으로 여겨지고 있다. 기운을 정화시키고 싶은 곳에 싱싱한 붓꽃을 꽂은 화병을 놓아두면 좋다는 말이 있다. 붓꽃 잎에 찍혀 있는 점들은 믿음, 지혜, 용맹을 상징한다.

491

Iris germanica 독일붓꽃 (독성)

저먼 아이리스German Iris | 엘리자베스 여왕의 뿌리 붓꽃Queen Elizabeth Root Iris | 플로렌스 아이리스Florentine Iris | 수염붓꽃Bearded Iris

의미: 타오르는 불꽃.

효능: 정화, 지혜.

뿌리: 사랑, 보호.

일본에서는 독일붓꽃의 뿌리를 재앙으로부터 지켜주는 상징이라고 여겨서 그 뿌리를 처마에 매달아두곤 했다. 옛날에는 고구마 줄기로 만든 끈에 독일붓꽃을 통째로 매달아서 흥미롭고도 진기한 점술용 추를 만들기도 했다.

492

Iris pseudacorus 노랑꽃창포 (독성)

옐로우 아이리스Yellow Iris | 옐로우 플래그Yellow Flag | 불꽃 아이리스Flame Iris | 불타는 아이리스Flaming Iris

의미: 타오르는 불꽃, 정열.

효능: 정화, 지혜.

493

Iris versicolor 북방푸른꽃창포 (독성)

아메리칸 블루 플래그American Blue Flag | 라저 블루 플래그Larger Blue Flag | 블루 플래그 아이리스Blue Flag Iris | 할리퀸 블루 플래그Harlequin Blueflag | 멀티 컬러드 블루 플래그Multi-Colored Blue Flag | 스네이크 릴리Snake Lily | 포이즌 플래그Poison Flag | 워터 플래그Water Flag | 플래그 릴리Flag Lily | 단검꽃Dagger Flower

의미: 용기, 믿음, 지혜.

효능: 금전, 사업상의 성공, 부유함.

금전 등록기 같은 곳에 이 꽃을 한 줄기 넣어두면 사업이 번창한다는 설이 있다.

494

Isatis tinctoria 대청 (독성)

Isatis indigotica | 예루살렘 독사Asp of Jerusalem

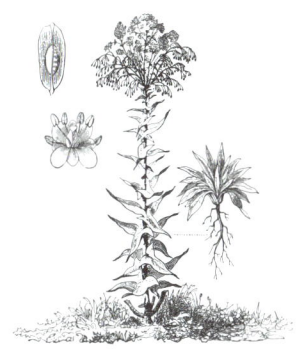

고대 이집트인들은 대청을 옷을 염색하는 용도로 사용한 것으로 알려졌다. 픽트인(Picts, 로마제국 시기부터 10세기까지 스코틀랜드 북부와 동부에 거주하던 부족)들은 파란색 계열의 대청 염료를 몸에 바르고 언덕 꼭대기에 서서 하늘색과 섞이는 전략을 쓰기도 했다.

495

Ixia 익시아

Ixia polystachya | 아프리칸 콘 릴리African Corn Lily | 콘 릴리Corn Lily

의미: 행복.

잎은 칼을 연상시키고 꽃은 6각형 별을 떠오르게 한다.

496

Ixora 익소라 (독성)

Bora coccinea | 정글 플레임Jungle Flame | 정글 제라늄Jungle Geranium | 니들 플라워Needle Flower | 나무의 불꽃Flame of the Wood | 불타는 사랑Burning Love | 웨스트 인디언 자스민West Indian Jasmine

의미: 정열.

효능: 힐링, 영감.

497
Jacaranda mimosifolia 자카란다 (독성)

Jacaranda acutifolia | 자카란다Jacaranda |
블루 자카란다Blue Jacaranda

의미: 황제의, 권력.

밝은 청보라색, 황금 노란색 또는 선명한 붉은 꽃들이 무리를 지어 길게 드리우는 이 나무는 지구상에서 가장 화려하게 꽃을 피우는 나무 가운데 하나일 것이다.

498
Jasminum grandiflorum 자스민 그랜디플로룸

카탈로니아 자스민Catalonian Jasmine |
스패니시 자스민Spanish Jasmin | 제사민Jessamine |
안바르Anbar | 로열 자스민Royal Jasmine |
야스민Yasmin | 수풀 위를 비추는
달빛Moonlight on the Grove

의미: 관능성.

효능: 사랑, 금전, 예지몽.

소형화는 정신적인 사랑을 불러온다는 속설이 있다. 또 그 향은 숙면을 돕는다.

499
Jasminum officinale 약자스민

자스민Jasmine | 시인의 자스민Poet's Jasmine

의미: 상냥함, 유쾌함, 물질적 부, 겸손, 소심함, 어리석음, 타인의 불행을 기뻐함, 부유함.

효능: 감정, 확장, 임신과 출산, 명예, 영감, 직관력, 사랑, 금전, 정치, 권력, 예지몽, 대중의 갈채, 책임감, 왕족, 바다, 잠재의식, 성공, 조수간만, 배를 타고 여행, 부.

약자스민 꽃 또한 정신적인 사랑을 불러온다고 한다. 또 그 향은 숙면을 돕는다.

500
Juglans regia 호두나무 (독성)

호두Walnut | 신에게 꼭 맞는
견과류A Nut Fit for God | 코카시언
호두Caucasian Walnut

의미: 불모, 불임, 지적 능력이 뛰어난, 예감, 책략.

효능: 건강, 맑은 정신, 정신 능력, 강인한 정신력, 소원.

누군가로부터 호두나무 열매가 든 꾸러미를 선물로 받았다면 당신의 기대가 인정을 받을 것이라는 의미다.

501
Juncus tenuis 길골풀

필드 러시Field Rush | 슬랜더 러시Slender Rush

의미: 온순함.

길골풀은 해충에 강할 뿐 아니라 빽빽하게 무리 지어 똑바로 자라기 때문에 초식동물이 먹이를 찾기에는 적당하지 않다.

502
Juniperus chinensis 향나무

에네브로Enebro | 주니퍼Juniper |
진 베리Gin Berry

의미: 도움, 망명, 구조, 사랑.

효능: 풍부, 진보, 절도 방지, 결합, 건설, 굳센 의지, 죽음, 뱀들을 물리침, 에너지.

액운을 방지하기 위해 출입문에 향나무 가지를 걸어두는 사람들도 있다.

503
Justicia brandegeeana 새우풀

Justicia brandegeana | *Beloperone guttata* | 후스티시아Justicia

의미: 자유, 완벽한 여성의 사랑스러움.

새우풀은 화려한 사슬처럼 생긴 포엽에서 작은 꽃이 핀다.

504

Kalanchoe 칼랑코에

칼랑 카우Kalan Chau |
칼랑카우후이Kalanchauhuy

의미: 인내, 영원한 사랑,
오래도록 지속되는 애정,
고집, 지나치게 성격이 급한
당신.

칼랑코에는 하나같이 모두
8주 정도 꽃을 피운다.

505

Kalmia latifolia 칼미아 (독성)

마운틴 로렐Mountain Laurel | 칼리코 부시Calico Bush |
스푼우드Spoonwood | 아이비부시Ivybush | 양도살자Lambkill

의미: 야망, 영웅의 야망,
영광, 배반, 승리, 달콤한
말의 현혹, 속이다.

칼미아 가지들로
오래가는 장식물이나
리스를 만들어도 좋다.

506

Kennedia 켄네디아

Kennedia coccinea | 케네디야Kennedya | 코럴 바인Coral Vine |
붉은강낭콩Scarlet Runner

의미: 지적인 아름다움, 정신의 아름다움.

켄네디아는 오스트레일리아가 원산지로, 위를 향해
올라가는 넝쿨 위로 진홍색의 콩처럼 생긴 꽃이 핀다.

507

Koelreuteria paniculata 모감주나무

골든 레인 트리Golden Rain Tree | 차이나 트리China Tree | 프라이드
오브 인디아Pride of India | 프라이드 오브 차이나Pride of China |
바니시 트리Varnish Tree

의미: 알력.

다 자란 모감주나무가 꽃을 피우면 금색 꽃들이 나무
전체를 뒤덮는다.

508

Lablab purpureus 편두 (독성)

오스트레일리안 피Australian Pea | 히아신스 빈Hyacinth Bean | 인디언 빈Indian Bean | 파파야 빈Papaya Bean | 퍼플 히아신스 빈Purple Hyacinth Bean | 통가 빈Tonga Bean | 가난한 사람의 콩Poor Man Bean | 버터 빈Butter Bean | 이집트 덩굴강낭콩Egyptian Kidney Bean

의미: 발랄하고 사랑스러운.

편두의 꼬투리는 보라색이다.

509

Laburnum anagyroides 금사슬나무 (독성)

Laburnum vulgare | *Cytisus laburnum* | 골든 체인Golden Chain | 골든 레인Golden Rain | 라부르눔Laburnum

의미: 암흑, 버림받은, 수심에 찬 미인.

금사슬나무의 모든 부분이 맹독성을 띠고 있긴 하지만, 샛노란색의 난초 같은 꽃들이 나무에 매달려 있는 장면은 흡사 아름다움에 경의를 표하는 것처럼 보일 정도다.

510

Lactuca sativa 상추

가든 레터스Garden Lettuce | 슬립 워트Sleep Wort

의미: 순결, 무정한, 냉담, 차가움.

효능: 출산, 피임, 사랑, 사랑점, 가호, 최음제, 정력제.

상추는 지구상에서 가장 오래된 채소 가운데 하나로 원산지는 지중해 근방이다. 옛 잉글랜드에서는 뜰에 상추를 너무 많이 키우면 지나친 피임을 유발해서 자손을 보기 어렵다고 믿었다. 상추를 이용해서 사랑점을 치기도 했는데 마음에 둔 사람의 이름을 땅바닥에 쓴 뒤 상추 씨앗들을 그 이름에 따라 심는다. 씨앗이 싹을 틔우면 그 사람과의 사랑도 싹을 틔울 것이라고 믿었다.

511

Lagenaria leucantha 박 (독성)

스페로시치오스Sphaerosicyos | 아데노푸스Adenopus | 고어드Gourd

의미: 육중한, 덩치가 큰, 연장하다, 크기, 실연.

효능: 보호.

집 현관에 박을 걸어두면 나쁜 주술로부터 어느 정도 지켜준다는 믿음이 있었다. 재앙을 물리치기 위해 박을 집에 두기도 했다. 박의 덜거덕거리는 소리가 악령들에게 겁을 준다고 믿었기 때문이다. 박을 잘라 바가지로 만들어서 그 안에 깨끗한 물을 채워 점을 치는 도구 대신으로 쓰기도 했다.

512

Lagerstroemia indica 배롱나무

신들의 꽃Flower of the Gods | 여왕의 배롱나무Queen's Crape Myrtle | 크레이프 머틀Crape Myrtle

의미: 웅변.

효능: 순결.

배롱나무는 수세기 동안 중국 황제들의 사랑을 받은 나무다. 배롱나무가 잘 자라는 지역에서는 이 나무가 길가의 경계를 표시하는 역할을 하기도 한다. 중세에는 신부의 화환을 만들 때 배롱나무 꽃을 자주 썼다. 또 이 나무가 꿈에 나타나면 오래도록 행운이 깃든 삶을 살 수 있다는 이야기도 전해진다. 집의 정문 양쪽에 키우면 그 집에 화평과 사랑을 가져다준다고도 믿었다.

513

Lagunaria patersonii 라구나리아 파테르소니 (독성)

카우 이치 트리Cow Itch Tree | 노포크 아일랜드 히비스쿠스Norfolk Island Hibiscus | 피라미드 트리Pyramid Tree

의미: 변덕.

오스트레일리아가 원산지인 이 나무는 매우 아름답지만 꼬투리는 가려움을 유발하고 섬유질은 피부에 침투해서 고통스럽게 한다. 그러나 쉽게 제거하기는 힘들다. 이 나무의 꽃은 벌들이 좋아하는 꽃이기도 하다.

514

Lamprocapnos spectabilis 금낭화

Dicentra spectabilis | *Diclytra spectabilis* | 블리딩 하트Bleeding Heart | 이어드롭스Eardrops | 몽크스 헤드Monk's Head | 소년소녀들Boys and Girls | 버터플라이 배너스Butterfly Banners | 네덜란드인의 바지Dutchman's Trousers | 목욕하는 여인Lady in a Bath | 소년의 바지Little Boy's Breeches | 리라꽃Lyre Flower | 구식 복주머니Old Fashioned Bleeding Heart | 병사의 모자Soldier's Cap | 미국금낭화Squirrel Corn | 캐나다금낭화Turkey Corn | 비너스 카Venus' Car

의미: 나와 함께 날아요, 사랑.

효능: 사랑.

꽃을 짓이겨서 붉은 즙이 나오면 그 사람의 사랑은 보답받을 것이며, 그 즙이 흰색이면 그 사랑은 보답받지 못할 거라고 한다. 실내에서 키울 때는 흙 안에 구리로 된 동전을 넣어 나쁜 기운을 물리치도록 한다.

515

Lantana camara 란타나 카마라 (독성)

Lantana aculeata | *Lantana armata* | 란타나Lantana | 레드 세이지Red Sage | 스패니시 플래그Spanish Flag | 와일드 세이지Wild Sage | 옐로우 세이지Yellow Sage | 냄새 나는 꽃Smelly Flower | 웨스트 인디언 란타나West Indian Lantana

의미: 엄혹함.

여러 색깔의 꽃들이 풍성하고 둥그런 모듬을 짓는 란타나 카마라는 열대와 아열대 지역에서는 흔하게 볼 수 있는 야생 식물이다.

516

Lapageria rosea 라파게리아 로세아

라파게리아Lapageria | 칠레 초롱꽃Chilean Bellflower

의미: 완전무결한 선은 없다, 순수한 선이란 없다.

라파게리아 로세아는 열광적인 식물 수집가이기도 했던 프랑스 조세핀 황후의 이름을 따서 지어졌다.

517

Larix decidua 유럽잎갈나무

낙엽송Larch

의미: 배짱 좋음, 대담성.

효능: 화재 방지, 절도 방지, 보호.

유럽잎갈나무는 질기고, 오래가며, 부식에도 강해 요트를 만드는 데 주로 쓰인다. 또 짧은 바늘잎 덕분에 분재의 소재로도 자주 선택된다. 다른 침엽수와 달리 매년 잎을 떨어뜨리고 가을에 그 바늘잎을 잃는다.

518

Lathyrus latifolius 숙근스위트피 (독성)

에버래스팅 피Everlasting Pea | 다년생 완두Perennial Peavine

의미: 약속된 만남, 멀리 떠나지 말아요, 지속되는 기쁨, 나와 함께 가요.

다년생 넝쿨식물로 향이 없는 꽃을 피우는 숙근스위트피는 여름 막바지에 접어들면 앙상하게 마르기 시작한다.

519

Lathyrus odoratus 스위트피

스위트 피Sweet Pea

의미: 만남, 더할 나위 없는 기쁨, 순결, 섬세하고 여린, 떠남, 이별, 당신을 생각합니다. 즐거운 시간을 보내게 해줘서 감사합니다.

효능: 순결, 용기, 우정, 힘.

힘을 얻기 위해 스위트피를 목에 걸기도 했다. 옛날에는 순결을 지키기 위해 스위트피 꽃다발을 꽂은 화병을 방에 두기도 했다. 싱싱한 스위트피 꽃은 굳센 우정을 다지게 한다. 또 상대방이 진실을 이야기하도록 부추기기 위해서는 손에 스위트피를 들고 있어 보라고 한다.

520

Laurus nobilis 월계수

스위트 베이Sweet Bay | 그리스 월계수Grecian Laurel | 달 월계수Moon Laurel | 로마 월계수Roman Laurel | 베이 로렐Bay Laurel | 베이 트리Bay Tree

의미: 바래지 않은 우정, 명성, 영광, 죽을 때까지 변치 않으리, 불멸, 사랑, 찬사, 번영, 명성, 예수의 부활, 힘, 성공, 영광의 상징, 시인의 상징, 승리.

잎: 죽을 때까지 변치 않으리.

리스: 명성, 영광, 보상받을 만함, 신상필벌.

효능: 풍부함, 진보, 예지력, 굳센 의지, 에너지, 우정, 성장, 힐링, 예지몽을 꾸게 하다, 환희, 생명, 빛, 자연력, 심신의 정화, 보호, 액운으로부터 보호, 심한 뇌우 및 번개에서 보호, 영적 능력, 정화, 힘, 성공, 부정적 기운을 물리침, 지혜.

고대 그리스에서는 시인과 영웅, 경기의 우승자를 비롯한 존경받는 지도자들에게 월계수 잎으로 만든 화관을 씌워주었다. 계관시인Poet Laureate이라는 명칭은 명예로운 시인에게 화관을 씌어주던 풍습에서 유래했다. 고대 로마에서는 전쟁에 출정하는 왕과 전사들을 수호하는 의미로 월계수를 사용하기도 했으며, 병자들을 보호하는 의미로 월계수 화환을 거쳐 문 앞에 걸어두기도 했다. 대학 학위 취득자들에게 월계수 화관을 씌워주는 바칼로레아라는 전통도 시작되었다. 예언자들은 월계수 가지를 들고 미래를 점치기도 했다. 또한 월계수를 집 근처에 심으면 가족들을 질병에서 보호해 준다는 속설이 있었으며, 사랑이 내내 지속되기를 바라는 커플은 월계수 가지 한 개를 잘라서 그것을 반으로 나눈 뒤 각자 하나씩 보관하는 풍습도 있었다. 월계수 잎에 소원을 적어서 볕이 잘 드는 땅에 묻거나 태우면 소원이 이뤄진다는 미신도 있었고, 잎을 베개 밑에 넣어두면 예지몽으로 이끈다는 속설도 있었다. 월계수로 만든 부적을 지니면 액운이나 부정적인 기운을 물리칠 수 있다고도 한다.

521

Lavandula angustifolia 라벤더

Lavandula officinalis | *Lavandula spica* | 트루 라벤더True Lavender | 라벤둘라Lavendula | 잉글리시 라벤더English Lavender | 스파이크Spike | 엘프 리프Elf Leaf | 나르두스Nardus | 좁은잎 라벤더Narrow-leaved Lavender

의미: 불변성, 헌신, 믿음, 충실한, 겸손, 사랑.

효능: 액운을 쫓는 부적, 사업상 거래, 비즈니스, 선한 영혼을 부름, 주의, 순결, 영리함, 의사소통, 창의성, 확장, 충실, 행복, 힐링, 명예, 빛, 잠을 청하게 함, 입문, 통찰력, 지성, 배움, 장수, 사랑, 마법, 추억, 평화, 정치, 힘, 보호, 신중함, 대중의 찬사, 정화, 책임감, 왕족, 과학, 자기 보호, 잠, 올바른 판단, 성공, 도둑질, 부유함, 지혜.

라벤더와 로즈마리를 섞었을 때: 순결, 순결을 장려함.

고대 이후 라벤더는 방과 침구는 물론 마음을 편안하게 안정시키는 데 사용되곤 했다. 옛날에는 출산하는 여성들에게 라벤더 가지를 주곤 했다. 그들의 손으로 라벤더를 쓰다듬으면 그 향기가 출산의 고통을 완화시켜 줄 수 있어서였다. 라벤더를 집 안에 두면 평온을 가져다주고 신혼부부에게 그 가지를 주면 행운을 가져다준다고 믿었다. 라벤더 향을 들이마시면 유령을 볼 수 있다고 믿는 이들도 있었다. 라벤더 꽃의 향이 스며든 옷을 입으면 사랑을 불러들이고, 라벤더 향기가 밴 종이에 글을 써서 보내면 사랑하는 이의 마음을 사로잡을 수 있다는 설도 있었다. 집 주위에 라벤더 꽃을 뿌리면 가정을 평온케 하며 침울한 환경을 밝게 끌어올릴 수 있다고 한다.

522

Lavatera 라바테라

로즈 맬로우Rose Mallow | 트리 맬로우Tree Mallow | 로열 맬로우Royal Mallow | 올비아Olbia | 사비니오나Saviniona

의미: 순한 기질.

효능: 죽은 이를 기림, 사랑, 보호.

523

Lawsonia inermis 로소니아 이네르미스 (독성)

헤나Henna | 히나Hina | 미뇨네트 트리Mignonette Tree | 고벨화Camphire | 힌나Hinna

의미: 향기, 외모보다 훨씬 나은 사람, 계략.

효능: 감정, 임신과 출산, 두통의 완화, 건강, 영감, 직관, 사랑, 질병으로부터 보호, 액운으로부터 보호, 잠재의식, 배를 타고 여행.

이것의 잔가지를 가슴에 대고 있으면 사랑이 찾아온다고 한다.

524

Leaves 낙엽들

의미: 우울, 내 사랑은 끝났어요, 슬픔.

525

Leontodon 레온토돈

호크비트Hawkbit | 스코르조네로이데스Scorzoneroides

의미: 매의 눈.

레온토돈은 민들레와 같은 종에 속해 있으며 외관도 몹시 비슷하다. 중세에는 매가 이 꽃을 먹어서 눈이 좋다는 신화적인 믿음이 널리 퍼졌었다.

526

Leontopodium alpinum 에델바이스

에델바이스Edelweiss | 얼음꽃Ice Flower |
알프스 꽃의 여왕Queen of Alpine Flowers

의미: 대담함, 고귀함, 고결한 용기,
고상하고 순수함.

효능: 방탄, 용기, 대담함, 눈에 보이지
않게 함, 힘.

에델바이스는 보호종이기 때문에
이 꽃을 함부로 꺾는 것은 엄격히 금지되어 있다.
에델바이스로 화환을 만들어서 몸에 착용하면 투명
인간처럼 될 수 있다는 속설도 있었다. 마음 깊은 곳에
열망을 품고 있다면 에델바이스를 잘 가꾸면 좋다고 한다.

527

Leonurus cardiaca 사자귀익모초

사자의 귀Lion's Ear | 사자의 꼬리Lion's Tail |
익모초Motherwort

의미: 감춰진 사랑, 창의력, 상상력,
은밀한 사랑.

원래 벌을 끌어들이는 용도로
북아메리카에 들여왔는데 그 뒤 너른 들판이나 쓰레기
하치장, 폐기물 처리장, 기찻길 주변 등에서 자라는 야생
식물이 되었다.

528

Lepidium sativum 큰다닥냉이

가든 크레스Garden Cress | 페퍼 크레스Pepper Cress | 머스터드 앤
크레스Mustard and Cress | 찬드라슈르Chandrashoor | 크레스Cress

의미: 늘 믿을 만한, 힘, 이동해 다니는, 안정성.

효능: 용기, 대담함, 최음 정력제, 눈에 보이지 않게 함, 힘.

옛 마법에서는 큰다닥냉이를
토성과 황소자리 풀로 여겼다.
이것을 마법 공식에 따라 다른
식물들과 배합해서 특히 성과
관련된 주술에 썼다. 땅의 독소를
빨아들이는 능력이 있다는 이 냉이를

심을 때는 그 장소를 특별히 신경 써서 골라야 한다.

529

Leschenaultia splendens 레스케나울티아 스플렌덴스

Lechenaultia splendens | 화려한 진홍색 꽃이
피는 레스케나울티아Splendid Scarlet-flowered
Leschenaultia | 레스케나울티아Leschenaultia

의미: 매력적인 당신.

땅딸막한 관목으로, 꽃 크기가
엄지손톱을 넘지 않아서 화분에 심어
기르기에 적당하다.

530

Leucanthemum vulgare 옥스아이데이지

Chrysanthemum leucanthemum | 문 데이지Moon Daisy | 옥스
아이Ox Eye | 도그 데이지Dog Daisy | 미드섬머 데이지Midsummer
Daisy | 문 플라워Moon Flower | 황무지 데이지Poorland Daisy |
마거리트Marguerite | 가난뱅이풀Poverty Weed | 백인의 풀White
Man's Weed | 황소 데이지Bull Daisy | 버터 데이지Butter Daisy |
버튼 데이지Button Daisy | 도그 블로우Dog Blow | 던 데이지Dun
Daisy | 더치 모건Dutch Morgan | 필드 데이지Field Daisy | 골든
마르게르트Golden Marguertes | 허브 마가렛Herb Margaret | 호스
데이지Horse Daisy

의미: 증표, 유쾌한, 실망, 신의, 결백,
충실한 사랑, 인내, 순수성, 단순함.

효능: 점성술, 사랑점.

옥스아이데이지는 여러 세대에
걸쳐 사랑점을 치는 데 사용되었다.
꽃잎을 하나씩 뜯으면서 "그(그녀)가 나를 사랑한다,
사랑하지 않는다"라는 말을 반복하다가 마지막에 남은
꽃잎이 그 대답이 되는 것이다. 중동 지역에서는 오래된
장식품, 회화, 도자기 등에 옥스아이데이지가 그려진 것이
발견되곤 한다. 고대 켈트족은 이 꽃에 태어나자마자 죽은
아기의 영혼이 깃들어 있다고 믿었다. 봄철에 이 꽃의 꿈을
꾸면 길조지만 가을이나 겨울에 꾸면 흉조라는 얘기도 있다.

531

Levisticum officinale 러비지

러비지Lovage | 차이니스 러비지Chinese Lovage | 러브 루트Love Root | 러브 허브Love Herb | 러브 파슬리Love Parsley | 이탈리안 파슬리Italian Parsley | 이탈리안 러비지Italian Lovage | 러빙 허브Loving herbs | 매기플랜트Maggiplant | 씨 파슬리Sea Parsley

의미: 사랑을 가져다줌, 사랑.

효능: 사람을 끄는 매력, 사랑.

새로운 사람을 만나기 전에 목욕물에 러비지를 풀어 몸을 씻으면 자신의 매력을 한층 끌어올릴 수 있다고 한다.

532

Liatris spicata 리아트리스 스피카타

버튼 스네이크루트Button Snakeroot | 블레이징 스타Blazing Star | 캔자스 게이 페더Kansas Gay Feather | 퍼플 포커Purple Poker | 스파이어Spire | 스파이크Spike | 바닐라 리프Vanilla Leaf | 야생 바닐라Wild Vanilla

의미: 더없는 행복, 환희.

효능: 관능, 심령의 힘.

이 식물을 지니거나 몸에 착용하면 남자들에게 인기를 끈다고 한다. 침대 밑에 두면 남자를 끌어들일 수 있다는 미신도 전해진다.

533

Ligustrum 쥐똥나무속 (독성)

쥐똥나무privet

의미: 침략, 온순함, 금지.

효능: 소통을 증진, 언쟁을 가라앉힘, 에너지를 투명하게 함.

토피어리 예술가들이 자주 변신시키기에 좋은 소재이다. 단순하면서도 환상적인 형태로 가꾸기에 적합하다. 집 가까운 곳에 심어두면 가족 간의 소통을 활발하게 해준다고도 한다. 혹시 갈등 관계에 있는 사람과 조화를 꾀하고 싶다면 쥐똥나무속 식물의 가지가 도움이 될지도 모른다. 그 사람들의 소유물이나 소지품 사이에 그 가지를 놓아두면 하루 안에 분쟁이 해결된다는 미신이 있다.

534

Ligustrum obtusifolium 쥐똥나무 (독성)

쥐똥나무Privet | 유럽 쥐똥나무European Privet | 야생 쥐똥나무Wild Privet

의미: 흉조, 금지.

영국제도에서 유일하게 흔한 자연적인 울타리로, 엘리자베스 1세 시대 때 만들어진 많은 정원들의 울타리가 바로 쥐똥나무이다.

535

Lilium 백합속 (독성)

릴리Lily | 크리논Krinon | 레이리온Leirion

의미: 아름다움, 탄생, 헌신, 신성, 다가가기 힘들게 높은, 명예, 겸손, 장엄, 위풍당당, 독실한, 자부심, 순수, 순수한 마음, 지대한, 상냥하고 겸손한, 하나 된 마음.

특별한 색에 담긴 의미

오렌지색: 욕망, 반감, 혐오, 정열, 복수.
주홍색: 좋은 가문의, 고상한, 높은 기대치.
하얀색: 기념, 당신과 함께해서 말할 수 없이 기쁩니다, 위풍당당, 겸손, 순수, 사교성, 상냥함, 순결, 젊음.
노란색: 흥겨움, 명랑함, 감사, 행복, 날아갈 듯이 기쁨, 장난기 많은 미인.

효능: 사랑의 주문을 깨기, 액운 피하기, 달갑지 않은 손님들 물리치기, 보호, 정화, 진실.

정원에 심어두면 액운을 물리칠 수 있다는 믿음이 있었다. 특정한 인물이 걸어둔 사랑의 주문을 피하려면 백합을 집에 들이거나 몸에 착용해 보라는 이야기도 전해진다. 옛날에는 백합 무리 속에 낡은 가죽 조각 한 개를 묻으면 지난해에 발생한 범죄의 중요한 실마리를 얻을 수 있을 거라고 믿는 이들도 있었다.

536
Lilium auratum 산나리 (독성)

야마유리Yamayuri | 골드밴드 릴리Goldband Lily | 오리엔탈 릴리Oriental Lily | 마운틴 릴리Mountain Lily

의미: 산에 피는 백합, 순수한 마음.

산나리는 진짜 백합들 가운데 하나이다. 강한 향을 풍기고 모든 백합속 가운데 가장 키가 크고 풍성한 꽃이 핀다.

537
Lilium canadense 릴리움 카나덴세 (독성)

캐나다 백합Canada Lily | 필드 릴리Field Lily | 와일드 옐로우 릴리Wild Yellow Lily

의미: 겸손.

여러 색깔의 꽃을 피울 뿐 아니라 1-2.4미터까지 키가 자라서 야생 백합들 가운데 단연코 눈길을 끌 정도로 아름답다.

538
Lilium candidum 릴리움 칸디둠 (독성)

마돈나 릴리Madonna Lily

의미: 순수.

중세에 제작된 성모 마리아의 형상에서 백합을 들고 있는 모습이 자주 보인 까닭에 〈성모 마리아 백합〉이라는

이름을 얻게 되었다. 솔로몬 왕의 성전 기둥들과 놋대야에도 새겨져 있다.

539
Lilium columbianum 콜롬비아나리 (독성)

타이거 릴리Tiger Lily | 콜롬비아 릴리Columbia Lily

의미: 부유함, 자부심, 번영.

효능: 보호.

540

Lilium longiflorum 백합

재패니즈 이스터 릴리Japanese Easter Lily | 긴 관 하얀 백합Longtubed White Lily | 트럼펫 릴리Trumpet Lily | 화이트 트럼펫 릴리White Trumpet Lily | 천국으로 가는 사다리Ladder to Heaven | 마리아의 눈물Mary's Tears | 11월의 백합November Lily | 눈의 여왕Snow Queen | 버뮤다 릴리Bermuda Lily

의미: 순수.

효능: 고용, 행운, 힘, 보호, 도박.

백합은 1681년까지 거슬러 올라가는 일본에서 가장 오래된 원예 서적에도 등장한다. 전설에 따르면 이브가 에덴동산을 떠나며 흘린 회한의 눈물이 떨어진 곳에서 피어난 꽃이 백합이라고 한다. 고대 미노스 문명이 소멸된 것은 기원전 3500년경인데 당시 제작된 도자기에서도 백합 그림이 자주 눈에 띈다. 미노스 문명보다 더 오래된 히브리 문명에서 슈산shusan은 백합이라는 뜻이다.

541

Lilium regale 레갈레나리 (독성)

로열 릴리Royal Lily | 크리스마스 릴리Christmas Lily | 리갈 릴리Regal Lily

의미: 장엄한 아름다움.

이 나리는 저녁 무렵에 가장 진한 향을 풍긴다.

542

Lilium speciosum 일본나리 (독성)

일본 나리Japanese Lily

의미: 행운, 사랑 안에서 영원히, 당신은 날 속일 수 없어요.

사랑스러운 일본나리를 두고 옛 중국의 철학자는 이렇게 말했다. "만약 빵 두 덩어리를 가지고 있으면 한 개를 팔아 일본나리를 사라."

543

Lilium superbum 미국터번나리 (독성)

미국참나리American Tiger Lily | 터번 나리Turban Lily | 스웜프 릴리Swamp Lily | 터키모자 나리Turk's Cap Lily

의미: 기사도, 기사, 자부심, 부유함, 염세.

효능: 보호.

544

Limonium 스타티스

스타티스Statice | 마시 로즈마리Marsh-Rosemary | 씨 라벤더Sea Lavender

의미: 당신이 그립습니다, 추모, 아주 기뻐하는, 오래가는 아름다움, 성공, 공감.

진한 보라색부터 더 밝은 라벤더 계열까지 아우르는 스타티스 꽃자루는 생화든 말린 것이든 플로럴 어레인지먼트에서 다른 꽃들을 돋보이게 하는 용도로 많이 사랑받는다.

545

Limonium caspia 리모니움 카스피아

카스피아Caspia | 미스티Misty | 저먼 스타티스German Statice

의미: 아주 기뻐하는.

리모니움 카스피아의 줄기는 다른 꽃들을 돋보이게 하는 역할 때문에 플로리스트들이 애용하는 소재이다. 자그맣고 환한 흰색 꽃들이 가지 끄트머리에 자잘하게 피어 있는 것이 다발로 보면 마치 안개를 보는 느낌이다.

546

Limosella aquatica 등포풀

머드워트Mudwort

의미: 평온, 평정.

주로 진흙이 많은 물가에서 자라는 모습이 자주 발견되곤 한다.

547

Linum usitatissimum 아마

플랙스Flax | 린시드Linseed | 티시Tisi | 알라시Alashi | 아가시Agasi | 자바스Javas

의미: 신으로부터 받은 은혜, 당신의 친절함이 느껴집니다. 친절, 금전, 아름다움, 후원자, 가내 공업, 운명, 천재.

말린 아마: 유용성.

효능: 아름다움, 건강, 행운, 금전, 보호, 정화.

아마는 역사적으로 가장 오래된 직물 원료 가운데 하나로 고대 이집트 시대부터 작물로 재배하기 시작했다. 그런데 조지아의 한 동굴에서 선사시대에 염색을 한 것으로 추측되는 섬유 조직이 발견되었는데, 분석 결과 그 시기가 적어도 기원전 3만 년 전으로 추정된다고 한다. 북유럽에서 아마를 직물로 짜기 시작한 시기는 신석기시대로 거슬러 올라간다. 아마를 동전 몇 개와 함께 주머니에 넣고 있으면 금전운이 상승한다는 설도 있었다. 옛사람들은 악한 주술로부터 보호받기 위해 아마 꽃을 몸에 착용하기도 했으며 가정을 수호하기 위해 레드 페퍼와 아마 씨앗을 함께 상자에 넣어 보관하기도 했다. 악의적인 주술을 피하기 위해 아마 씨앗을 부적에 넣어서 몸에 지니기도 했고 또 빈궁해지는 것을 피하고자 아마 씨앗을 신발, 호주머니, 지갑 같은 곳에 넣어두곤 했다. 집 안에 제단이 있다면 반짝이는 동전과 함께 아마를 올려두면 가난해지는 것을 피할 수 있다는 믿음도 있었다.

548

Liquidambar styraciflua 미국풍나무

아메리칸 스토락스American Storax | 스위트검Sweetgum | 사틴 월넛Satin-walnut | 부두 위치 버Voodoo Witch Burr

의미: 흐르는, 유동적인.

효능: 보호.

리퀴담바르(풍나무)라는 이름은 대체로 풍향지Liquidambar라고 알려진 향기 있고 노르스름한 수액에서 비롯됐다. 또한 둥글고 끈적거리는 꼬투리는 마녀의 공이라고도 부른다.

549

Liriodendron tulipifera 백합나무

말안장잎 나무Saddle Leaf Tree | 옐로우 포플러Yellow Poplar | 카누우드Canoewood | 튤립 포플러Tulip Poplar | 튤립나무Tulip Tree | 화이트 우드White Wood

의미: 명성, 시골살이의 행복.

백합나무 꽃은 아주 크고 튤립과 비슷하게 생겼다. 북중미 지역에서 가장 키가 큰 나무 가운데 하나인데 현재까지 지구상에서 가장 큰 백합나무는 그 키가 무려 61미터에 달한다.

550

Lithops 리톱스

스톤 페이스Stone Face | 스톤 플랜트Stone Plant | 살아 있는 돌Living Stones | 꽃피는 돌Flowering Stone | 자갈풀Pebble Plants

의미: 뻔히 드러나는 곳에 숨은, 회복, 생존.

아프리카 사막이 원산지인 리톱스는 그 형태나 크기, 색이 돌과 흡사한 매우 흥미로운 식물이다. 줄기 대부분이 땅에 박혀 있고, 둥그스름하고 볼록하게 쌍을 이룬 잎은 꼭 붙어 있어서 그 사이에 가느다랗게 열린 은빛 틈으로 빛을 받아들인다. 리톱스는 잎을 한 쌍 이상 갖는 경우가 드문데 그들이 죽으면 그 가운데서 다른 한 쌍이 올라온다. 또한 타고난 위장꾼이라 할 만한데 현재도 새로운 종들이 꾸준히 발견되고 있다.

551

Lobelia erinus 로벨리아 (독성)

인디언 타바코Indian Tobacco │
로렌티아Laurentia │ 투파Tupa │
구토풀Vomitwort │ 천식풀Asthma Weed │
블래더포드Bladderpod │ 하이날디아Haynaldia

의미: 악의, 증오.

효능: 폭풍우를 멈추게 함, 힐링, 사랑.

폭풍우가 다가오고 있을 때 이것의
말린 가루를 그 방향으로 뿌리면 폭풍우를
멈추게 할 수 있다는 전설이 전해진다.

552

Lobelia cardinalis 붉은숫잔대 (독성)

Lobelia fulgens │ 스칼렛 로벨리아Scarlet
Lobelia │ 카디널 플라워Cardinal Flower │
인디언 핑크Indian Pink

의미: 늘 사랑스러운,
화려함, 승진, 탁월함.

효능: 피해, 손상, 치유.

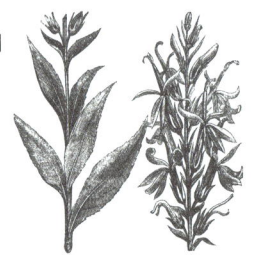

553

Lolium perenne 호밀풀

라이그래스Ryegrass

의미: 변덕스런 기질, 악덕.

곡물인 호밀Secale cereale과 혼동해선 안
된다.

554

Lolium temulentum 독보리 (독성)

Lolium annuum │ *Lolium berteronianum* │ 라이 그래스Rye
Grass │ 포이즌 다넬Poison Darnel │ 이브레Ivraie

의미: 부재, 허영심은 장점이 없는 아름다움이다,
악덕.

독보리는 아주 오랫동안 유일하게 독성을 가진
풀로 잘못 알려져 있었다.

555

Lonicera caprifolium 로니케라 카프리폴리움

코럴 허니서클Coral Honeysuckle │
이탈리안 우드바인Italian Woodbine │
우드바인Woodbine │ 더치
허니서클Dutch Honeysuckle │
염소 잎Goat's Leaf

의미: 당신을 사랑합니다,
다정한 기질, 내 운명의 색.

효능: 영적인 인상을 깨닫는
이해력을 높임, 금전, 보호, 심령의 힘.

화병에 꽂아 집에 두면 금전운이
상승한다고 한다. 꽃을 이마에 붙이고 있으면 영적인
능력이 상승한다고 믿기도 했으며 집 가까운 곳에 심어두면
행운이 온다고도 믿었다.

556

Lonicera japonica 인동덩굴

금은화Geumeunhwa │ 재패니즈
허니서클Japanese Honeysuckle

의미: 애정, 사랑의 결속,
헌신적인, 관대한.

효능: 금전, 보호.

557

Lonicera periclymenum 더치인동

허니서클Honeysuckle │ 유러피언 허니서클European Honeysuckle

의미: 애정, 사랑의 결속, 헌신적 애정, 헌신적 사랑, 가정의
행복, 변하기 쉬운, 변덕, 당장 대답하진 않겠습니다,
지속적인 기쁨, 항구적이며 견고한, 착실함.

효능: 신의, 관대함,
행복, 금전, 보호.

558

Lonicera xylosteum 파리괴불나무

유러피언 플라이 허니서클European Fly Honeysuckle | 플라이 우드바인Fly Woodbine | 와일드 허니서클Wild Honeysuckle | 드워프 허니서클Dwarf Honeysuckle

의미: 사랑의 결속, 헌신적인 애정, 가정의 평화, 지속적인 기쁨, 항구적이며 견고한.

효능: 금전, 보호.

559

Lotus corniculatus 서양벌노랑이

버드풋 디어베치Birdfoot Deervetch | 버터 앤 에그Butter and Eggs | 에그 앤 베이컨Eggs and Bacon | 디어 베치Deer Vetch

의미: 취소, 철회, 응징, 복수.

560

Lotus maritimus 로투스 마리티무스

Tetragonolobus maritimus | 용의 이빨Dragon's Teeth | 바다 용Sea Dragon

의미: 보호자.

효능: 보호.

561

Lunaria 루나리아

머니 플랜트Money Plant | 실버 달러 플랜트Silver Dollar Plant | 어니스티Honesty | 루나리Lunary | 새틴 플라워Satin Flower

의미: 나를 잊은 건가요, 소홀, 매혹, 정직, 은밀한 사랑, 성실.

효능: 금전, 보호.

금전운을 끌어올리는 방법이 한 가지 있다. 루나리아 씨앗 한 개를 촛대의 홈에 넣고 그 위에 녹색 초를 꽂은 뒤 초가 다 탈 때까지 태운다. 또 다른 방법으로는 루나리아 씨앗 한 개를 지갑이나 호주머니에 넣고 다녀보는 것도 있다.

562

Lupinus 루피너스 (독성)

늑대 꼬리Wolf's Tale | 루피니Lupini | 루핀Lupin | 블루 피Blue Pea | 늙은 하녀의 모자Old Maid's Bonnet | 퀘이커 모자Quaker Bonne | 와일드 빈Wild Bean | 와일드 피Wild Pea

의미: 낙담, 상상, 탐욕스러움.

야생 루피너스를 지그시 들여다보고 있으면 요정의 세계로 통하는 문을 열어줄지도 모른다.

563
Lupinus texensis 루피누스 텍센시스 (독성)

블루보닛Bluebonnet | 텍사스 블루보닛Texas Bluebonnet | 버펄로 클로버Buffalo Clover | 울프 플라워Wolf Flower

의미: 용서, 자기희생, 생존.

효능: 망자를 기억함, 생존을 위한 투쟁.

이 꽃이 텍사스 지역에 확산된 계기는 야생화 마니아인 미국의 영부인 레이디버드 존슨Ladybird Johnson 여사 때문이었다. 모든 화초들에 지속적인 애정과 관심을 기울였던 존슨 여사는 미국 고속도로 미화 운동을 펼치면서 고속도로 중앙 분리대와 철로가에 여러 식물들을 심도록 장려했다. 레이디버드 법(Ladybird's Bill, 레이디버드 여사가 주창한 일종의 환경 미화 법안)이라는 정겨우면서도 분명한 뜻이 담긴 명칭도 여기서 유래한 것이다.

564

Lychnis chalcedonica 칼케돈동자꽃

로즈 캠피온Rose Campion | 예루살렘 십자가Jerusalem Cross | 정원사의 눈Gardener's Eye | 런던 프라이드London Pride | 예수의 눈물Tears of Christ | 불타는 사랑Burning Love | 콘스탄티노플 캠피온Constantinople Campion | 더스키 새먼Dusky Salmon | 불덩어리Fireball | 정원사의 기쁨Gardener's Delight | 커다란 촛대Great Candlestick | 기사의 십자가Knight's Cross | 레드 로빈Red Robin | 진홍색 번갯불Scarlet Lightning

의미: 종교적 열의, 반짝반짝 빛나는 눈.

혹시 정원에 강렬한 붉은색의 아름다운 꽃이 필요하다면 칼케돈동자꽃이야말로 탁월한 선택일 것이다.

565
Lychnis flos-cuculi 갈기동자꽃

쿠쿠 플라워Cuckoo Flower | 래그드 로빈Ragged Robin | 메도우 리크니스Meadow Lychnis | 메도우 핑크Meadow Pink

의미: 재치, 기지.

갈기동자꽃은 성 바르나바(1세기 중반 초대 그리스도교 전도자)에게 헌정된 야생화이다.

566
Lycopodiopsida 석송류

석송Club Moss | 그라운드 파인Ground Pine | 여우꼬리Foxtail | 늑대 발톱Wolf Claw | 베지터블 설퍼Vegetable Sulfur | 셀라고Selago

의미: 보호.

효능: 상거래, 총명, 의사소통, 독창성, 지성, 추억, 힘, 보호, 학문, 도난.

567

Lycoris radiata 석산 (독성)

붉은 거미 나리Red Spider Lily

의미: 풍부함, 내세의 꽃, 희망을 품지만 슬픈 운명의 연인들, 다시 만나지 못하리.

효능: 죽은 이를 다음 생으로 인도함.

568

Lysimachia nummularia 리시마키아

Lysimachia zawadzki | 2펜스 동전풀Twopenny Grass | 크리핑 제니Creeping Jenny | 머니워트Moneywort | 골디락스Goldilocks | 2펜스 허브Herb Twopence

의미: 질질 끄는, 느슨한, 동전을 닮은 모양, 중재, 불화, 갈등에서 벗어남.

효능: 금전, 평화, 마음의 평화.

569

Lythrum anceps 부처꽃

리트룸Lythrum | 루즈스트라이프 Loosestrife | 살리카리아Salicaria | 블루밍 샐리Blooming Sally | 퍼플 윌로우 허브Purple Willow Herb | 세이지 윌로우Sage Willow

의미: 허세, 가식, 겉치레.

효능: 평화, 보호.

친구와 분쟁을 해결하고 싶다면 부처꽃을 선물해 보라는 말이 있다. 또 집 주변에 뿌려두면 평온한 기운이 퍼지면서 액운을 막아준다는 속설도 있다.

570

Lythrum salicaria 털부처꽃

퍼플 루즈스트라이프Purple Loosestrife | 보라색 부처꽃Purple Lythrum | 스파이크드 루즈스트라이프Spiked Loosestrif

의미: 허세, 겉치레.

효능: 우정, 조화, 평화, 보호.

실내에서 조화를 꾀하고 싶다면 방의 각 구석에 털부처꽃을 놓아볼 일이다.

571

Macadamia tetraphylla 마카다미아 (독성)

마카다미아Macadamia | 마카다미아 너트Macadamia Nut | 맥 너트Mac Nut | 퀸 오브 넛츠Queen of Nuts | 퀸즈랜드 너트Queensland Nut | 보플 너트Bauple Nut | 붐베라 Boombera | 부시 너트Bush Nut

의미: 기발한 재주.

효능: 임신과 출산, 처음, 정력제.

마카다미아의 껍질은 너무 단단해서 망치처럼 뭉툭한 도구를 써서 깨야 한다. 히아신스마코금강앵무는 오로지 부리로만 마카다미아의 껍질을 깰 수 있는 흔치 않은 동물들 가운데 하나다.

572

Magnolia acuminata 황목련

큐컴버 트리Cucumber Tree | 큐컴버 매그놀리아Cucumber Magnolia

의미: 투지, 결단력, 위엄.

효능: 인내.

황목련은 같은 종 가운데 저온에 가장 강하고 크게 자라는 나무 가운데 하나이다.

573

Magnolia grandiflora 태산목

불 베이Bull Bay | 에버그린 매그놀리아Evergreen Magnolia | 큰 꽃 매그놀리아Large-flower Magnolia | 서던 매그놀리아Southern Magnolia | 빅 로렐Big Laurel

의미: 아름다움, 고귀함, 위엄 있는, 자연에 대한 사랑, 장엄, 비할 데 없이 뛰어나며 자부심 높은, 끈기, 상냥함, 당신은 자연 애호가이군요.

태산목은 미국 남동부가 원산지여서 일명 서던 매그놀리아Southern Magnolia라고도 한다. 공룡시대까지 거슬러 올라가는 화석으로 볼 때 태산목이야말로 지구상에서 가장 오래된 개화식물로 여겨진다. 태산목을 침대 밑에 두면 상대방의 신의가 지속된다고 한다.

574

Magnolia splendens 마그놀리아 스플렌덴스

샤이닝 매그놀리아Shining Magnolia | 로렐 매그놀리아Laurel Magnolia | 월계수잎 매그놀리아Laurel-leaved Magnolia | 로렐 사비노Laurel Sabino

의미: 위엄.

효능: 신의.

마그놀리아 스플렌덴스는 향목이다.

575

Magnolia virginiana 버지니아목련

스위트베이 매그놀리아Sweetbay Magnolia | 화이트베이Whitebay | 스위트베이Sweetbay | 비버 트리Beaver Tree

의미: 자연 애호, 인내.

버지니아목련은 1600년대 후반부터 잉글랜드에서 재배되기 시작한 최초의 목련나무라 할 수 있다.

576

Magnolia x soulangeana 접시꽃목련

차이니스 매그놀리아Chinese Magnolia | 소서 매그놀리아Saucer Magnolia

의미: 자연 애호, 자연의.

접시꽃목련나무로 만든 지팡이를 가진 마법사는 핵심 마법을 수행할 수 있고 땅의 영들에게 더욱 가까워질 수 있다고 믿었다. 꽃을 침대 밑에 두면 상대방의 신의를 지속시킬 수 있다는 설도 있었다.

577

Mahonia aquifolium 뿔남천

Berberis aquifolium | 캘리포니아 바베리California Barberry | 오리건 그레이프Oregon Grape | 록키 마운틴 그레이프Rocky Mountain Grape | 와일드 오리건 그레이프Wild Oregon Grape | 트레일링 그레이프Trailing Grape

의미: 신경질적인 미인.

효능: 금전, 번영.

뿔남천 한 조각을 지니고 있으면 금전운이 상승하며 가정의 안전도 보장된다는 믿음이 있었다. 뿌리를 지니고 있으면 인기가 올라간다는 말도 있다.

578

Malus domestica 사과나무 (독성)

사과나무Apple Tree | 오키드 애플 트리Orchard Apple Tree

의미: 미술, 시, 사랑, 평화로운 합의의 지속, 유혹, 변신.

꽃: 요염, 호색, 최음, 정력제, 더 좋은 일이 일어날 것입니다, 명성이 말해줍니다, 임신과 출산, 행운, 그는 당신을 더 좋아합니다, 황홀한 사랑, 평화, 애호, 관능성.

열매: 오래 끄는 사랑, 모성애, 실재하는 사랑, 순수성, 자제력, 절제, 유혹, 미덕.

효능: 정원의 축복, 정원의 마법, 힐링, 불멸, 사랑, 변신.

사과는 다수의 경전들에 등장하는데 대부분은 금단의 열매로 묘사된다. 종교나 구전, 신화 등에서 언급되는 사과라는 단어는 적어도 17세기까지는 열매, 심지어 견과까지 포괄적으로 지칭했던 것으로 보인다. 물론 그것이 실제 사과를 특정한 것인지, 아니면 다른 것들까지 총칭해서 한 건지는 확실치 않다. 사과로 치는 간단한 점도 있다. 먼저 사과를 절반으로 자른 뒤 그 안의 씨앗이 몇 개인지 센다. 그 수가 홀수이면 점을 치는 사람은 가까운 시일 내에 결혼할 가능성이 없다. 반면 짝수이면 머지않아 결혼할 수 있다. 만약 씨앗 한 개가 갈라졌다면 그 관계는 불안하고 두 개가 갈라졌으면 배우자를 잃을 것이라는 예언으로 보았다. 사과를 먹기 전에는 그 안에 내재하고 있을 나쁜 기운을 제거하기 위해 껍질을 문지른다.

579

Malus floribunda 꽃사과나무 (독성)

재패니즈 플라워링 크랩애플Japanese Flowering Crabapple | 초크베리Chokeberry | 일본 능금나무Japanese Crab | 스노위 크랩애플Snowy Crabapple

의미: 심술궂음, 나쁜 성질.

봄이 되면 잎이 나기 전에 화려한 분홍색 꽃무리를 선보인다.

580

Malva moschata 모스카타접시꽃

머스크 맬로우Musk Mallow

의미: 아이처럼 철없음, 미성숙.

향이 좋은 모스카타접시꽃은 여름 내내 꽃을 피운다.

581

Malva sylvestris 당아욱

Malva erecta | *Malva mauritiana* | *Malva silvestris* | 치즈케이크Cheesecake | 블루 맬로우-Blue Mallow | 컨트리 맬로우-Country-mallow | 와일드 맬로우-Wild Mallow | 우드 맬로우-Wood Mallow | 하이 맬로우-High Mallow | 마르바 픽 치즈 Marva Pick-Cheese

의미: 사랑에 불타는, 설득.

효능: 사랑, 보호.

서양에서는 중세 이후부터 5월 첫째날에 행해지는 오월제 때 당아욱 꽃들을 섞은 화환과 리스를 만들었다.

582

Malvaceae 아욱과

아욱Mallow | 말바Malva

의미: 사랑에 불타, 잔혹한 연애, 섬세한 아름다움, 선량하고 친절한, 온순함, 상냥함.

효능: 사랑, 보호.

583

Mandevilla 만데빌라

디플라데니아Dipladenia | 에리아데니아Eriadenia

의미: 무분별.

만데빌라 덩굴은 그늘이 필요하다. 따라서 간접 조명이나 반그늘에서 잘 자란다.

584

Mandragora 만드라고라 (독성)

맨드레이크Mandrake | 맨드레이크 루트Mandrake Root | 키르케의 허브Herb of Circe | 마법사의 뿌리Sorcerer's Root | 와일드 레몬Wild Lemon | 마녀의 마네킹Witch's Mannikin

의미: 흔치 않은 것, 공포, 확인, 결핍, 비명, 사랑을 대체하는 사악함.

효능: 최음, 정력제, 흑마술, 주의, 죽음, 믿음, 임신과 출산, 건강, 입문, 배움, 사랑, 관능, 금전, 성적 능력, 이해력을 증진, 열정을 키움, 불임, 보호, 신중함, 자기 보호, 올바른 판단, 급사, 지혜.

사람을 닮은 만드라고라 뿌리 형상을 보면 이 식물에 악마가 깃들어 있다고 두려워한 이유가 이해된다. 그래서 만드라고라를 땅에서 파낼 때 무시무시한 비명이 들리고 그 소리를 들은 사람은 죽음에 이를 것이라는 설도 있었다. 마녀들이 주술을 걸 때 만드라고라 뿌리를 자주 사용했다는 이야기도 있다. 뿌리와 관련해 전해지는 미신들은 이외에도 또 있다. 만드라고라 뿌리 한 개를 지니면 행운이지만 그것이 시들기 전에 팔되 원래 샀던 가격보다 싼 가격에 팔아야 한다는 것이다. 또한 이 뿌리를 공짜로 얻은 사람은 악마의 마수에 걸려들었기 때문에 그 사람은 결코 자유로울 수가 없다.

585

Maranta arundinacea 마란타 아룬디나케아

아라루Araru | 버뮤다 애로우루트Bermuda Arrowroot | 순종의 식물Obedience Plant

의미: 순종.

효능: 걸쭉하고 진한.

586

Maranta 마란타

기도풀Prayer Plant

의미: 기도.

효능: 탄원.

587

Marrubium vulgare 호하운드

호하운드Hoarhound | 황소의 피Bull's Blood | 병사의 차Soldier's Tea | 화이트 호하운드White Horehound | 이븐 오브 더 스타Even of the Star | 시드 오브 혼 Seed of Horns

의미: 불, 모방.

효능: 균형, 맑은 정신, 정신력, 보호, 정화.

호하운드를 지니면 마법에 미혹당하지 않고 악한 주술로부터도 보호받을 수 있다.

588

Matthiola 마티올라

마티올라Mathiola | 스토크Stock

의미: 애착 관계, 당신은 언제나 내게 아름다운 사람, 지속되는 아름다움, 신속함, 민첩함.

굉장히 좋은 향을 풍기는 식물이다. 주로 야생에서 자라지만 향과 색을 이용하기 위해 정원에서 재배하기도 한다.

589

Matthiola incana 스토크

텐 위크 스토크Ten Week Stock | 호어리 스토크Hoary Stock

의미: 애착 관계, 오래 지속되는 아름다움, 당신은 언제나 내게 아름다운 사람, 신속함.

스토크는 유달리 밤에 강한 향을 풍긴다.

590

Maurandya barclayana 마우란디아 바르클라이아나 (독성)

Maurandya barclaiana | 천사의 나팔 덩굴Angel's Trumpet Vine | 멕시칸 바이퍼Mexican Viper

의미: 치명적 중독.

찰스 다윈이 덩굴식물에 대해 깊이 연구한 결과물인 〈덩굴식물의 움직임과 습성The Movements and Habits of Climbing Plants〉에서 언급한 식물 가운데 하나가 이것이다.

591

Medicago sativa 자주개자리

알팔파Alfalfa | 버펄로 허브Buffalo Herb | 버클로버Burclover | 퍼플 메딕Purple Medic | 루체른 풀Lucerne Grass

의미: 존재, 실재.

효능: 풍부함, 굶주림을 막고 재물을 끌어들임, 금전, 번영, 재정적 위기로부터 보호.

자주개자리를 태운 재를 집 주변에 뿌려두면 가족이 빈곤이나 굶주림으로 고통당하지는 않는다는 설이 있었다. 자주개자리와 음식을 함께 넣은 병이나 단지를 창고에 보관해 두면 음식이 떨어지는 일이 없을 거라는 말도 있었다.

592

Melampodium 멜람포디움

Melampodium divaricatum | 블랙풋 데이지Blackfoot Daisy | 버터 데이지Butter Daisy | 스타 데이지Star Daisy | 가짜 칼렌둘라False Calendula | 황금메달꽃Gold Medallion Flower | 플레인 블랙풋Plains Blackfoot

의미: 검은 발, 예언자, 점쟁이.

효능: 점성술, 미래 예견, 예언.

사실 전혀 별개의 식물임에도 멜람포디움은 치명적 독을 품은 헬레보루스Helleborus라는 이름으로 알려지기도 했다. 이 혼동은 그리스 신화에서 비롯됐다. 디오니소스 신이 아르고스 왕국의 여자들에게 독을 쓰자 여자들은 미쳐서 나체 상태로 비명을 질러대며 거리를 달렸다. 그러자 필로스의 멜람푸스는 독초인 헬레보루스를 써서 그 독을 제거했다고 한다.

593
Melianthus major 멜리안투스 마요르 (독성)

허니 플라워Honey Flower | 자이언트 허니 플라워Giant Honey Flower

의미: 너그러운 애정, 달콤하면서도 은밀한 사랑, 은밀한 사랑, 상냥한 기질.

땅콩버터 같은 향을 풍긴다.

594
Melissa officinalis 레몬밤

멜리사Melissa | 밤Balm | 밤 민트Balm Mint | 가든 밤Garden Balm | 스위트 멜리사Sweet Melissa | 스위트 메리Sweet Mary | 심장의 기쁨Heart's Delight | 레몬 발삼Lemon Balsam | 허니 리프Honey Leaf | 생명의 영약Elixir of Life | 젠틀 밤Gentle Balm

의미: 사랑을 부르는, 치유, 재건, 공감, 농담, 사교적인 언사, 사교, 소망이 채워짐.

효능: 사랑, 성공, 힐링.

엘리자베스 1세 시대의 런던 사람들은 불결한 거리에서 풍기는 악취를 피하려고 레몬밤 다발을 들고 다니면서 수시로 향을 들이마셨다고 한다. 레몬밤을 지니면 사랑이 찾아온다는 속설도 있었다. 또 새로 지은 벌통에 레몬밤을 문질러 바르면 원래 살던 벌들은 물론 새 벌들까지 끌어모으는 효과가 있었다. 레몬밤은 힐링 효과도 증진시킨다.

595
Mentha 박하속

민트Mint | 굿 허브Good Herb | 예르바 부에나Yerba Buena

의미: 사랑, 원기회복, 온기, 따스한 느낌, 미덕, 덕성과 지혜.

효능: 결속, 역사, 지식, 한계, 관능, 죽음, 금전, 장애물, 보호, 질병으로부터 보호, 시간, 여행.

596
Mentha piperita 페퍼민트

Mentha balsamea | 멘타 피페리타Mentha x piperita | 브랜디 민트Brandy Mint | 램민트Lammint | 페퍼민트Peppermint

의미: 상냥함, 진심 어린 행동, 사랑, 따스한 느낌.

효능: 사랑, 정신의 힘, 정화, 잠.

싱그러운 페퍼민트 잎의 향기를 들이마시면 숙면에 도움이 된다. 옛사람들은 페퍼민트 잎을 베개 밑에 넣어두면 예지몽을 꾸게 될 수도 있고 페퍼민트 잎으로 벽과 가구, 집 주변을 문지르면 나쁜 에너지를 털어낼 수 있다고 믿었다. 페퍼민트 잎을 핸드백이나 지갑 안에 넣어두면 금전운이 상승한다고도 여겼다.

597
Mentha pulegium 페니로열민트 (독성)

페니로열 민트Pennyroyal Mint | 유러피언 페니로열European Pennyroyal | 푸딩 그래스Pudding Grass | 틱위드Tickweed | 오르간 브로스Organ Broth | 모기풀Mosquito Plant | 오르간 티Organ Tea

의미: 달아나다, 멀리 가다.

효능: 추방, 신성화, 힘, 평화, 보호.

여행자가 페니로열민트 잎을 신발에 넣어두면 피로감을 덜어주는 효과가 있다고 한다. 또 이 민트의 잔가지를 몸에 두르거나 걸면 액운을 물리친다고 한다. 사업상 계약을 할 때도 이 잔가지를 몸에 지니면 유리하게 진행된다는 속설이 있다.

598

Mentha spicata 스피어민트

가든 민트Garden Mint | 그린 민트Green Mint | 램 민트Lamb Mint |
아워 레이디스 민트Our Lady's Mint | 브라운 민트Brown Mint |
스피어 민트Spear Mint

의미: 타오르는 사랑, 따스한 기분, 훈훈한 감정.

효능: 최음 정력제, 성적 능력을 높임, 힐링, 겸허의 미덕, 사랑, 맑은 정신, 정신력, 정열, 미덕.

고대 로마와 그리스에서는 스피어민트가 성적 욕구를 높인다는 이야기가 있었다. 또 연회를 열 때 환대의 표시로 테이블에 스피어민트를 문질러 두곤 했다. 스피어민트 향을 맡으면 정신을 더욱 예리하게 가다듬을 수 있다고도 여겨졌다. 그래서 고대 로마에서 학자들은 두뇌를 자극하기 위해 스피어민트로 만든 화관을 쓰도록 권장받았다.

599

Menyanthes trifoliata 조름나물 (독성)

버크빈Buckbean | 보그 빈Bog-Bean |
비터클리Bitterklee

의미: 침착하고 평온한, 평온, 고요, 휴식.

두툼한 뿌리를 가진 조름나물은 주로 물가나 늪지대에서 자라 대규모 늪지를 조성하는 데 기여한다.

600

Mercurialis leiocarpa 산쪽풀

머큐리Mercury | 디스코플리스Discoplis |
시노크람베Cynocrambe

의미: 선량함.

효능: 정화를 도움, 점성술, 뇌우.

601

Mesembryanthemum crystallinum 아이스플랜트 (독성)

아이스 플랜트Ice Plant | 페블 플랜트Pebble Plant

의미: 거절당한 편지, 냉담한 마음, 당신의 모습에 나는 얼어붙고 말았습니다, 불감증, 나태.

이 식물은 구형 세포 위에 햇살이 비칠 때 반짝거리는 모습에서 아이스 플랜트Ice Plant라는 이름을 얻었다.

602

Mimosa pudica 미모사

험블 플랜트Humble Plant | 셰임풀 플랜트Shameful Plant | 잠자는 풀Sleeping Grass | 날 만지지 마세요Touch-Me-Not | 무빙 플랜트Moving Plant | 개미풀Ant Plant | 센서티브 플랜트Sensitive Plant

의미: 수줍은 사랑, 숫기 없음, 섬세한 감정, 의기소침, 겸손, 감정, 예민함, 소심증.

효능: 동요.

603

Mirabilis jalapa 분꽃

이브닝 플라워Evening Flower | 오후 4시의 꽃Four O'Clock Flower | 퍼플 자스민Purple Jasmine | 라이스 볼링 플라워Rice Boiling Flower | 페루의 경이Marvel of Peru | 샤워 플라워Shower Flower

의미: 사랑의 불꽃, 소심증.

분꽃은 오후 4시경 또는 황혼녘에 꽃잎을 편다고 해서 〈오후 4시의 꽃Four O'Clock Flower〉이라는 별명을 얻었다. 저녁나절에 꽃잎을 젖힌 뒤 밤새 향기를 뿜어낸다. 분꽃은 한해살이 풀이다.

604

Mitraria 미트라리아

Mitraria coccinea | 칠레 미트레 플라워Chilean Mitre Flower

의미: 아둔함, 나태.

미트라리아는 커다란 진홍색 꽃이 핀다. 무성하게 뻗어나가는 덩굴식물로, 차단막을 만들 수 있을 만큼 담장 위를 두텁게 덮는다.

605

Moluccella laevis 조개꽃

조개꽃Shell Flower | 아일랜드의 종Bells of Ireland | 몰루카 발미스Molucca Balmis

의미: 행운, 길조, 고마움, 엉뚱한 생각.

빨리 자라는 한해살이 식물이다. 종 또는 조개껍질 모양으로 꽃과 거의 비슷해 보이는 둥그스름한 연한 녹색 잎들로 덮인 근사한 줄기가 90여 센티미터나 되어 눈에 잘 띈다. 줄기는 쉽게 마른다.

606

Monarda didyma 베르가못

베르가못Bergamot | 비 밤Bee Balm | 레드 베르가못Red Bergamot | 크림슨 비 밤Crimson Bee Balm | 아메리칸 비 밤American Bee Balm | 스칼렛 비 밤Scarlet Bee Balm | 골드 멜리사Gold Melissa | 스칼렛 모나르다Scarlet Monarda | 인디언 네틀Indian Nettle

의미: 당신은 너무 자주 맘을 바꾸네요, 당신의 엉뚱한 기행을 참을 수 없어요.

보스턴 티 파티(1773년 미국 식민지 주민들이 영국으로부터의 차 수입을 저지하기 위해 일으켰던 사건) 이후 수입 차를 대체하는 애국적인 대용품으로 이름을 날렸다. 또한 불확실한 상황에 명확성을 부여하고 혼란스러운 상황을 정리하는 데 도움을 주는 식물로 알려졌다.

607

Monotoca scoparia 모노토카 스코파리아

Styphelia scoparia | 꺼끌꺼끌한 빗자루 히스Prickly Broom Heath

의미: 염세(사람을 싫어함).

효능: 점성술, 보호, 정화, 바람의 마법.

608

Monstera deliciosa 몬스테라

몬스터 프루트Monster Fruit | 스위스 치즈 플랜트Swiss-cheese Plant | 프루트 샐러드 트리Fruit Salad Tree | 윈도우리프Windowleaf | 멕시칸 브레드프루트Mexican Breadfruit | 스플릿 리프 필로덴드론Split Leaf Philodendron

의미: 장수, 몬스터, 미스터리, 질식.

스페인어로 일반적으로 부르는 코스티야 데 아단Costilla de Adan 또는 코스텔라 데 아다오Costela-de-adao는 아담의 갈비뼈라는 말에 비견된다. 밖으로 노출되어 있는 몬스테라의 뿌리는 멕시코에서는 바구니 소재로, 페루에서는 로프 만드는 재료로 쓰이곤 했다.

609

Morus alba 뽕나무

차이나 멀베리China Mulberry | 러시아 멀베리Russian Mulberry | 화이트 멀베리White Mulberry | 누에 멀베리Silkworm Mulberry | 투타Tuta

의미: 친절, 신중함, 힘, 지혜.

효능: 보호.

고대에는 뽕나무 숲을 가장 신성한 장소로 여겼다. 중국에서는 누에의 주식이 되는 뽕잎 때문에 4천 년 넘게 뽕나무를 신경 써서 가꿔오고 있다.

610

Morus nigra 검뽕나무

블랙 멀베리Black Mulberry |
모레라Morera | 샤투트Shahtoot |
투트Tut

의미: 헌신적임, 당신보다 더
오래 살지 않을 겁니다, 지혜.

효능: 보호, 힘.

검뽕나무는 번개로 인한 재산 피해를 방지해 준다고
여겨졌다. 또한 액운에 굉장히 강하다고 알려진 탓에 가장
귀한 지팡이 재료로 쓰이고 있다.

611

Musa paradisiaca 바나나

Musa acuminata x balbisiana |
플랜틴Plantain | 마이아Maia

의미: 선량함.

효능: 임신과 출산, 금전,
성행위 능력, 번영.

바나나나무 아래에서 결혼식을 올리면 행운이 찾아온다는
말이 있다. 하와이에서는 1819년까지 여자들에게 엄격히
금지된 바나나 종들이 있었다. 이 금기를 어기면 그 벌은
죽음이었다. 바나나나무 자체가 풍성한 수확을 거두는
식물이기 때문에 그것의 꽃, 열매는 재물과 번창을
기원하는 주문에 사용될 정도다.

612

Muscari 무스카리

그레이프 히아신스Grape Hyacinth |
스타치 히아신스Starch Hyacinth

의미: 연애를 응원, 로맨스를
찾고 있습니다.

효능: 로맨스.

무스카리 꽃으로 작은 다발을
만들어서 호감을 가진 이에게
건넨다면 풋풋하게 사랑이 싹틀 것이다.

613

Myosotis scorpioides 물망초

포겟 미 낫Forget-Me-Not | 스코피온 그래스Scorpion-Grass | 마우스
이어드 스코피온 그래스Mouse-Eared Scorpion-Grass

의미: 과거에 매달리는, 나를 잊지 말아요, 충실한 사랑,
충실함, 겸손, 과거와 연결된, 추억, 기억하기, 기억들,
진실된 사랑.

효능: 힐링, 비밀 유지.

물망초는 충실함을 갈구하는 인간 욕망의 상징이다. 또
비밀을 나눈다는 의미도 담겨 있다.

614

Myrica rubra 소귀나무

베이베리Bayberry | 베이
럼 트리Bay-Rum Tree |
캔들베리Candleberry | 왁스
머틀Wax Myrtle | 스위트
게일Sweet Gale

의미: 규율, 가르침.

효능: 사랑, 젊음.

소귀나무의 작은 조각을 집에 들이거나 부적처럼 지니면
젊은 외모와 몸가짐을 가지게 한다고 한다. 또 이 나뭇잎을
모자처럼 쓰거나 나뭇잎 한 장을 부적처럼 지니면 사랑이
찾아온다는 믿음도 있었다.

615

Myristica fragrans 육두구

미리스티카 프래그런스Myristica Fragrance | 넛맥Nutmeg | 메이스Mace

의미: 명징한 판단을 돕는 부적.

효능: 충실함, 건강, 행운, 정신력, 금전, 보호, 정력, 최음제.

지적 능력을 높이기 위해 육두구를 집에 들이거나 몸에 지니기도 했다. 또한 행운의 상징으로도 여겼다.

616

Myroxylon 미록실론

페루 발삼Balsam of Peru | 톨루 발삼Balsam of Tolu | 키나Quina | 톨루Tolu

의미: 치유.

효능: 향이 좋은, 힐링.

617

Myrrhis odorata 미리스 오도라타

스위트 시슬리Sweet Cicely | 시슬리Cicely | 미르 플랜트Myrrh Plant

의미: 반가움.

효능: 풍부함, 결속, 굳센 의지, 에너지, 우정, 성장, 힐링, 죽음, 역사, 환희, 지식, 생명, 빛, 한계, 자연의 힘, 장애물, 보호, 정화, 영성, 성공, 시간.

618

Myrtus communis 은매화 (독성)

머틀Myrtle | 미르투스Myrtus | 트루 머틀True Myrtle

의미: 에덴동산의 기억, 에덴동산의 추억, 에덴동산의 향기, 에덴동산의 상징, 떠들썩한 웃음, 선행, 진심 어린 사랑, 불멸, 환희, 사랑, 결혼, 보통의 가치, 금전, 평화, 성스러운 사랑, 청춘.

효능: 도움, 임신과 출산, 좋은 기억, 조화, 독립성, 사랑, 물질적 이익, 금전, 평화, 고집, 안정, 힘, 불굴, 청춘.

은매화는 성스러운 식물로 인식되는데 에덴동산의 상징이자 향기로 여겨졌다. 은매화의 잔가지가 빅토리아 여왕의 결혼식 부케 재료로 쓰인 이후부터 영국 왕실 결혼식의 부케에 쓰이고 있다. 은매화를 가정에 들이거나 가까이하면 젊음을 유지할 수 있다는 속설이 있다. 또한 사랑을 지키는 데도 효험을 발휘한다고 알려져 있다. 집 여기저기에서 은매화를 기르면 그 가정에 화평과 사랑이 넘친다고도 한다. 여성이 창가의 화분에 은매화를 심으면 행운이 찾아온다는 얘기도 전해진다.

619
Narcissus **수선화속** (독성)

Narcissus major | 나르키소스Narcissus | 대퍼딜Daffodil | 그레이트 대퍼딜Great Daffodil | 대퍼다운 딜리Daffadown Dilly

의미: 자기중심적 사고, 지나친 자기애, 자아 존중감, 수태고지, 정직함을 인정함, 아름다움, 기사도, 맑은 생각, 만족, 거짓 희망, 연애에서 나오는 에너지, 신앙, 용서, 형식적인 일, 단도직입, 깊은 존경, 정직, 희망, 내면의 아름다움, 사랑, 새로운 시작, 영생에 대한 약속, 단순한 기쁨, 이례적으로 빼어남, 사랑과 기사도, 상냥한 당신으로 남아주세요, 햇빛, 햇살, 당신과 있을 땐 햇살이 반짝입니다, 진실, 불확실, 짝사랑, 보답받지 못하는 사랑, 허영심, 이기심, 덧없음과 죽음, 당신은 유일한 사람.

효능: 사랑, 행운, 최음, 정력제, 임신과 출산.

수선화는 지하세계의 꽃이라는 전설이 있다. 수선화 수액에는 날카로운 결정체가 섞여 있어서 동물들은 수선화를 먹지 않는다. 가슴에 수선화를 꽂으면 행운을 불러온다는 말도 있다. 중세 유럽에서는 수선화를 바라보고 있을 때 꽃대가 고개를 수그리면 죽음의 징조로 여기기도 했다. 미신을 믿는 양계 농가들은 수선화를 집에 들이면 운이 없고 닭들이 알을 낳지 않거나 부화가 되지 않는다고 믿어서 수선화를 좀처럼 집에 들이지 않았다. 미국 메인 주에는 검지손가락으로 수선화를 가리키면 꽃이 피지 않는다는 미신이 전해온다. 반면 중국에서는 수선화를 길한 식물이라 여겨서 음력설에 꽃이 피면 일 년 내내 행운이 들어온다고 믿었다. 싱싱한 수선화를 화병에 담아 침실에 두면 임신과 출산 가능성이 높아진다는 설도 있다.

620
Narcissus jonquilla **존퀼라수선화** (독성)

종퀼르Jonquille

의미: 내 열정을 불쌍히 여겨주세요, 내 애정을 인정받고 싶은 열망이 있습니다, 갈망, 날 사랑해 주세요, 내 애정에 보답해 주세요, 보답받는 애정, 욕망, 채워진 욕망, 공감, 격한 공감과 욕망.

존퀼라수선화는 잉글랜드의 앤 여왕이 유달리 좋아하던 꽃이었다. 여왕은 이 꽃을 너무도 사랑해서 잉글랜드 최초의 공공 식물원인 켄싱턴 팰리스 가든을 짓기까지 했다.

621
Narcissus papyraceus **파피라케우스수선화** (독성)

페이퍼화이트Paperwhite | 페이퍼 화이트 나르키소스Paperwhite Narcissus

의미: 최음, 정력제.

효능: 지나치게 예민한 의식 또는 신경을 완화.

622
Narcissus poeticus **포이티쿠스수선화** (독성)

시인의 수선화Poet's Narcissus | 꿩의 눈Pheasant's Eye | 화이트 수선화White Narcissus | 나르기스Nargis | 핑크스터 릴리Pinkster Lily

의미: 자기애, 이기심, 이기적인, 고통스러운 기억, 슬픈 추억.

포이티쿠스수선화는 네덜란드에서 많이 재배하는데 그 에센셜 오일은 여러 향수의 원료가 된다.

623
Nardostachys grandiflora **시엽감송**

Nardostachys jatamansi | 감송향Spikenard | 나드Nard | 나딘Nardin | 머스크루트Muskroot

의미: 보호.

마리아가 예수가 십자가에 못 박히기에 앞선 유월절 엿새 전에 예수의 발에 바른 성유의 원료가 이 식물이라고 전해진다. 한편 예수가 사망하기 이틀 전에 이름이 알려지지 않은 여인이 옥합에 든 향유로 예수의 머리를 적셨다고 한다. 가격이 300데나리온(거의 1년치 품삯!)이나 하는 귀하고 비싼 이 향유를 예수에게 사용했다는 사실 또한 나중에 예수를 배신해 십자가형을 당하게 하는 유다가 사람들을 선동하게 되는 빌미가 됐다.

624

Nelumbo nucifera 연꽃

Nelumbium speciosum | *Nymphaea nelumbo* | 힌두와 부디스트의 꽃Flower of Hindus and Buddhists | 인디아 로터스Indian Lotus | 로터스 플라워Lotus Flower | 빈 오브 인디아Bean of India | 성스러운 연Sacred Lotus | 카말Kamal | 카말라Kamala | 이집트 로터스Egyptian Lotus | 날린Nalin | 파드마Padma

의미: 무지한 이들이 사는 세상에서 깨어 있는 사람, 사랑하는 이로부터 멀어짐, 과거는 잊으세요, 아름다움, 순결, 신성한 여성의 임신과 출산, 웅변, 멀어진 사랑, 소원해짐, 진화, 잠재적인, 순수, 부활, 영적인 확신.

효능: 자물쇠로 여닫음, 보호, 영성.

연꽃은 이집트, 인도, 그리스, 일본 등지에서 성스러운 의미를 품은 식물로 높이 평가되고 있다. 즉 생명, 영성, 우주의 중심이라는 신화적인 상징으로 여겨지고 있는 것이다. 연꽃의 생존력은 믿기 어려울 정도다. 환경만 적합하면 그 씨앗들은 매우 오래도록 생존할 수 있다. 현재까지 발견된 가장 오래된 씨앗은 중국의 마른 호수 바닥에서 발견된 1500년 된 발아 상태의 씨앗이다. 아시아의 종교들에서는 대다수의 신들이 연꽃 위에 앉아 있는 형상으로 묘사된다. 연꽃 향을 맡은 이는 그 꽃에 내재하는 가호의 힘을 얻게 된다는 믿음이 전해진다. 어떤 부분이든 집 안에 두거나 몸에 지니면 행운과 축복이 함께한다는 이야기도 있다.

625

Nepenthes rafflesiana 벌레잡이풀

피처 플랜트Pitcher Plant | 트로피컬 피처 플랜트Tropical Pitcher Plant | 반두라Bandura

의미: 슬퍼하지 않음.

벌레잡이풀은 색깔, 달콤한 즙, 유혹하는 향기를 이용해 낭상엽이라는 덫으로 먹잇감을 적극적으로 유인한다. 벌레잡이풀의 낭상엽은 마치 콘돔이나 샴페인 잔을 연상시키는 모양이다. 그들의 유일한 자양분이라면 덫에 걸려들어 먹히는 벌레들이다. 가장 자주 끌려 들어가는 벌레는 개미다. 가장 큰 벌레잡이풀은 호기심 많은 쥐까지 끌어당길 정도로 크다.

626

Nepeta cataria 개박하

캣닙Catnip | 캣민트Catmint | 고양이 풀Cat's Wort | 필드 밤Field Balm | 닙Nip

의미: 용기, 행복.

효능: 끌어당기는 매력, 아름다움, 고양이 마술, 우정, 선물, 조화, 환희, 사랑, 기쁨, 힘, 관능성, 예술.

작은 주머니를 만들어 그 안에 개박하를 넣어서 키우고 있는 고양이에게 주면 고양이와 정신적인 유대감을 생성할 수 있다는 이야기가 있다. 또 개박하는 좋은 기운과 행운을 불러들인다고 한다. 개박하가 따뜻해질 때까지 손에 쥐고 있다가 다른 사람의 손을 잡으면 그와 우정을 쌓을 수 있다는 말도 있다. 단, 사용한 개박하를 안전한 장소에 보관한다는 조건에서다. 마법사들이 개박하 잎을 북마크로 선호했다는 이야기도 있다.

627

Nerium oleander 협죽도 (독성)

Nerium indicum | *Nerium odorum* | 올랜더Oleander | 로즈 베이Rose Bay | 실론 트리Ceylon Tree | 도그 베인Dog Bane | 아델파Adelfa

의미: 지금 나는 위험합니다, 조심하세요, 경고, 위험, 불신, 아름다움, 품위.

효능: 죽음, 사랑.

이탈리아에서는 협죽도의 어떤 부분이라도 집 안에 들이면 온갖 종류의 불운에 망신살이 뻗치며 질병도 찾아올 수 있다고 믿었다.

628

Nicotiana rustica 니코티아나 루스티카 (독성)

마파초Mapacho | 타바Taaba | 타바카Tabacca | 와일드 타바코Wild Tobacco

의미: 힘.

효능: 힐링, 공물, 정화, 힘.

북아메리카와 남아메리카 원주민들이 오랫동안 신성한 식물로 여겨왔다. 남아메리카 원주민들은 이것을 피움으로써 혼령과 대화를 나눌 수 있다고 믿었다. 배를 타고 여행길에 나서자마자 이것을 물에 던져서 물의 정령을 달래는 풍습도 있었다.

629
Nigella damascena 니겔라

뿌연 안개 속의 사랑Love-in-a-mist | 수수께끼 같은 사랑Love-in-a-Puzzle | 덤불 속 악마Devil in the Bush | 잭 인 프리즌Jack in Prison | 옭아매는 사랑Love-Entangle | 남루한 아기씨Ragged Lady

의미: 섬세함, 곤란, 당혹감, 난처함, 당신 때문에 혼란스럽군요, 키스해 주세요.

효능: 사랑에 결박당함, 사랑의 주술, 매혹의 마술, 변신.

630
Nolina lindheimeriana 놀리나 린드헤이메리아나

악마의 신발끈Devil's Shoestring | 리본 그래스Ribbon Grass | 실유카Beargrass

의미: 새로운 시작, 부활.

효능: 고용 문제, 행운, 권력, 도박, 보호.

도박을 하거나 구직, 업무상 어려움에 봉착했을 때, 또는 지급을 요구해야 할 경우 이 식물 한 송이를 주머니에 넣어두면 행운의 부적으로 작용한다는 미신이 있다.

631
Nosegay 꽃다발

의미: 무공, 용맹, 정중한 관심.

꽃다발을 주고받는 행위는 정중하면서도 은밀한 메시지가 될 수 있다. 비록 크지 않아도 그것이 가진 상징적 의미는 실제로는 클 수 있다.

632
Nuts 견과류

의미: 어리석음.

효능: 사랑, 행운, 번영, 임신과 출산.

종류와 상관없이 견과류를 집에 두고 있으면 임신을 촉진한다는 믿음이 있었다. 두 개가 붙은 견과류는 훌륭한 행운의 부적이 될 수 있다.

633
Nymphaea alba 흰수련

유럽 흰수련European White Waterlily | 화이트 로터스White Lotus

의미: 겸손, 설득, 웅변, 순수성.

효능: 평화, 기쁨, 순수성, 정신적 깨우침, 힐링.

영국에서는 가장 큰 꽃을 흰수련이라고 생각한다. 흰수련의 향기는 치유의 힘이 있다고 여겨진다. 또한 성욕을 줄이는 주술에 사용되기도 했다는 설이 있다.

634
Nymphaea lutea 님파이아 루테아

미국 연꽃American Lotus | 옐로우 로터스Yellow Lotus | 옐로우 워터 로터스Yellow Water Lotus

의미: 커지는 무관심.

효능: 보호, 영성.

635
Nymphaeaceae 수련과

워터 릴리Water Lily

의미: 탄생, 죽음, 조화, 생명, 겸손, 순수성, 다시 태어남, 달래고 위로, 태양.

고대 이집트 신화에서는 태양신이 어둠의 세계를 밝히기 위해 수련꽃에서 태어난 과정을 말해 주고 있다.

636

Ocimum basilicum 바질

바질Basil | 홀리 바질Holy Basil | 가든 바질Garden Basil | 왕들의 허브Herb of Kings | 왕가의 허브L'herbe Royale | 성 요셉의 풀St. Joseph's Wort | 악마의 식물The Devil's Plant | 마녀들의 허브Witches Herb | 스위트 바질Sweet Basil | 키스 미 니컬러스Kiss Me Nicholas

의미: 행복을 기원, 내 행복을 빌어주세요, 증오, 타인을 증오, 왕과 같은, 연애, 성스러운, 부유함, 행운.

효능: 사고들, 침략, 분노, 성욕, 갈등, 비행, 사랑, 관능, 기계에 관한, 번영, 보호, 록 음악, 힘, 투쟁, 전쟁, 부유함.

바질 잎을 주머니에 넣고 다니면 돈이 들어온다고 한다. 힌두교에서는 망자의 시신 위에 바질 잎을 놓으면 그 사람은 천국으로 간다는 믿음이 있다. 바질은 인도에서는 성스러운 식물로 여겨진다. 인도 서부의 왕국들에서는 가게 주변에 바질 잎을 놓아 손님을 끌었다. 또 다른 지역에서도 바질 잎을 금전 출납기 안 또는 가게 입구에 놓아두면 손님을 끌 뿐 아니라 재정적인 성공을 지속시킨다고 생각했다. 반면 고대 그리스인들은 바질이 증오, 불운, 빈곤을 강력하게 상징한다고 여겼다. 이탈리아에서는 바질을 사랑의 상징으로 여겨서 연인 간의 선물로 널리 애용했다. 남성에게 바질 가지 하나를 주는 것은 "조심하세요. 누군가 당신을 향해 음모를 꾸미고 있습니다."라는 메시지였다. 유대인의 전설에 따르면 단식 기간에 바질 가지를 지니고 있으면 기운을 잃지 않고 단식을 이어나갈 수 있게 해준다고 한다. 스페인에서는 창턱에 바질 화분을 두는 것은 그 집안이 나쁜 평판을 가지고 있다는 것을 알려주는 것이라고 한다. 한편 바질 향은 어울리지 못하는 두 사람들 사이에 공감을 증폭시킨다. 새로 이사한 집에 바질을 선물로 주는 것은 행운을 빌어주는 의미였다. 부부가 바질 잎 한 개로 상대의 가슴을 문질러주면서 서로의 정절을 축복해 주는 풍습도 있었다. 바질을 지니면 비록 위험이 도사리고 있어도 편안한 기분으로 계속 나아갈 수 있다고 믿는 이들이 있다.

637

Oemleria cerasiformis 오임레리아 케라시포르미스

인디언 플럼Indian Plum | 오소베리Osoberry | 오엠레리아Oemleria | 누탈리아Nuttallia

의미: 궁핍, 고통.

태평양 북서부에서 봄이 아주 가까워졌다는 신호로 꽃을 피우는 식물들 가운데 이것이 있다.

638

Oenothera biennis 달맞이꽃

이브닝 프림로즈Evening Primrose | 선컵스Suncups | 선드롭스Sundrops

의미: 행복한 사랑, 조용한 사랑, 변하기 쉬움.

예전에 원주민들이 사냥을 나갈 때 사람의 체취를 숨기기 위해 달맞이꽃을 사용하기도 했다.

639

Oenothera flava 오이노테라 플라바

노랑 달맞이꽃Yellow Evening Primrose | 긴 튜브 달맞이꽃Long-tube Evening Primrose | 워 포이즌War Poison

의미: 영원한 사랑, 추억, 달콤한 추억, 젊음.

효능: 사냥.

이 꽃을 선물하면 사랑하는 상대로부터 큰 보답을 받는다고 한다.

640

Olea europaea 올리브나무

올리브 트리Olive Tree |
올리비에Olivier | 미탄Mitan

의미: 평화.

효능: 관능, 평화, 성적 능력,
임신과 출산, 힐링, 보호.

가지: 평화.

잎: 평화.

올리브 잎을 실내 여기저기에 두면 평온한 기운이 더욱
상승한다. 오래전에는 올리브 오일로 등잔을 밝히는 일이
많았다. 올리브 오일은 상대방을 축복하고 힐링시켜 주는
성유로도 쓰이곤 했다. 고대 그리스에서 신부들은 건강한
회임을 기원하는 뜻으로 올리브로 머리 장식을 하는 전통이
있었다. 올리브 가지를 건물의 입구에 걸어두면 나쁜 기운을
쫓아낸다는 설도 있다. 올리브는 행운의 부적 역할도 한다.

641

Onobrychis 오노브리키스

덴드로비키스Dendrobychis | 수탉의 볏Cock's
Head | 세인포인Sain-foin | 스파르세타Sparceta

의미: 동요, 걸신들린 듯 먹다, 신을 믿음.

오노브리키스는 목축동물의 사료에
첨가하기 위해 재배되고 있다.

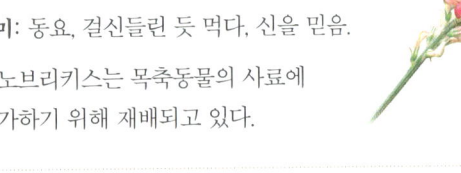

642

Ononis 오노니스

아노니스Anonis | 보나가Bonaga | 나트릭스Natrix |
레스트 해로우Rest-Harrow

의미: 장애물.

효능: 모든 위험으로부터 보호, 주술을 막음,
절도를 당하지 않게 해줌.

옛사람들은 말린 오노니스를 문의 위쪽 틀에
올려두면 각종 사고, 분쟁, 주술, 절도 같은
갖가지 위험으로부터 가족을 보호해 준다고
믿었다.

643

Ononis spinosa 오노니스 스피노사

Ononis vulgaris | 스파이니 레스트해로우Spiny
Restharrow

의미: 장애물, 숨어 있는 사마귀를
찾아줌(민간요법).

644

Onopordum acanthium 오노포르둠 아칸티움

스코틀랜드 엉겅퀴Scottish Thistle | 목화
엉겅퀴Cotton Thistle | 스콧 시슬Scots Thistle

의미: 경고, 그리스도의 구원, 힘들고
어려운 일, 보복, 고통.

효능: 원조, 우울감 떨치기, 조화, 독립,
물질적 이익, 고집, 보호, 계시, 안정, 힘, 끈기.

645

Ophrys apifera 오프리스 아피페라

Arachnides apifera | *Ophrys insectifera* | *Orchis apifera* |
꿀벌 난초Bee Orchid

의미: 근면.

이 식물의 종자를 맺게 하기 위한
자연의 시도는 가히 놀라울
정도다. 이 식물의 입술꽃잎(입술
모양으로 된 꽃잎)을 변장시켜
타가수분(서로 다른 유전자를 가진
꽃의 꽃가루가 곤충이나 바람, 물
따위의 매개체에 의해 열매나 씨앗을
맺는 일)을 제공하는 것이다. 즉
이 식물의 입술꽃잎을 암벌로
혼동한 수벌은 교미를 위해 대단히
혼란스러워하며 몸부림을 친다.
이 과정에서 수벌은 다른 꽃으로
꽃가루를 옮기고, 타고난 유인책인 이 식물은 실망해
마지않으면서도 화분은 묻혀가는 수벌을 불러들였다가
보내기를 반복한다.

646

Ophrys bombyliflora 오프리스 봄빌리플로라

호박벌꽃 눈썹Bumblebee Flower Eyebrow |
호박벌 난초Bumblebee Orchid |
범블비 오프리스Bumblebee Ophrys

의미: 힘든 일, 근면함, 고집.

이 식물 또한 타가수분을 촉진하는 영리한 술수를 쓴다. 짝짓기하는 호박벌의 본능을 이용해서 그 임무를 완수하는 것이다.

647

Ophrys insectifera 오프리스 인섹티페라

Ophrys myodes | 파리난초Fly Orchid

의미: 실수, 잘못.

모든 난 종류 가운데 성적으로 가장 잘 속이는 흉내쟁이다. 그 모습이 흡사 비행하는 벌의 반짝거리는 날개처럼 보여서 타가수분의 조력자인 수컷 말벌을 꾀는 것이다.

648

Opuntia 부채선인장

인디언 피그 오푼티아Indian Fig Opuntia | 패들 칵투스Paddle Cactus | 칵토덴드론Cactodendron | 피신디카Ficindica | 투나스Tunas | 노팔Nopal | 필라르투스Phyllarthus

의미: 잊지 않았어요, 나는 불타오릅니다, 풍자.

부채선인장은 아메리카가 원산지인데 스페인 사람들이 고향으로 가져온 이후 지중해와 북아프리카 전역으로 퍼져나갔다. 아즈텍 사람들은 부채선인장에 기생하는 연지충을 얻으려는 목적으로 이 선인장을 재배했다. 연지충은 나중에 금보다 더 값이 나간 붉은 염료의 원료인데 이 염료는 영국 군인들의 빨간 유니폼 원단의 선홍색 염료와 같은 색이다.

649

Orchidaceae 난초과

오키드Orchid | 오프리스Ophrys | 오르키스Orchis

의미: 미녀, 아름다운 숙녀, 아름다움, 아이들을 위한 중국의 상징, 사려 깊음, 사랑, 웅장함, 성숙한 매력, 순수한 애정, 세련된 아름다움, 정제, 사려 깊음, 이해, 지혜.

특별한 색에 담긴 의미
분홍색: 순수한 애정.

효능: 사랑, 정신의 힘, 연애.

650

Orchis mascula 오르키스 마스쿨라 (독성)

얼리 퍼플 오키드Early Purple Orchid | 아담 앤 이브 루트 플랜트Adam and Eve Root Plant | 행운의 손Lucky Hand | 도움의 손길Helping Hand | 핸드 루트Hand Root | 살랍Salap

의미: 사랑을 불러오다, 성, 성애.

효능: 고용, 행운, 금전, 여행, 보호.

옛날에 마녀들이 사랑의 묘약을 제조할 때 썼던 것으로 보인다. 사랑을 불러오기 위해 오르키스 마스쿨라 두 뿌리를 작은 주머니에 넣어서 꿰맨 뒤 보관했다고 한다. 이 식물의 뿌리를 갓 결혼한 부부에게 선물하면 두고두고 행복하게 산다고 한다. 아마 훌륭한 선물이 될 것이다.

651
Origanum dictamnus 오리가눔 딕탐누스

크레타의 디타니Dittany of Crete |
에론타스Erontas | 프락시넬라Fraxinella |
홉 마조람Hop Marjoram

의미: 탄생, 사랑.

효능: 상거래, 영리함, 의사소통,
창의성, 점성술, 지성, 사랑의 묘약,
추억, 과학, 영혼을 소환.

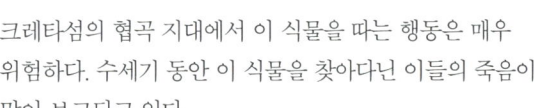

크레타섬의 협곡 지대에서 이 식물을 따는 행동은 매우
위험하다. 수세기 동안 이 식물을 찾아다닌 이들의 죽음이
많이 보고되고 있다.

652
Origanum majorana 마조람

Majorana hortensis | 마조람Marjoram | 스위트 마조람Sweet Majoram |
마디 마조람Knotted Marjoram

의미: 붉게 달아오른 얼굴,
편안, 위안, 환희, 사랑.

효능: 행복, 건강, 장수, 사랑,
금전, 보호, 불안을 완화,
슬픔을 달램.

잠들기 전에 마조람을 몸에 문지르면 꿈에서 미래의
배우자를 볼 수 있다는 미신도 있었다. 고대 그리스인들은
마조람이 묘지 위에 자라는 것은 고인이 생전에 행복하게
살았다는 의미라고 여겼다. 또한 고대 그리스인들과
로마인들은 신혼부부들에게 사랑, 행복, 명예를 상징하는
마조람 화관을 씌워 주었다.

653
Origanum vulgare 오레가노

마법의 허브Herb of Magic | 와일드 마조람Wild
Marjaram

의미: 완화, 슬픔을 잊게 하다.

효능: 행운, 독약으로부터 보호.

사실 오레가노는 제2차 세계대전 때까지는

미국에 별로 알려지지 않았다. 지중해에 주둔한 미군들이
그 씨앗을 가지고 귀향한 것이 크게 전파되는 계기가
되었다.

654
Orobanche coerulescens 초종용

브룸레이프Broomrape

의미: 연합.

초종용은 초원을 파괴하는 기생 잡초로 확인됐다.
작물에 대대적인 손상을 입히며, 심지어 매우
공격적인 방법을 사용해도 그 씨앗이 수십 년
동안이나 흙 속에서 살아남을 수 있다고 한다.

655
Oryza sativa 벼

Oryza glaberrima | 아시안 라이스Asian Rice | 니르바나Nirvana |
라이스Rice | 브라스Bras | 단Dhan | 패디Paddy

의미: 비옥함.

효능: 신의, 금전, 보호, 비.

벼를 지붕 위에 올려두면 불운을 방지할 수 있다는 설이
있다. 또 벼로 가득 채운 상자를 집 현관 근처에 두면
액운을 물리칠 수 있다고도 한다. 벼를 공중을 향해 던지면
비가 내린다고 믿는 이들도 있었고, 신혼부부의 다산을
기원하는 의미에서 그들을
향해 벼를 던지는
풍습도 있었다.

656
Osmunda regalis 왕관고비

로열 펀Royal fern | 꽃피는 양치류Flowering Fern | 올드 월드 로열 펀Old World Royal Fern

의미: 신뢰, 꿈, 매혹, 당신 꿈을 꿉니다, 몽상, 피신처, 성실, 지혜.

효능: 건강, 행운, 마법, 재물, 보호.

657
Osteospermum 오스테오스페르뭄

아프리칸 데이지African Daisies | 블루 아이드 데이지Blue Eyed Daisy | 케이프 데이지Cape Daisy | 사우스 아프리칸 데이지South African Daisy

의미: 씨앗, 뼈.

이 식물의 원산지는 햇볕이 많고 따뜻한 남아프리카이다.

658
Oxalis acetosella 애기괭이밥

요정의 종Fairy Bells | 스틱워트Stickwort | 잎이 세 개 달린 풀Three-Leaved Grass | 우드 소렐Wood Sorrel

의미: 환희, 모성의 따뜻함.

효능: 행운, 힐링, 건강.

이따금 애기괭이밥은 토끼풀로도 지칭되는데 잎이 세 개인 클로버처럼 보이기 때문이다. 주위에서 흔하게 찾아볼 수 있고 성 패트릭 기념일에는 화분에 심어서 선물로 주고받기도 한다. 싱싱한 애기괭이밥 화분이나 꽃다발을 병실에 두면 환자의 질병이나 부상이 빨리 회복된다는 믿음도 있다.

659
Oxalis tetraphylla 우산잎괭이밥

네 잎 클로버Four-Leaf Clover | 네 잎 괭이밥Four-Leaf Sorrel | 철십자가Iron Cross | 행운의 클로버Lucky Clover | 행운의 잎Lucky Leaf

의미: 행운, 희망, 내 것이 되어주세요, 믿음, 사랑과 행운.

효능: 유독 특별한 행운, 금전과 보물을 찾는 행운, 눈에 보이지 않는 악령을 보는 능력, 투시력, 현실이나 상상 속의 위험한 생명체나 불운으로부터 지켜주는 부적, 광기로부터 지켜줌. 군 징집을 모면, 투시력, 뱀.

이브가 에덴동산에서 나올 때 행운, 희망, 사랑, 믿음을 상징하는 우산잎괭이밥을 가지고 나왔다는 전설이 있다. 옛날에는 군대에 징집되지 않으려고 우산잎괭이밥을 몸에 붙이고 다녔다고 한다. 또한 심령의 능력을 향상시키기 때문에 몸에 지니면 다른 영들의 존재를 감지할 수 있다고 믿는 이들도 있었다. 우산잎괭이밥이 금전이나 여타의 재물, 가장 값진 보물과 황금으로도 인도하고 광기로부터 지켜준다는 믿음도 있었다. 신발 안에 넣어두면 부유한 연인을 만나게 해준다는 속설도 있다.

660

Pachira aquatica 파키라 (독성)

Pachira glabra | *Bombax macrocarpum* | 머니 플랜트Money Plant | 프렌치 피너트French Peanut | 사바 너트Saba Nut | 카롤리네아Carolinea | 프로비전 트리Provision Tree | 말라바르 체스트너트Malabar Chestnut

의미: 재정상의 행운, 길조, 행운.

파키라는 작은 나무나 실내용 화초 형태로 판매된다. 두꺼운 몸통에서 뻗어나온 줄기에 달린 5개의 잎은 중국의 풍수에서 5가지 주요 요소를 상징한다. 중국에서는 파키라를 붉은 리본이나 다른 행운의 상징물들로 장식하기도 한다.

661

Paeonia officinalis 유럽작약

작약Peony | 유럽 작약European Peony

의미: 분노, 수줍음, 아름다움, 용감, 연민, 자신이 없음, 즐거운 인생, 행복한 결혼, 힐링, 명예, 생명, 충성심, 남성성, 행운과 행복한 결혼의 징조, 과시, 번영, 부와 명예, 연애, 수치심, 숫기 없음, 실현되지 않은 욕망, 부.

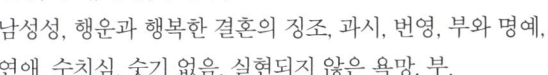

효능: 행복한 인생, 번영, 보호, 정화.

유럽작약이 언급되는 가장 오래된 기록이 중국의 한 무덤에서 발견되었는데 그 시기는 대략 1세기로 거슬러 올라간다. 유럽작약으로 몸을 장식하면 몸과 마음, 영혼을 보호한다는 믿음이 있었다. 또 정원에서 키우면 폭풍우나 악한 망령으로부터 지켜주고 뿌리와 옥엽 산호를 꿰어 만든 목걸이를 걸면 액운을 물리친다는 속설이 있었다. 집 안에 들이면 정신병 치료에 효험이 있다는 이야기도 전해진다.

662

Paeonia suffruticosa 모란

모란Tree Peony | 제국의 미Beauty of the Empire | 꽃들의 왕King of Flowers

의미: 애정, 귀족, 아름다움, 여성의 아름다움, 명예, 사랑, 가장 아름다운, 부유함.

중국의 정치 환경으로 인해 국화가 모란(현재 대만의 국화)에서 매화로 교체되기도 했지만 모란은 여전히 중국에서 명예로운 문화적 상징으로 남아 있으며 동시에 꽃들의 왕으로 대접받고 있다. 기나긴 중국 역사의 미술과 문학을 통틀어 모란만큼 자주 등장하는 꽃도 드물 것이다.

663

Panax ginseng 인삼 (독성)

진생Ginseng | 맨 루트Man Root | 세상 진기한 뿌리Wonder of the World Root | 만병통치약All-Heal | 렌셴Renshen

의미: 불멸, 힘.

효능: 장수, 아름다움, 사랑, 관능, 성적 능력, 보호, 소원.

인삼을 지닌 사람은 아름다움, 사랑, 돈, 성적 매력, 건강을 쟁취할 수 있다는 믿음이 있었다. 옛날에는 인삼 한 뿌리에 소원을 적어서 흐르는 물 속에 던지며 빌기도 했다.

664

Panicum capillare 파니쿰 카필라레 (독성)

Agropyron repens | 카우치 그래스Couch Grass | 개밀Quack Grass | 도그 그래스Dog Grass | 헤어리 패닉Hairy Panic | 퀵 그래스Quick Grass | 마녀의 풀Witch Grass

의미: 저주에서 벗어나다, 마법을 풀다.

효능: 저주에서 벗어나기, 행복, 마법의 해체, 사랑, 관능.

서양에서는 저주를 푸는 데 있어 이 식물만큼 훌륭한 소재는 없다고 여겼다. 저주를 무턱대고 되돌려 보내지 않고 아예 없앤다고 한다. 옛날에는 저주를 돌려보내는 행위는 피하는 게 좋다고 여겼다.

665

Papaver orientale 오리엔탈양귀비 (독성)

블라인드아이즈Blindeyes | 오리엔탈 포피Oriental Poppy | 양귀비Poppy | 스칼렛 포피Scarlet Poppy | 화이트 포피White Poppy

의미: 꿈 같은, 엄청난 사치, 상상력, 영면, 잊혀짐.

특별한 색에 담긴 의미
빨간색: 기쁨.
하얀색: 위안, 꿈, 평화.

효능: 풍부한 결실, 눈에 보이지 않음, 사랑, 행운, 마법, 금전, 잠.

일찍이 오리엔탈양귀비의 꼬투리에 금박을 입혀 몸에 지니면 부를 끌어들인다는 믿음이 있었다. 혼란스러운 질문에 답을 찾고 싶을 때 심심풀이로 쳐보는 점이 있었는데, 종이에 파란 잉크로 소원을 쓴 다음 그 종이를 접어 오리엔탈양귀비의 꼬투리 사이로 밀어 넣는다. 잠들기 전에 베개 밑에 그 꼬투리를 넣어두면 꿈속에서 궁금해 하던 질문에 대한 답을 찾게 해준다고 한다.

666

Papaver rhoeas 개양귀비

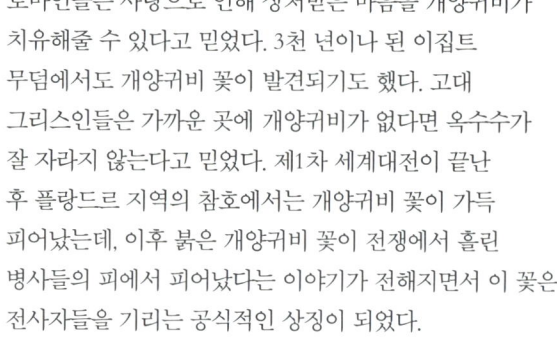

콘 포피Corn Poppy | 콘 로즈Corn Rose | 필드 포피Field Poppy | 레드 포피Red Poppy | 레드 위드Red Weed

의미: 문제를 피함, 오래가지 못하는 매력, 위안, 영면, 재미를 추구하는, 선과 악, 상상력, 삶과 죽음, 빛과 어둠, 사랑, 망각, 기쁨, 추모.

효능: 야망, 태도, 명확한 사고, 임신과 출산, 풍부한 결실, 조화, 높은 이해력, 눈에 보이지 않게 함, 논리, 사랑, 행운, 물질적 형태로 보여줌, 금전, 잠, 정신적 개념, 사고 과정.

로마인들은 사랑으로 인해 상처받은 마음을 개양귀비가 치유해줄 수 있다고 믿었다. 3천 년이나 된 이집트 무덤에서도 개양귀비 꽃이 발견되기도 했다. 고대 그리스인들은 가까운 곳에 개양귀비가 없다면 옥수수가 잘 자라지 않는다고 믿었다. 제1차 세계대전이 끝난 후 플랑드르 지역의 참호에서는 개양귀비 꽃이 가득 피어났는데, 이후 붉은 개양귀비 꽃이 전쟁에서 흘린 병사들의 피에서 피어났다는 이야기가 전해지면서 이 꽃은 전사자들을 기리는 공식적인 상징이 되었다.

667

Paronychia 파로니키아

네일워트Nailwort | 휘틀로우 워트Whitlow-Wort | 치크위드Chickweed

의미: 당신에게 집착합니다, 사랑, 만남, 나를 만나주실래요?

효능: 신의, 사랑.

668

Parthenocissus quinquefolia 미국담쟁이덩굴 (독성)

엥겔만 아이비Engelmann's Ivy | 버지니아 크리퍼Virginia Creeper | 파이브 핑거Five-finger | 다섯잎 아이비Five-leaved Ivy

의미: 해가 비추나 안 비추나 늘 당신에게 향합니다, 좋으나 나쁘나 당신에게 향합니다.

미국담쟁이덩굴은 건조한 사막만 아니라면 어디서나 위로 뻗어 올라가며 자란다. 예전에는 화살촉에 이 식물의 독을 묻혀 사용하기도 했다.

669

Passiflora caerulea 시계꽃

시계초Passionflower | 파란 시계초Blue Passion Flower | 지저스 플라워Jesus Flower | 패션 바인Passion Vine | 그리스도 이야기꽃Christ's Story Flower | 꽃시계덩굴Maypops

의미: 믿음, 독실한 신앙, 신앙과 고난, 수난,

내겐 권리가 없습니다, 경건함, 원시적인 자연, 가식 없는, 오래전 잃어버린 낙원을 갈망하다, 당신에겐 권리가 없습니다.

효능: 우정의 발전, 리비도 증가, 평화, 잠.

시계꽃은 그 자체로 전설이 된 예수의 수난을 강하게 상징한다. 따라서 인쇄된 교리서가 존재하기 전에 기독교 복음을 설명하는 초창기 시각 자료로 자주 사용되곤 했다. 시계꽃을 집에 두면 갈등을 완화시키고 문제를 해결함으로써 평온을 가져온다고도 한다.

670
Pausinystalia yohimbe 파우시니스탈리아 요힘베

(독성)

Corynanthe yohimbe | 요힘베Yohimbe

의미: 성애.

효능: 사랑, 관능, 최음, 정력제.

비아그라가 나오기 훨씬 전부터 케냐를 비롯한 중서부 아프리카에서는 강력한 최음제로 이 나무의 껍질이 이용되어 왔다.

671
Peganum harmala 페가눔 하르말라

아프리카 루Africa Rue | 시리아 루Syrian Rue | 와일드 루Wild Rue | 이스반드Isband | 하말 슈럽Harmal Shrub

의미: 변하기 쉬운 성격, 온순함, 후회.

효능: 액운으로부터 보호, 낯선 이들의 시선으로부터 보호.

터키에서는 이 식물의 삭(종자를 싸는)을 말려서 집에 걸어두곤 했는데 이렇게 해야 가정을 각종 재앙으로부터 지킬 수 있다고 믿었다. 중동 지역에서 행해진 옛 기도 의식에서는 이것의 말린 삭을 다른 재료들과 섞어서 뜨거운 숯 위에 올려놓고 태워 연기를 피운다. 이 연기가 남에게 감시당하거나 망령이 지켜보고 있다고 믿는 사람의 머리 주위를 맴돌게 한다.

672
Pelargonium crispum 펠라르고니움 크리스품

레몬 제라늄Lemon Geranium | 레몬향 제라늄Lemon-Scented Geranium

의미: 고상하고 품위 있는, 예기치 않은 만남.

절화 상태든 물에 꽂은 상태든 집에서 기르거나 들인 모든 종류의 이 식물은 보호 작용을 한다. 붉은 개체를 심은 화분은 가정과 가족의 건강을 보호하는 데 큰 효력을 발휘한다. 또 모든 꼬투리는 끝이 날카로운 것이 마치 양아욱과 비슷하게 생겼다. 잎을 비비면 레몬향이 풍긴다.

673
Pelargonium fragrans variegatum 펠라르고니움 프라그란스 바리에가툼

너트맥 제라늄Nutmeg Geranium | 스위트 리브드 제라늄Sweet Leaved Geranium

의미: 예정된 만남, 만남을 기대하겠습니다, 그를 절대 보지 않을 겁니다.

이 식물의 잎에는 얼룩덜룩한 무늬가 있으며 흰색과 보라색 또는 분홍색의 작은 꽃을 피운다. 약간 톡 쏘는 향은 육두구를 떠올리게 한다.

674
Pelargonium graveolens 그라베올렌스제라늄

Pelargonium roseum | *Geranium terebinthinaceum* | 로즈 제라늄Rose Geranium | 장미향 제라늄Rose-Scented Geranium | 센티드 제라늄Scented Geranium

의미: 차분함, 품위, 행복, 당신이 더 좋아요, 선호, 마음의 행복.

효능: 행복, 건강, 사랑, 번창, 보호.

이 식물에서 추출한 에센셜 오일은 개인용품이나 가정용품에서 향을 보완할 때 또는 그 자체로 사용되고 있다.

675

Pelargonium inquinans 제라늄

스칼렛 제라늄Scarlet Geranium | 와일드 말바Wild Malva

의미: 위로가 되는, 위안, 쾌활, 품위, 우울감, 어리석음.

효능: 건강, 사랑, 보호.

선명한 주홍색 꽃이 피는 이 식물은 여러 변종들 가운데 최초로 발견된 것으로 알려져 있다.

676

Pelargonium nubilum 펠라르고니움 누빌룸

Geranium nubilum | 클라우디드 제라늄Clouded Geranium | 클라우디드 스톡스 빌Clouded Stork's-bill

의미: 멜랑콜리.

효능: 고상한 품위, 사랑, 정화.

677

Pelargonium odoratissimum 애플제라늄

애플 제라늄Apple Geranium | 애플향 제라늄Apple Scented Geranium

의미: 편의, 고상함, 품위, 현재 선호 편향.

효능: 건강, 사랑, 정화.

애플제라늄 잎은 싱그러운 사과향과 비슷한 향을 풍긴다.

678

Pelargonium peltatum 아이비제라늄

아이비 제라늄Ivy Geranium | 아이비잎 제라늄Ivy-Leaf Geranium | 캐스케이딩 제라늄Cascading Geranium

의미: 은혜로운 결혼, 품위, 다음 춤은 저와 함께 추시겠습니까, 다음 춤은 당신의 손을 잡고.

효능: 건강, 사랑, 정화.

행잉 바스켓에 담아 길게 늘어뜨리거나 창가 화분에 풍성하게 담아 키우기에 좋다.

679

Pelargonium quercifolium 오크제라늄

오크 제라늄Oak Geranium | 오크 리프 제라늄Oak Leaf Geranium

의미: 우울한 마음, 마지못해 짓는 미소, 우정, 품위, 숙녀, 진정한 우정.

효능: 건강, 사랑, 정화.

오크제라늄의 잎은 실제로 참나무 잎과 많이 닮았다.

680

Pelargonium sidoides 아프리카제라늄

실버 리프 제라늄Silver Leaf Geranium | 남아프리카 제라늄South African Geranium | 움카Umca

의미: 품위, 기억.

아프리카제라늄에게서 얻을 수 있는 의학적인 이득이 여럿 있는데 그 가운데 감기 치료 효능이 현재 과학적으로 연구 중이다.

681

Pelargonium zonale 무늬제라늄

Pelargonium x hortorum | 말굽편자 제라늄Horsehoe Geranium

의미: 고상한 품위, 어리석음.

효능: 건강, 사랑, 보호.

무늬제라늄은 이파리에 찍힌 편자 모양의 진한 무늬로 구분할 수 있다.

682

Pentas 펜타스

Pentas lanceolata | 이집트 별꽃Egyptian Star Flower | 이집트 별꽃 무리Egyptian Star cluster | 네우로카르페아Neurocarpaea | 비그날디아Vignaldia

의미: 별, 별과 같은 당신.

순백색의 펜타스는 별을 연상시키는 다섯 개의 꽃잎을 가진 희귀종 가운데 하나이다. 그래서인지 행운을 비는 주술을 걸 때 사용하는 꽃 소재로 선호되었다.

683

Peperomia 페페로미아 (독성)

Peperomia caperata | *Peperomia obtusifolia* | 수박 페페로미아Watermelon Peperomia | 에메랄드 리플 페페로미아Emerald Ripple Peperomia | 베이비 러버 플랜트Baby Rubber Plant | 라디에이터 플랜트Radiator Plant

의미: 모든 것은 순리대로, 어떻게 될 것인가.

지구상엔 1,000종 이상의 페페로미아가 있다고 하는데 그 중 몇몇은 원예용으로 쉽게 기를 수 있다. 대다수 페페로미아 종이 착생식물(나무나 바위와 같은 토양 이외의 것이나 다른 식물 표면에 뿌리와 기근의 대부분을 노출하고 착생하는 식물)로 썩은 나무에서 자라지만, 일부는 화분의 영양토에서도 잘 자라서 실내용 화초로 사랑받고 있다. 은색 줄무늬가 있는 수박페페로미아, 넓고 매끈하며 반짝이는 베이비 러버 플랜트, 그리고 매우 진한 하트 모양의 주름진 잎사귀를 가진 에메랄드 리플 페페로미아 등이 대표적이다.

684

Persea americana 아보카도 (독성)

Persea gratissima | 아보카도Avocado | 버터 프루트Butter Fruit | 버터 페어Butter Pear | 페르세아Persea | 팔타Palta | 테스티클 트리Testicle Tree | 앨리게이터 페어Alligator Pear | 자보카Zaboca

의미: 사랑, 관계, 연애, 성애.

효능: 아름다움, 사랑, 관능.

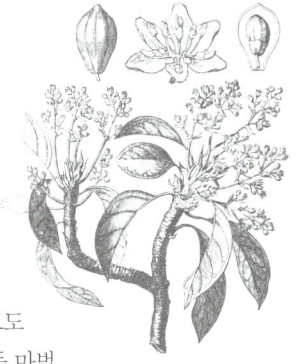

집에서 아보카도를 기르면 열매의 씨앗을 통해 그 집안에 사랑이 들어온다는 미신이 있었다. 또 아보카도 씨앗을 가지고 있으면 미모를 더욱 돋보이게 한다고도 믿었다. 아보카도 나무로 만든 마법 지팡이는 매우 강력한 힘을 발휘한다는 이야기도 전해진다.

685
Persea borbonia 페르세아 보르보니아

레드 베이Red Bay | 스크럽베이Scrubbay | 쇼어베이Shorebay | 티스우드Tisswood

의미: 금전.

페르세아 보르보니아의 목재는 견고한 배를 건조할 때 쓸 정도로 단단하다.

686
Persicaria hydropiper 여뀌

핑크위드Pinkweed | 버들여뀌Smartweed

의미: 복원, 부활.

효능: 힐링.

687
Persicaria bistorta 페르시카리아 비스토르타

비스토트Bistort | 비스토라Bistora | 이스터 레저Easter Ledger | 드래곤워트Dragonwort | 젠틀 도크Gentle Dock | 페이션트 도크Patient Dock | 푸딩 도크Pudding Dock | 푸딩 그래스Pudding Grass | 핑크 포커스Pink Pokers | 스네이크위드Snakeweed | 이스터 자이언트Easter Giant | 이중으로 뒤틀린Twice-Writhen | 붉은 다리Red Legs

의미: 화살 모양의, 가시 돋친.

효능: 결속, 죽음, 역사, 지식, 한계, 장애물, 시간.

마음 깊이 바라는 것이 있다면 이 식물을 집에 들이거나 몸에 지니곤 했다. 오래전에는 유령들이 성가시게 군다고 생각되면 이 식물의 진액을 주변에 뿌려서 쫓아버릴 수 있다고 믿었다.

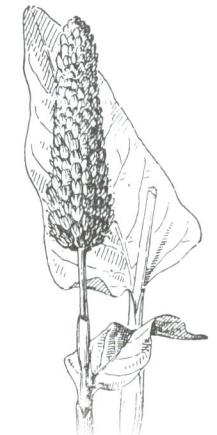

688
Petasites fragrans 윈터헬리오트로프

Tussilago fragrans | 윈터 헬리오트로프Winter Heliotrope | 달콤한 향의 머위Sweet-scented Tussilage

의미: 정의의 여신이 당신을 향해 미소 지어줄 것입니다.

윈터헬리오트로프는 암수동체이다. 영국 제도에서는 이것의 암나무라고 딱히 알려진 것이 없다.

689
Petroselinum crispum 파슬리

Apium crispum | *Apium petroselinum* | *Petroselinum crispum* | 함부르크 파슬리Hamburg Parsley | 록 파슬리Rock Parsley | 이탈리안 파슬리Italian Parsley | 순무뿌리 파슬리Turniprooted Parsley | 악마의 오트밀Devil's Oatmeal

의미: 흥겨운 기분, 변덕스러움, 사랑.

효능: 상거래, 조심, 총명함, 의사소통, 창의력, 신앙, 빛, 입문, 지성, 배움, 관능, 추억, 보호, 신중함, 정화, 과학, 자기 보호, 적절한 판단, 도둑질, 지혜.

파슬리는 기원전 300년 전부터 재배했다고 알려져 있다. 또 마녀들이 선호한 식물이었다. 그들은 파슬리가 지하세계를 9번씩 드나들며 싹이 트기 전에 돌아오곤 한다고 믿었다. 만약 꿈에서 파슬리 가지를 자른다면 그것은 좋지 않은 사랑의 징조다. 연인에게 배신당할 수 있다는 것이다. 파슬리를 옮겨 심으면 그 해는 운이 좋지 않다는 속설도 있었다. 중세에는 적의 이름을 부르면서 파슬리 줄기를 뽑으면 그를 죽일 수 있는 힘을 얻을 수 있다고 믿었다. 고대 로마와 그리스에서는 파슬리를 식탁에 올려서 음식을 보호하고 탈 없이 식사가 진행되기를 바랐다.

690

Petunia x hybrida 페튜니아

의미: 분노, 업신여김, 자랑스럽지 않습니다, 당신만큼 자랑스럽지 않아요, 억울함, 당신이 있어 마음이 놓입니다.

효능: 창의력, 길들이기, 정해진 삶의 방식을 받아들이기.

신혼부부는 필히 페튜니아를 기르는 게 좋다. 새로 마련한 거주지에 심으면 굳게 맺어진 커플에게 오래도록 가정을 지킬 수 있는 힘을 실어준다고 한다.

691

Phalaris canariensis 카나리새풀 (독성)

카나리 그래스Canary Grass

의미: 투지, 인내.

692

Phaseolus coccineus 적화강낭콩 (독성)

스칼렛 러너 빈Scarlet Runner Bean

의미: 충만한 아름다움, 풍성한 아름다움.

벌새를 끌어들이는 선명한 진홍색의 적화강낭콩은 그 콩보다는 화사한 꽃 때문에 숱한 정원사들이 열의를 갖고 가꾸는 식물이다. 석화상낭콩은 인간이 경작한 가장 오래된 콩으로 현재 멕시코 지역에는 거의 7천 년 전부터 경작한 흔적이 남아 있다.

693

Phaseolus vulgaris 덩굴강낭콩 (독성)

블랙 빈Black Bean | 가난한 사람의 고기Poor Man's Meat | 코끼리콩Elefantes Bean | 얼룩이콩Speckled Bean | 블랙 터틀 빈Black Turtle Bean | 카나리아 빈Canary Bean | 레드 빈Red Bean | 크랜베리 빈Cranberry Bean | 키드니 빈Kidney Bean | 해리코트 빈Haricot Bean | 핑크 빈Pink Bean | 로만 빈Roman Bean | 옐로우 빈Yellow Bean | 화이트 빈White Bean | 칠리 빈Chili Bean | 에놀라 빈Enola Bean | 화이트 네이비 빈White Navy Bean

의미: 남근과 관련된, 환생, 부활.

효능: 악을 제압, 점성술, 사랑, 정력, 보호.

특히 극동지역에서는 덩굴강낭콩 꽃을 뿌리면 악령을 달랠 수 있다고 여겼다. 영국에서는 덩굴강낭콩을 죽음과 결부시키는 전통이 있었다. 또 꼬투리 안에 콩 한 알이 들어 있을 때 그 콩이 녹색이 아니라 흰색일 경우 흉조로 여겼다. 유럽에서는 덩굴강낭콩 꼬투리 3개로 흔하게 치는 점이 있었다. 껍질 채 남아 있는 것은 부유함, 껍질이 절반만 벗겨진 것은 편안함, 완전히 벗겨진 것은 가난을 의미한다고 봤다. 그 중 먼저 찾아내는 것이 그 사람의 미래라는 것이다. 중세에는 마녀의 얼굴을 향해서 덩굴강낭콩을 뱉으면 마녀의 힘이 사라진다고도 믿었다. 나아가 이 방법은 다른 악령에 대해서도 효력을 발휘한다고 믿게 되었다. 말린 덩굴강낭콩을 부적처럼 지니면 사악한 마법이나 부정한 기운으로부터 안전하다고 여겼다. 붉은 덩굴강낭콩은 아메리카가 원산지인데 각 부족들이 저마다 다른 이름으로 불렀으며 구전되는 내용 또한 서로 다르다. 이 식물이 의미 있는 교역상품으로서 가치를 얻게 된 것은 현재 미국의 원주민들 덕분이었다.

694

Philadelphus schrenkii 고광나무

가짜 오렌지 Mock Orange

의미: 위조의, 거짓, 우애 깊은 배려, 관심.

고광나무는 향기로운 흰 꽃이 피는 아름다운 관목이다. 또 마치 오렌지 꽃과 자스민을 섞어놓은 듯한 향기를 풍긴다. 가짜 오렌지라는 이름을 얻게 된 것도 그 꽃을 처음 보면 시트러스(오렌지, 레몬 등 감귤류 과일) 꽃으로 착각하게 되기 때문이다.

695

Philodendron 필로덴드론 (독성)

의미: 자연애, 나무 사랑.

효능: 자연에 감사하기.

696

Phlox paniculata 풀협죽도

의미: 우리의 혼은 하나가 됐습니다, 달콤한 꿈, 만장일치, 하나된 마음, 하나된 영혼.

효능: 우정 주술, 인간관계를 위한 주술.

697

Phoenix dactylifera 대추야자

대추야자 Date Palm

의미: 승리.

효능: 임신과 출산 능력, 정력.

이 나무의 길게 갈라진 잎 한 장을 집에 들여놓으면 수태능력이 증가한다고 믿는 사람들이 있었다. 또 잎을 집 정문 가까이 두면 모든 종류의 액운이 집 안으로 들어오는 것을 방지할 수 있다는 미신도 있었다.

698

Phragmites australis 갈대

Phragmites berlandier | *Phragmites communis* | *Phragmites vulgaris* | 갈대 Reed | 탐보 Tambo | 프라그미테스 알티시무스 Phragmites altissimus

의미: 어리석음, 무분별함, 음악, 성악, 독신.

갈대 한 줄기: 음악.

갈라진 갈대: 어리석음, 분별없음.

꽃차례가 달린 갈대 묶음: 음악.

699

Phytolacca esculenta 자리공 (독성)

크로우베리Crowberry | 포크베리Pokeberry | 포크위드Pokeweed | 포크 루트Poke Root | 포크부시Pokebush | 포크 샐러드Polk Salad | 버지니안 포크Virginian Poke | 잉크베리Inkberry | 포칸Pocan

의미: 용감, 대담함.

효능: 주술을 풀다, 용기.

자리공 줄기를 지니고 있으면 용기가 상승한다고 한다.

700

Picea jezoensis 가문비나무

가문비나무Spruce

의미: 작별, 역경 속의 희망.

가문비나무 종 가운데 하나인 독일가문비나무*Picea abies* 또는 노르웨이가문비나무*Norway spruce*는 스웨덴의 풀루피아엘렌 산에서 발견됐다. 스웨덴 말로 늙은 티코Old Tjikko라고 하는 이 나무의 수령은 거의 9천5백 년 정도로, 지구상에서 가장 오래된 나무로 추정되고 있다.

701

Pilea peperomioides 필레아 페페로미오이데스

필레아Pilea | 중국 돈나무Chinese Money Plant | 팬케이크 플랜트Pancake Plant | 미셔너리 플랜트Missionary Plant | 미러 그래스Mirror Grass | UFO플랜트UFO Plant

의미: 운이 좋네요, 행운.

효능: 우정, 행운, 금전, 금전운.

비행접시처럼 평평하고 앙증맞은 잎과 주변으로 잘 퍼지는 속성 덕분에 엄청난 유명세를 얻다 보니 가격도 대단히 비싸져서 손에 넣기가 쉽지 않다. 대중의 수요에 부응하려면 광범위한 곳에서 재배되어야 하지만 야생의 필레아 페페로미오이데스는 중국 일부 지역의 자연환경에서만 자라며 현재는 생존의 위험에 처해 있다.

702

Pimenta dioica 올스파이스

올스파이스Allspice | 피멘타Pimenta | 자메이카 페퍼Jamaica Pepper | 머틀 페퍼Myrtle Pepper | 뉴스파이스Newspice | 페퍼Pepper | 클로브 페퍼Clove Pepper | 피멘토Pimento

의미: 연민, 사모하는, 사랑, 행운.

효능: 사고들, 공격, 분노, 육욕, 갈등, 사랑, 행운, 관능, 기계류, 금전, 록 음악, 힘, 투쟁, 전쟁.

올스파이스는 금전이나 행운을 불러들이는 허브들을 섞을 때 여기저기에 첨가되는 식물 중 하나다.

703

Pimpinella anisum 아니스

아니스Anise | 아니시드Aniseed | 핌피넬라Pimpinella | 스위트 커민Sweet Cumin | 야니신Yanisin

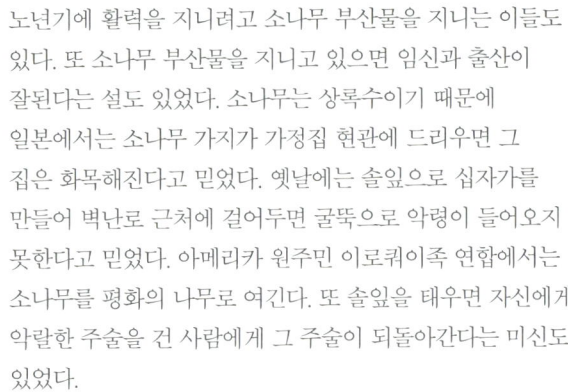

의미: 젊음과 자신감 넘치는 정신의 회복.

씨앗: 젊음의 회복.

효능: 최음, 정력제, 선한 영혼을 불러내다, 경고, 명석함, 의사소통, 창의력, 확장, 신앙(믿음), 명예, 입문, 지성, 배움, 추억, 정치, 권력, 보호, 신중함, 대중의 갈채, 정화, 악령과 액운을 퇴치, 책임감, 왕족, 과학, 자기 보호, 잠, 올바른 판단, 성공, 도둑질, 부, 지혜.

옛날에는 어수선한 꿈을 꾸지 않으려고 아니스 씨앗들을 베갯속에 넣어두기도 했다. 전해지는 이야기에 따르면 마법사는 주위에 싱싱한 아니스 잎을 깔아서 망령이 접근하지 못하게 했다고 한다. 생화 또는 말린 아니스 가지를 침대 곁에 걸어두면 잃었던 젊음을 되찾게 해준다는 미신도 있었다.

704

Pinus densiflora 소나무

소나무Pine

의미: 대담함, 용기, 인내, 희망, 장수, 충성심, 연민, 시간.

솔방울: 유쾌한 주흥, 연회.

효능: 각종 사고들, 공격, 분노, 육욕, 갈등, 임신과 출산, 힐링, 관능, 기계류, 금전, 평화, 보호, 정화, 록 음악, 영적 에너지, 힘, 투쟁, 전쟁.

노년기에 활력을 지니려고 소나무 부산물을 지니는 이들도 있다. 또 소나무 부산물을 지니고 있으면 임신과 출산이 잘된다는 설도 있었다. 소나무는 상록수이기 때문에 일본에서는 소나무 가지가 가정집 현관에 드리우면 그 집은 화목해진다고 믿었다. 옛날에는 솔잎으로 십자가를 만들어 벽난로 근처에 걸어두면 굴뚝으로 악령이 들어오지 못한다고 믿었다. 아메리카 원주민 이로쿼이족 연합에서는 소나무를 평화의 나무로 여긴다. 또 솔잎을 태우면 자신에게 악랄한 주술을 건 사람에게 그 주술이 되돌아간다는 미신도 있었다.

705

Pinus nigra 유럽흑송

유러피언 블랙 파인European Black Pine

의미: 연민.

유럽흑송은 오래 사는 나무인데 개중에는 5백 년 이상을 살고 있는 것들도 있다.

706

Pinus rigida 리기다소나무

피치 파인Pitch Pine

의미: 신앙, 철학, 시간, 시간과 신앙.

과거에는 그 끈적한 진액 덕분에 배나 철로용 침목의 재료가 되기도 했다. 아메리카 원주민들은 리기다소나무를 써서 카누를 만들곤 했다.

707

Pinus sylvestris 구주소나무

유럽 소나무Scotch Fir | 스코틀랜드 소나무Scots Pine

의미: 상승.

미국에서 크리스마스 트리용으로 가장 많이 쓰는 나무가 바로 구주소나무이다.

708
Piper 후추속

디시파이퍼Discipiper | 페퍼 플랜트Pepper Plant | 페퍼 바인Pepper Vine | 차비카Chavica | 오토니아Ottonia | 매크로파이퍼Macropiper

의미: 신의, 마법 깨기, 사랑.

효능: 사고들, 침략, 분노, 육욕, 갈등, 관능, 기계류, 록 음악, 힘, 투쟁, 전쟁.

709
Piper cubeba 큐베브후추

큐베브Cubeb | 자바 후추Java Pepper | 꼬리 페퍼Tailed Pepper | 비당가Vidanga | 빌렝가Vilenga

의미: 사랑, 최음, 정력제, 악령이나 인쿠비(잠자는 여자를 덮치는 남자 악령)를 퇴치.

710
Piper methysticum 카바후추 (독성)

카바Kava | 아바Ava | 아바 페퍼Ava Pepper | 아바 루트Ava Root | 아와 루트Awa Root | 취하게 만드는 후추Intoxicating Pepper

의미: 신의, 마법 깨기, 사랑.

효능: 행운, 관능, 안전한 여행, 시력.

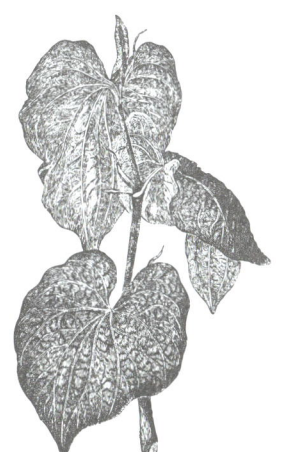

711
Piper nigrum 후추

블랙 페퍼Black Pepper | 페페Pepe | 페페르Peper | 피포르Pipor | 마리카Marica

의미: 신의, 마법 깨기, 사랑.

효능: 에너지, 액운을 막아줌, 보호.

옛사람들은 후추를 조금 넣은 주머니를 지니면 악령을 퇴치하는 데 효험이 있고 지속적인 질투심도 떨쳐버릴 수 있다고 믿었다. 또 후추와 천연 소금을 같은 비율로 섞어서 소유지 주변에 뿌리면 악령을 퇴치하는 것은 물론 향후 다시 찾아오는 것도 막을 수 있다는 설도 있었다.

712
Piscidia erythrina 자메이카도그우드

Piscidia piscipula | 자메이카 도그우드Jamaica Dogwood | 물고기 독나무Fish Poison Tree | 플로리다 피시포이즌 트리Florida Fishpoison Tree | 피시퍼들Fishfuddle | 피시디아Piscidia

의미: 비밀을 지킴.

효능: 보호, 소원.

713
Pistacia lentiscus 피스타키아 렌티스쿠스

매스틱 트리Mastic Tree

의미: 씹다, 이를 갈다.

효능: 풍부함, 굳센 의지, 우정, 성장, 힐링, 환희, 생명, 빛, 관능, 자연의 힘, 성공.

이 식물의 수지에서 얻는 매스틱은 정교회 의식에서 빼놓을 수 없는 성유인 미론myron의 필수적인 재료가 되기도 한다.

714

Pistacia vera 피스타치오 (독성)

피스타Pista |
피스타치오Pistachio |
피스타키온Pistakion

의미: 행운, 행복, 건강.

효능: 사랑의 주술을 깨다.

좀비들을 완전한 죽음의 세계로 보내려면 붉은색으로 염색한 피스타치오 열매를 주면 된다는 미신이 있다. 피스타치오 나무는 기원전 700년경에 고대 바빌로니아의 공중 정원Hanging Gardens에 전시된 식물들 중 하나였던 것으로 추정된다.

715

Pisum sativum 완두

완두콩Pea | 필드 피Field Pea | 가든 피Garden Pea

의미: 약속된 만남, 존경.

효능: 사랑, 금전.

껍질을 깐 완두콩은 행운과 사업상의 이득을 가져온다는 속설이 있다. 옛날에는 미혼의 여성이 재미 삼아 해본 사랑점이 하나 있었다. 먼저 정확히 완두콩 아홉 알이 들어 있는 꼬투리를 찾는다. 그런 다음 그것을 자기 방문 위에 걸어두는데 맨 처음 그 아래로 걸어 들어오는 미혼 남성이 미래의 남편감이라고 한다.

716

Plantago asiatica 질경이

플랜틴Plantain | 양의 발Lamb's Foot | 성 패트릭의 잎Saint Patrick's Leaf | 병사의 허브Soldier's Herb | 갓길의 관찰자Watcher by the Wayside | 백인의 발자국White Man's Footprint | 마차길 풀Cart Track Plant | 뻐꾸기의 빵Cuckoo's Bread | 앞마당의 질경이Dooryard Plantain | 영국인의 발Englishman's Foot | 힐링 블레이드Healing Blade | 암탉풀Hen Plant | 패트릭스 도크Patrick's Dock | 둥근잎 질경이Roundleaf Plantain

의미: 안심시키기, 완화.

효능: 힐링, 옛 아홉 가지 허브 부적의 재료, 보호, 힘, 액운을 물리치기.

요리에 쓰는 바나나인 플랜틴(plantain에는 요리용 바나나와 질경이라는 뜻 두 가지가 있다)과 혼동하지 말 것. 질경이는 길 옆이나 인도의 갈라진 틈에서 자생하는 풀로 마법의 부적 같은 것에도 효험이 있는 것으로 전해지고 있다.

717

Plantago major 왕질경이

그레이터 플랜틴Greater Plantain | 큰잎 플랜틴Broadleaf Plantain | 백인의 발White Man's Foot

의미: 결코 절망하지 말라.

북아메리카가 식민지가 되고 나서 그곳 원주민들 사이에서 왕질경이는 〈백인의 발〉 또는 〈영국인의 발〉이라고 불렸다. 원주민들이 보니 유독 백인들의 발길이 닿는 곳에서 왕질경이가 자라기 시작했기 때문이다. 이런 현상은 식민지 개척자들이 신세계에서 가지고 온 곡물들에 왕질경이 씨앗이 섞여 있었던 데에 기인한다. 정착민들이 그들 주거지 가까운 곳에 곡물 씨앗을 뿌리자 왕질경이도 덩달아 뿌리를 내리면서 마침내 자생식물로 자리 잡게 된 것이다. 나쁜 기운이 들어오는 것을 막아준다며 왕질경이를 차 안에 걸어두는 경우도 있다.

718

Platanus 플라타너스

버즘나무Plane Tree | 시커모어Sycamore

의미: 천재성, 우아함.

고대 드루이드교에서 참나무를 신성시했듯이, 고대 이집트인들과 원시 유목 부족들은 플라타너스를 신성시했다. 전해지는 이야기에 따르면 요셉과 마리아가 베들레헴에서 아기 예수를 데리고 이집트로 피신할 때 플라타너스 그늘에서 쉬었다고 한다.

719

Platanus occidentalis 양버즘나무

양버즘나무American Plane | 아메리칸 시커모어American Sycamore | 버튼우드 트리Buttonwood Tree | 옥시덴탈 플레인Occidental Plane

의미: 결혼생활.

뉴욕증권거래소의 모체를 세우기로 한 합의를 〈버튼우드 합의The Buttonwood Agreement〉라고 부르는데, 이는 1792년 뉴욕 시의 월스트리트 68번가에 위치한 양버즘나무 아래에서 그 문서에 서명한 데서 붙여진 이름이다.

720

Platycodon grandiflorus 도라지

벌룬 플라워Balloon Flower | 차이니스 벨플라워Chinese Bellflower | 재패니즈 벨플라워Japanese Bellflower | 터키시 벌룬 플라워Turkish Balloon Flower | 벨플라워Bellflower

의미: 정직, 순종, 변치 않는 사랑.

효능: 악령 퇴치.

721

Plumbago 플룸바고 (독성)

Plumbago europaea

의미: 납처럼 무거운, 영적 갈망.

플룸바고라는 이름은 이 식물의 꽃과 수액의 얼룩이 납의 빛깔을 연상시키는 푸르스름한 색을 띠는 데서 비롯된 것으로 보인다.

722

Plumeria 플루메리아 (독성)

달걀 노른자꽃 나무Egg Yolk Flower Tree | 템플 트리Temple Tree | 아랄리야Araliya | 참파Champa | 묘지꽃Graveyard Flowers | 멜리아Melia

의미: 새로운, 완벽, 봄날.

효능: 감정, 영감, 직관, 사랑, 영적 능력, 바다, 잠재의식, 조수간만, 배 여행, 숭배.

아시아에서는 플루메리아가 악령과 유령들에게 피난처를 제공한다고 생각했다. 말레이시아 민간에 전해지는 바에 의하면 플루메리아의 향은 뱀파이어의 일종인 폰티아낙Pontianak과 관련이 있다고 한다. 폰티아낙은 어린 시절에 죽은 뒤 복수를 찾아 헤매는 죽지 않는 여자들을 말한다. 태평양의 섬들에서는 여자들이 플루메리아 꽃을 귓가에 꽂는데 상대를 만날 의사가 있다면 오른쪽에, 그렇지 않으면 왼쪽 귀에 꽂는다고 한다. 아주 아름다운 화환을 만들 때도 이 꽃을 사용한다. 또 플루메리아는 자주 장례식이나 무덤과 연관되어 언급되기도 한다.

723

Poaceae 벼과

화본과Gramineae | 그래스Grass

의미: 동성애, 굴복, 쓸모 있음, 유용성.

효능: 보호, 정신의 힘.

창문 앞쪽에 초록 벼를 담은 용기를 걸어두거나 집 주변에 새끼를 꼬아 묶어두면 액운을 막아준다고 한다. 볏잎을 가지고 있으면 정신의 힘을 기르는 데 도움이 된다고도 한다. 벼를 사용해서 소원을 비는 방법도 있는데, 벼를 돌 위에 문질러 녹색 자국이 생기면 그 자국을 보며 소원을 빈 뒤 그 돌을 땅에 묻거나 흐르는 물에 던진다.

724
Podophyllum peltatum 포도필룸 펠타툼 (독성)

메이 애플May Apple | 메이플라워Mayflower | 미국 맨드레이크American Mandrake | 악마의 사과Devil's Apple | 오리의 발Duck's Foot | 가짜 맨드레이크False Mandrake | 와일드 맨드레이크Wild Mandrake | 인디언 애플Indian Apple | 돼지사과Hog Apple | 우산풀Umbrella Plant | 와일드 레몬Wild Lemon | 라쿤 베리Racoon Berry

의미: 비밀 유지.

효능: 금전.

말린 포도필룸 펠타툼 열매를 주머니에 넣고 부적처럼 지니면 어떤 일을 비밀스럽게 행할 수 있다고 믿는 사람들이 있었다.

725
Pogostemon cablin 광곽향

패출리Pachouli | 카블린Kablin | 팟차이Patchai | 엘라이Ellai | 푸차팟Pucha-Pot

의미: 향기.

효능: 풍족함, 금전, 사고들, 침략, 분노, 결속, 갈등, 굳센 의지, 죽음, 에너지, 우정, 성장, 힐링, 역사, 환희, 지식, 성공, 생명, 한계, 관능, 기계에 관한, 자연의 힘, 시간, 장애물, 록 음악, 힘, 투쟁, 전쟁.

광곽향 오일을 돈이나 핸드백, 지갑 같은 곳에 살짝 묻혀두면 재산이 증식된다고 믿기도 했다.

726
Polemonium caeruleum 참꽃고비

그리스 발레리안Greek Valerian | 야곱의 사다리Jacob's Ladder | 파란꽃 그리스 발레리안Blue-flowered Greek Valerian

의미: 진정하세요, 파열.

꽃고비는 검은색 염료를 만들 때 쓴다. 말린 꽃은 포프리 재료로도 자주 쓰인다.

727
Polianthes tuberosa 월하향

튜베로즈Tuberose | 뼈꽃Bone Flower | 밤의 향기Scent of the Night | 향기의 왕King of Fragrance | 골리 마리암Gole Maryam

의미: 위험한 쾌락, 고통이 따를 수밖에 없는 기쁨, 장례식에 관한, 달콤한 목소리, 관능에 젖음, 요염함.

효능: 예민한 신경을 안정시킴, 조화, 평화, 정신의 자극, 행복을 되찾음, 부정적 에너지를 제거.

728

Polygala japonica 애기풀

밀크워트Milkwort | 마운틴 플랙스Mountain Flax | 세네카 스네이크루트Seneca Snakeroot

의미: 은둔처.

효능: 금전, 보호.

729
Polygonatum 둥굴레속

드롭베리Dropberry | 솔로몬 왕의 봉인King Solomon's-Seal | 성모 마리아의 봉인Saint Mary's Seal | 부인용 도장Lady's Seal | 실루트Sealroot | 실워트Sealwort

의미: 나를 지지해 주세요.

효능: 사랑, 보호.

둥글레 뿌리를 집 안 각 구석에 두면 가정이 지켜진다고 한다.

730

Polygonatum multiflorum 폴리고나툼 물티플로룸

솔로몬의 봉인Solomon's Seal | 다윗의 하프David's Harp | 천국으로 가는 사다리Ladder-to-Heaven

의미: 나를 지지해 주세요.

효능: 마법에 구속된, 성스러운 서약에 구속된, 축성.

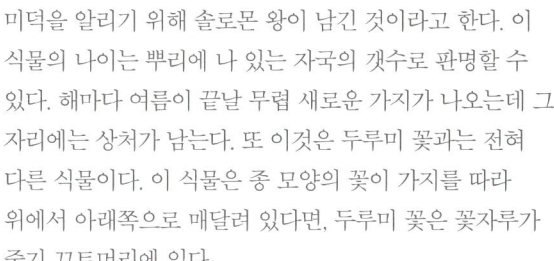

전해지는 이야기에 따르면 뿌리에 있는 자국은 이 식물의 크나큰 미덕을 알리기 위해 솔로몬 왕이 남긴 것이라고 한다. 이 식물의 나이는 뿌리에 나 있는 자국의 갯수로 판명할 수 있다. 해마다 여름이 끝날 무렵 새로운 가지가 나오는데 그 자리에는 상처가 남는다. 또 이것은 두루미 꽃과는 전혀 다른 식물이다. 이 식물은 종 모양의 꽃이 가지를 따라 위에서 아래쪽으로 매달려 있다면, 두루미 꽃은 꽃자루가 줄기 끄트머리에 있다.

731

Polygonum aviculare 마디풀

노트위드Knotweed | 피그위드Pigweed | 참새의 혀Sparrow's Tongue | 레드 로빈Red Robin | 비스토트Bistort | 버크위트Buckwheat | 암스트롱Armstrong | 호그위드Hogweed | 마일 어 미니트Mile-a-Minute | 구체관절Nine Joints | 카우-그래스Cowgrass

의미: 공포.

효능: 구속, 주술에 걸림, 점성술, 건강, 보호, 정신력, 가수면 상태.

혹시 임신을 원한다면 마디풀을 지녀보라는 말이 있다. 또 광폭한 마음을 진정시키려면 마디풀을 가슴에 가까이 대는 것만으로도 훌륭한 효과가 있다고 한다. 마디풀을 만진 사람에게는 특별한 점성술의 힘이 생긴다는 미신도 있다. 또 마디풀은 금전운도 상승시킨다.

732

Polytrichum commune 솔이끼

헤어 모스Hair Moss | 헤어캡 모스Haircap Moss | 버드 위트Bird Wheat | 피존 위트Pigeon Wheat

의미: 비밀.

솔이끼는 전 세계 다양한 지역에 광범위하게 퍼져 있다. 잉글랜드 뉴스테드에 있는 로마시대 유적에서 자라는 솔이끼는 연대가 서기 86년까지 거슬러 올라간다.

733

Populus 포플러

포플러Poplar | 코튼우드Cottonwood | 사시나무Aspen

의미: 비행, 애통, 금전, 부, 웅변.

효능: 도둑 방지, 금전, 보호.

734

Populus alba 은백양

백양Abele | 실버 포플러Silver Poplar | 실버 리프 포플러Silver-Leaf Poplar | 화이트 포플러White Poplar

의미: 용기, 시간.

효능: 비행, 금전, 유체이탈.

은백양의 싹과 잎은 금전운을 상승시킨다. 옛날에는 은백양 싹과 잎을 침대 위에 두거나 몸에 대고 있으면 유체이탈을 가능케 한다고 믿는 이들도 더러 있었다.

735

Populus nigra 양버들

블랙 포플러Black Poplar

의미: 애정, 용기.

반짝이는 심장 모양의 잎을 가진 키 큰 나무인 양버들은 거의 51미터 이상까지 자란다. 그러나 대규모 서식지 파괴로 인해 현재는 그 생존이 위험에 처해 있다.

736

Populus tremula 유럽사시나무

사시나무Aspen | 유라시아 사시나무Eurasian Aspen | 유럽 사시나무European Aspen | 흔들리는 사시나무Quaking Aspen

의미: 유리한 점, 변경, 의식, 연결, 능변, 두려움, 집중, 낮게 신음하다, 애통, 조작, 기회, 순수성, 한숨, 변신, 이행.

잎: 애통, 한숨.

효능: 도둑 방지, 구속, 죽음, 유체이탈, 능변, 비행, 역사, 지식, 한계, 장애물, 시간.

유럽사시나무 싹이나 잎을 지니면 금전운이 상승한다. 중세에는 유체이탈을 수월하게 시도하기 위해 그 싹이나 잎을 곁에 놓기도 했다.

737

Portulaca grandiflora 채송화

모스 로즈Moss Rose | 모스로즈 퍼슬레인Moss-Rose Purslane | 타임 플라워Time Flower | 10시의 꽃Ten O'Clock Flower | 가든 퍼슬린Garden Purslane | 골든 퍼슬린Golden Purslane | 선 로즈Sun Rose

의미: 우수한 가치, 관능적 사랑, 농염.

싹: 사랑의 고백.

효능: 행복, 사랑, 행운, 보호, 잠.

옛날에는 전쟁에 참전하는 병사의 안전을 기원하는 의미에서 채송화를 넣은 작은 주머니를 주곤 했다. 또 가정을 수호하고 행복을 가져온다는 믿음에서 채송화를 기르기도 한다.

738

Potentilla 양지꽃속

싱크포일Cinquefoil | 다섯손가락풀Five Finger Grass | 거위풀Goosegrass | 실버위드Silverweed | 황야의 풀Moor Grass | 크램프위드Crampweed

의미: 사랑받는 아이, 사랑받는 딸, 젊은이를 돌봄, 모성애, 부성애, 고인.

효능: 사업, 확장, 명예, 리더십, 금전, 정치, 권력, 풍성한 수확을 촉진하다, 예지몽, 보호, 대중의 갈채, 책임감, 왕족, 잠, 성공, 재산.

양지꽃의 다섯 갈래 잎은 각각 사랑, 금전, 건강, 권력, 지혜를 상징한다. 그리고 이 잎을 가지고 있는 사람에게 그 힘이 전해진다는 믿음이 있다. 만약 일곱 갈래로 나뉜 잎을 발견해서 베개 밑에 넣어두면 미래의 연인이 꿈에 나타난다고 한다. 양지꽃을 지니거나 몸에 착용하면 어떤 부탁을 했을 때 상대방으로부터 긍정적인 반응을 끌어내는 힘을 받는다고 믿었다.

739

Potentilla erecta 포텐틸라 에렉타

Potentilla tormentilla | *Tormentilla erecta* | 토멘틸Tormentil | 토르맨틀Thormantle | 파이브 핑거스Five Fingers | 목동의 매듭Shepherd's Knot | 블러드루트Bloodroot | 비스킷츠Biscuits | 살과 피Flesh and Blood | 어스뱅크Earthbank | 암양의 데이지Ewe Daisy | 셉트포일Septfoil

의미: 권력.

효능: 사랑, 보호.

액운을 물리치려면 집에 걸어두면 좋다는 말이 있다. 사랑을 불러들이려면 줄기를 가져본다.

740

Potentilla indica 뱀딸기

Duchesnea indica | 가짜 딸기False Strawberry | 인디언 스트로베리Indian Strawberry

의미: 거짓된 모습.

산딸기와 뱀딸기를 구별하는 법이 있다. 진짜 딸기종은 꽃이 흰색이거나 분홍색이 섞여 있는 반면, 가짜 딸기종인 뱀딸기의 꽃은 노란색이다.

741

Potentilla rivalis 포텐틸라 리발리스

Potentilla leucocarpa | *Potentilla pentandra* | 리버 싱크포일River Cinquefoil | 브룩 싱크포일Brook Cinquefoil

의미: 착잡한 마음.

다섯 개의 타원형 꽃잎이 있고 다섯 개로 끝이 갈라진 꽃잎이 번갈아 나오는 양지꽃 종이다.

742

Prenanthes purpurea 프레난테스 푸르푸레아

보라색 상추Purple Lettuce | 방울뱀 뿌리Rattlesnake Root

의미: 보호, 방패, 조심조심 걸으세요.

효능: 금전, 보호.

프레난테스 푸르푸레아는 뱀으로부터 지켜주는 힘이 있다고 한다. 그런데 무엇보다 중요한 것은 친구라 여겼지만 실상 위험한 이들에게 휩쓸리는 것을 막아준다고 한다. 예전에는 이 식물을 넣은 신발을 신으면 액운으로 인해 야기되는 각종 문제에 휘말리는 것을 막아준다고 믿었다.

743

Primula 프리물라

폴리안서스Polyanthus | 프림로즈Primrose

의미: 신뢰, 만족, 청춘기, 영원한 사랑, 여성적인 에너지, 경거망동, 행복, 당신 없이는 살 수 없습니다, 변하기 쉬움, 빈약한 가치, 강박적 사랑, 기쁨, 부귀의 자부심, 만족, 침묵하는 사랑, 경솔, 여성, 젊은 사랑, 청춘.

특별한 색에 담긴 의미

진홍색: 확신, 마음의 비밀, 부유함을 자랑.

연보라색: 확신.

빨간색: 이득, 자의적인 인식, 인정받지 않은 입증되지 않은 가치.

장밋빛색: 방치된 천재.

효능: 사랑, 보호.

744
Primula auricula 프리물라 아우리쿨라 (독성)

Primula balbisii | *Primula ciliata* |
어리큘러Auricula | 곰의 귀Bear's Ear |
마운틴 카우 슬립Mountain Cow slip

의미: 색칠.

특별한 색에 담긴 의미
진홍색: 탐욕.

745
Primula sinensis 프리물라 시넨시스 (독성)

Primuldium sinese | 차이니스 프림로즈Chinese Primrose

의미: 청춘, 사랑의 지속, 음란함.

프리물라 시넨시스의 다섯 개 꽃잎은 여성의 삶에서 중요한 다섯 가지 국면을 상징한다고 한다. 이 꽃의 다발로 요정의 바위를 칠 때 숫자를 잘못 맞추면 불길한 징조로 보며, 정확히 다섯 번을 치면 요정의 선물을 받고 그들의 땅으로 들어가는 문을 열 수 있다는 전설이 있다.
옛 드루이드교에서는 신성한 식물로 여겼다.

746
Primula veris 프리물라 베리스 (독성)

Primula officinalis | 카우슬립Cowslip | 열쇠꽃Keyflower |
천국의 열쇠Key of Heaven | 패스워드Password | 요정의 컵Fairy Cup |
성모 마리아의 열쇠Our Lady's Keys | 숙녀의 열쇠Lady's Keys |
버클Buckles | 리페Lippe

의미: 탄생, 첫날밤, 죽음, 여성.

효능: 보물찾기, 힐링, 사랑의 주술, 청춘.

프리물라 베리스는 요정들이 아끼고 지켜주는 꽃으로 아일랜드와 웨일스 지역에서는 요정의 꽃으로 불린다.
이 식물의 꽃다발로 요정의 바위를 치면 요정의 땅으로 들어가는 입구인 눈에 보이지 않는 문을 열 수 있다고 믿기도 했다. 하지만 꽃의 수가 정확하지 않으면 오히려 재앙을 일으킨다고 한다. 문제는 그 정확한 수가 어떤 건지는 아무도 모른다는 것이지만! 또 어린이들로 하여금 요정이 숨겨둔 보물을 찾게끔 도와준다는 이야기도 있다. 남을 집에 들이고 싶지 않을 때면 이 식물의 가지를 정문이나 현관에 걸어두기도 했다. 젊음을 지키거나 회춘하고 싶다면 이 식물을 몸에 지니라는 말도 있다.

747
Primula vulgaris 프리물라 불가리스 (독성)

Primula acaulis | 프림로즈Primrose | 잉글리시 프림로즈English Primrose | 버터 로즈Butter Rose |
패스워드Password | 잉글리시 카우슬립English Cowslip

의미: 만족, 영원한 사랑, 경거망동, 행복, 소소한 가치, 기쁨, 경솔, 음란함.

효능: 보물찾기, 힐링, 사랑, 보호.

붉고 파란 프리물라 불가리스를 정원에서 가꾸면 요정들이 찾아와 모든 고난으로부터 지켜준다는 설이 있었다. 또 사랑도 찾아오고 광기를 치유하는 데도 효험이 있다고 믿었다.

748

Prosopis 프로소피스

메스키트Mesquite | 소프로피스Sopropis

의미: 용서, 스스로에게 축복을.

효능: 힐링.

이 나무는 보통 15미터 넘게 자라지만 물이 부족할 때는 나지막한 관목 정도로만 자라기도 한다.

749

Protea cynaroides 프로테아 키나로이데스

킹 프로테아King Protea | 자이언트 프로테아Giant Protea | 킹 슈거 부시King Sugar Bush | 꿀단지Honeypot

의미: 용기.

킹 프로테아라고도 불리는 이 식물은 지구상에서 가장 오래된 화초 가운데 하나이다.

750

Prunus americana 아메리카자두

야생 자두Wild Plum | 미국 자두American Plum | 마셜의 크고 노랗고 달콤한 자두Marshall's Large Yellow Sweet Plum

의미: 독립, 독립적인.

효능: 힐링.

아메리카 원주민인 다코타족은 아메리카자두나무 새순으로 제례용 막대를 만들곤 했다.

751

Prunus armeniaca 살구나무 (독성)

Armeniaca vulgaris | 아르메니안 플럼Armenian Plum | 다마스코Damasco | 애프리카트 트리Apricot Tree

의미: 소심한 사랑.

꽃: 불신, 이중의, 소심한 사랑.

효능: 최음, 정력제, 사랑.

꿈에 살구나무를 보면 길조라고 한다. 아르메니아에서 살구나무가 재배된 것은 선사시대부터였던 것으로 추정되는데 아르메니아 가르니 유적지에서 발견된 씨앗은 신석기시대부터 청동기시대 사이인 동석기시대의 것이다. 그런데 바빌로프의 중심설로 추정해 보면 살구나무는 중국의 가정에서도 재배한 것으로 보인다. 한편 살구나무를 최초로 재배하기 시작한 곳은 인도이며 그 시기는 기원전 3000년경으로 거슬러 올라간다. 살구씨를 지니고 있으면 사랑이 찾아온다는 말도 있다.

752

Prunus avium 양벚나무 (독성)

스위트 체리Sweet Cherry | 와일드 체리Wild Cherry | 버드 체리Bird Cherry

의미: 좋은 교육, 교육, 믿음, 지성, 사랑.

꽃: 좋은 교육, 금욕적인 아름다움, 여성스러운 미, 점잖은, 우아한 퇴장에 경의를 표함, 불성실, 친절한, 평화, 정신적인 아름다움, 인생무상, 덧없음.

효능: 매력, 아름다움, 우정, 선물, 조화, 환희, 사랑, 쾌락, 호색, 예술.

오래전에는 사랑을 찾기 위해 자신의 머리카락 한 올을 양벚나무에 묶어두는 풍습도 있었다.

753

Prunus cerasifera 자엽꽃자두 (독성)

Prunus divaricata | 체리 자두Cherry Plum | 미로발란 자두Myrobalan Plum

의미: 궁핍.

효능: 힐링, 사랑.

754

Prunus domestica 서양자두나무

Prunus x domestica | 자두나무Plum Tree

의미: 아름다움, 신의, 천재, 약속을 지키세요, 당신이 한 약속을 지키십시오, 장수, 약속.

효능: 사랑, 보호.

서양자두나무 가지를 집의 문이나 창문에 걸어두어 액운을 막고자 했던 풍습이 있었다.

755

Prunus dulcis 아몬드 (독성)

Prunus amygdalus | *Amygdalus communis* | 아몬드 나무Almond Tree

의미: 풍부한 결실, 현기증, 부주의, 희망, 경솔, 약속, 번창, 어리석음, 배려심 없고 무심한, 연합, 지혜.

꽃: 희망, 주의 깊음.

효능: 야망, 태도, 맑은 생각, 조화, 보다 높은 이해력, 논리, 물질적 형태로 드러냄, 금전, 알콜 의존증을 극복, 번영, 정신적 개념, 벤처 비즈니스에서 성공, 사고 과정, 지혜.

아몬드 열매를 호주머니에 넣고 다니면 귀한 보물로 인도한다고 한다. 야생 아몬드나무의 열매는 매우 쓸 뿐 아니라 독이 있어 함부로 먹으면 안 된다. 단, 사람이 재배하는 아몬드 열매는 독이 없다. 아몬드나무를 잘 타면 새로 시작하는 사업에 성공할 수 있다는 믿음도 있었다. 옛날에는 아몬드나무로 만든 마법 지팡이를 매우 귀하게 여겼다.

756

Prunus japonica 산이스라지 (독성)

Cerasus japonica | 코리안 체리Korean Cherry | 플라워링 아몬드Flowering Almond | 오리엔탈 부시 체리Oriental Bush Cherry

의미: 희망.

효능: 입양, 약혼, 사랑의 주술.

757

Prunus laurocerasus 월계귀룽나무 (독성)

프루누스Prunus | 영국 월계수English Laurel | 아몬드 로렐Almond Laurel | 체리 로렐Cherry Laurel | 로렐Laurel

의미: 배신.

꽃: 배신.

월계귀룽나무의 잎은 플로리스트들이 애용하는 소재이기도 하다.

758

Prunus padus 귀룽나무 (독성)

Cerasus padus | *Prunus racemosa* |
버드 체리Bird Cherry | 아시안
버드 체리Asian Bird Cherry |
유러피안 버드 체리European Bird
Cherry | 핵베리Hackberry

의미: 배신.

효능: 전염병 피하기, 마법.

중세에는 귀룽나무 껍질을
문 앞에 두면 전염병을 피할 수 있다고 믿었다. 스코틀랜드
북부에서는 유독 귀룽나무 목재를 멀리했다. 이 나무를
마녀의 나무라고 여겼기 때문이다.

759

Prunus persica 복숭아나무 (독성)

천도복숭아나무Nectarine Tree(과실의 표면이 매끄러움) |
복숭아나무Peach Tree(과실 표면이 벨벳 같음)

의미: 신부의 희망, 점잖고 너그러움, 행복, 명예, 평화, 재산,
젊은 신부들, 당신의 자질과 매력은 비할 데가 없습니다.

꽃: 사로잡힘, 당신에게 사로잡혀 있습니다, 장수, 내 마음은
당신 것입니다, 훌륭한 자질.

효능: 장수, 사랑, 악령을 퇴치, 소원.

중국에서는 복숭아나무가 망령을 쫓는 데 효험이 있다고
여겼다. 또 아이들에게 악귀가 들러붙는 것을 막으려고
아이들 목에 복숭아 씨앗을 걸어주곤 했다. 복숭아나무
조각을 지니고 있으면 명이 길어지며 심지어 불멸의 힘을
갖게 된다고 믿는 이들도 있었다. 일본에서는 점치는 막대를
복숭아나무 가지들로 만들어 썼다.

760

Prunus rainier 레이니어체리 (독성)

레이니어 체리Rainier Cherry | 화이트 체리White Cherry

의미: 속임, 훌륭한 교육.

레이니어체리나무는 불그스름한 빛을 띤 황금색 열매를
맺는다. 또 열매를 먹고 사는 새들을 많이 끌어들인다.

761

Prunus spinosa 가시자두 (독성)

블랙손Blackthorn | 슬로Sloe | 나무의 어머니Mother of the Wood |
위싱 손Wishing Thorn

의미: 엄격한 내핍, 모험을 좇는 이에게
축복을, 다가올 도전, 제약, 어려움,
불가피함, 준비, 불화.

효능: 부정적인 에너지와 그
개체들을 추방하다, 보호.

예전에는 망령, 재앙,
부정적인 기운이나 악귀를
물리치려고 이 나무를
문간에 걸어두기도 했다.
훌륭한 마법 지팡이의
재료로 이용하기도 했으며
갈라진 가지로 점을 치기도
했다.

762

Pteridium aquilinum 고사리 (독성)

고사리Bracken | 펀Fern | 펀브레이크Fernbrake | 브래큰 펀Bracken Fern | 허클베리의 담요Huckleberry's Blanket

의미: 보호, 비.

효능: 힐링, 예지몽, 보호, 비의 마법.

씨앗: 눈에 보이지 않게 함, 마법의 자질을 부여하다.

여행자가 고사리를 밟게 되면 그 자리에서 방향을 잃게 된다는 설이 있었다. 예전에는 비를 내리게 하기 위해 고사리를 태우기도 했다. 고사리의 엽상체를 베개 밑에 두면 곤란한 문제에 대한 해답을 꿈에서 얻는다고 여겼다. 플라워 어레인지먼트에서는 고사리의 긴 잎을 곁들여서 꽃들을 보호하고자 했다.

763

Pteridophyta 양치식물

악마의 빗자루Devil Brushes | 양치류Ferns

의미: 혼돈, 부유함.

효능: 건강, 행운, 보호, 재산.

옛날 잉글랜드에서는 말린 양치식물을 집에 걸어두면 가족들을 천둥 번개로부터 지킬 수 있고 자르거나 태우면 비가 내린다고 믿었다. 양치식물 씨앗을 주머니에 넣고 다니면 몸을 보이지 않게 하는 능력 같은 마법을 얻게 된다는 미신도 전해진다. 옛날에는 여행자가 양치류를 밟으면 머릿속이 혼란스러워져서 이내 길을 잃고 만다는 이야기도 있었다.

764

Pterocarpus santalinus 자단

레드 샌들우드Red Sandalwood | 레드 샌더스Red Sanders | 우드 트리Wood Tree | 지탄 우드 트리Zitan Wood Tree

의미: 욕망, 욕정, 색정, 세속적 욕망.

효능: 사고들, 공격, 분노, 매력, 아름다움, 욕정, 갈등, 우정의 선물, 조화, 환희, 사랑, 관능, 기계, 쾌락, 록 음악, 관능성, 힘, 투쟁, 예술, 전쟁.

765

Pulmonaria 풀모나리아

렁워트Lungwort | 베들레헴 세이지Bethlehem Sage | 예루살렘 카우슬립Jerusalem Cowslip | 요셉과 마리아Joseph and Mary | 병사와 뱃사람Soldiers and Sailors | 점박이 강아지Spotted Dog

의미: 당신은 나의 인생.

효능: 항공 여행을 할 때 보호해줌.

치유의 마법에서 풀모나리아 잎은 병든 폐의 상태를 나타내기 위해 사용되었다.

766

Pulsatilla 할미꽃속 (독성)

Anemone pulsatilla | 파스크 플라워Pasque Flower | 부활절 꽃Easter Flower | 수줍은 얼굴의 아가씨Shamefaced Maiden | 선더볼트Thunderbolt | 윈드 플라워Wind Flower | 메도우 아네모네Meadow Anemone | 프레리 크로커스Prairie Crocus

의미: 내겐 청구권이 없습니다, 당신은 요구할 권리가 없습니다, 가식과 허세가 없는.

효능: 건강, 보호, 사악한 마법으로부터 보호.

오래전에 할미꽃 꽃받침이 일시적으로 초록색으로

물들인다는 걸 알게 된 뒤부터 여러 봄맞이 축제에서 달걀껍질을 칠하는 용도로 자주 쓰이게 되었다. 이 축제들이 주로 부활절 즈음에 행해지기 때문에 예수의 부활을 축하할 때 달걀에 색을 칠하는 기독교의 풍습으로 자리 잡기에 이르렀다. 가정의 뜰에서 붉은색 할미꽃을 기르면 집과 정원 모두를 지켜준다고 생각했고, 봄이 돼서 처음으로 핀 할미꽃을 봤을 때 붉은색 천에 감싸서 두르거나 지니면 그 해엔 병에 걸리지 않는다고 한다. 스코틀랜드에서 할미꽃은 뇌우를 불러온다고 여겨졌다. 요정들은 밤이 되면 꼭 접힌 할미꽃 잎 속에서 잠을 잔다고 믿는 사람들도 있었다.

767

Pulsatilla montana 몬타나할미꽃 (독성)

마운틴 파스크Mountain Pasque | 할미꽃Pasque Flower

의미: 인내.

효능: 힐링, 건강, 보호, 부정적인 마법으로부터 보호.

768

Punica granatum 석류나무

Punica malus | 그라나다의 사과Apple of Granada | 카르타고의 사과Carthage Apple | 말룸 그라나툼Malum Granatum | 말룸 푸니쿰Malum Punicum | 폼므 그레나드Pomme-grenade | 다알림Daalim | 그레나디에Grenadier | 말리코리오Malicorio | 멜라그라나Melagrana | 파운드 가닛Pound Garnet

의미: 첫 번째 집들이 선물, 풍부, 동정심, 자만심, 우아함, 어리석은 치기, 겉치레, 충만, 행운, 쾌락, 결혼, 낙원, 번영, 부활, 공정, 고통, 여름, 하늘 왕국의 감미로움.

효능: 창의력, 불멸, 지적 능력, 사랑, 행운, 정열, 감각적인 사랑, 부유함, 소원.

꽃: 구속, 우아함, 화신, 성숙하고 우아한, 짝사랑을 위한 마법, 부유함.

종자: 사랑.

석류나무의 껍질 한 조각을 지니고 있으면 임신할 가능성이 높아진다고 한다. 숨겨진 재산을 찾고 싶을 때는 석류나무의 갈라진 가지를 점치는 막대로 사용하기도 했다. 미래에 아이를 몇 명 낳을지 알고 싶어 하는 소녀가 쳤던 점도 있다. 석류 열매를 부서질 만큼 세게 바닥에 던진다. 이때 떨어져 나온 씨앗 개수가 나중에 얻을 아이들의 숫자라는 것이다. 석류나무 가지를 문간에 걸어두면 악령을 물리친다는 설도 전해진다.

769

Pyrus 배나무속 (독성)

배나무Pear Tree

의미: 애정, 건강, 희망.

효능: 사랑, 관능.

배꽃: 편안함, 장수.

지팡이 재료로 배나무 목재를 많이 쓰기도 한다.

770

Quassia amara 콰시아 아마라

비터 애시Bitter Ash | 비터 콰시아Bitter Quassia | 자메이카 콰시아Jamaica Quassia | 콰시아 우드Quassia Wood | 콰시아 바크Quassia Bark

의미: 쓴맛, 신랄함.

효능: 사랑.

771

Quercus 참나무속 (독성)

에버그린 오크Evergreen Oak | 오크 트리Oak Tree | 라이브 오크Live Oak

의미: 인내, 환대, 자유, 기품 있는 풍모, 개인의 재무, 왕권, 부유함.

잎: 용맹, 힘, 환영.

가지: 환대.

열매(도토리): 길고 고된 노동의 성과, 행운, 불멸, 생명, 인내심.

효능: 풍부, 사업, 굳센 의지, 에너지, 확장, 성장, 우정, 건강, 명예, 기쁨, 생명, 행운, 금전, 자연력, 정치, 성행위 능력, 힘, 보호, 대중의 갈채, 책임감, 왕족, 성공, 부.

참나무는 선사시대부터 숭배되고 보호받아온 나무다. 드루이드교 신자들은 참나무 아래에서만 의식을 거행했다. 액운을 방지하기 위해 정확하게 길이를 맞춘 참나무 가지들을 붉은 실로 묶어 십자가를 만들어 집에 걸어두는 풍습도 있었다. 옛사람들은 참나무 조각을 행운의 부적이나 액막이용으로 몸에 지니기도 했다. 늦가을에 떨어지는 참나무 잎을 우연히 붙잡을 수 있다면 겨우내 감기에 걸릴 일은 없을 거라고도 한다. 각종 통증이나 질병으로부터 몸을 보호하고 싶을 때 참나무 열매인 도토리를 몸에 지니기도 했다. 참나무는 수태능력을 촉진하며 성적 능력도 키운다는 믿음이 있다.

772

Quercus alba 미국흰참나무

화이트 오크White Oak | 두이르Duir | 주피터의 너트Jove's Nuts

의미: 임신과 출산, 건강, 행운, 금전, 성행위 능력, 보호.

겨우살이를 의례용으로 잘라 쓰기 위해서는 우선 미국흰참나무 가지들부터 찾는 게 낫다. 모든 식물 가운데 마법의 힘이 가장 강한 것으로 알려진 겨우살이는 특히 미국흰참나무에 기생할 때 가장 성스럽고 강력한 힘을 지닌다.

773

Ranunculus acris 산미나리아재비 (독성)

Ranunculus acer | 들미나리아재비 Meadow Buttercup | 키 큰 미나리아재비 Tall Buttercup | 키 큰 야생 미나리아재비 Tall Field Buttercup

의미: 야망, 어린 시절의 추억, 어린아이 같음, 배은망덕, 불충, 재산, 자부심, 사회 문제, 언어로 소통, 부유함.

중세에는 가짜 거지들이 교묘하게 사람들의 동정을 사는 방법이 있었는데, 그들은 산미나리아재비를 세게 문질러서 피부에 물집이 잡히게 했다. 그 불쌍한 몰골을 본 사람들은 적선을 하지 않을 수 없었다.

774

Ranunculus asiaticus 라넌큘러스

라넌큘러스 Ranunculus | 가든 라넌큘러스 Garden Ranunculus | 페르시안 버터컵 Persian Buttercup

의미: 야망, 마음을 끄는, 아름다운, 어린 시절의 추억, 어린아이 같음, 매혹, 은혜를 모름, 배신, 재산, 자부심, 사회 문제, 눈부신 매력을 발산하는 당신, 당신은 매력덩어리, 언어로 소통, 부유함.

비교적 오래가는 절화로 알려진 라넌큘러스는 일주일씩 물에 꽂아 놓아도 모양이 흐트러지지 않는다.

775

Ranunculus ficaria 라넌큘러스 피카리아 (독성)

Fiscaria verna | *Fiscaria grandiflora* | 레서 셀런다인 Lesser Celandine | 파일위트 Pilewort | 셀런다인 Celandine | 괴혈병 약초 Scurvyherb

의미: 탈출, 미래, 환희, 행복, 임박한 기쁜 일, 법률 사건, 보호.

효능: 탈출, 행복, 환희, 법률 사건, 보호.

776

Ranunculus sardous 털개구리자리 (독성)

Ranunculus parvulus | 헤어리 버터컵 Hairy Buttercup | 사르도니아 Sardonia | 사르도니 Sardony

의미: 죽음, 초대, 아이러니, 경멸, 경멸스러운 웃음.

이 식물이 광기와 정신병을 유발한다는 민간 전설이 있다.

777

Ranunculus sceleratus 개구리자리 (독성)

개구리자리 Celery-leaved Buttercup | 저주받은 미나리아재비 Cursed Buttercup | 아린맛 미나리아재비 Biting Crowfoot | 블리스터워트 Blisterwort

의미: 재치 있는 말, 은혜를 모름.

개구리자리는 대체로 연못가나 배수로 주변에서 볼 수 있다.

778

Raphanus sativus 무

무 Radish | 라푼스 Rapuns

의미: 높은 지위.

효능: 관능, 보호.

집에 무를 들여놓으면 액운을 막아준다는 설이 있다. 옛날 독일에서는 마법사들의 본거지를 찾기 위해 무를 들고 다니기도 했다.

779
Rauvolfia tetraphylla 사엽나부목 (독성)

Rauvolfia tetraphylla | 비 스틸 트리Be Still Tree | 악마의 후추Devil Pepper

의미: 여전함, 그대로 있음.

효능: 행운.

780
Reseda 레세다

바스타드 로켓Bastard Rocket | 다이어스 로켓Dyer's Rocket | 스위트 레세다Sweet Reseda | 미뇨네트Mignonette | 웰드Weld

의미: 아름다운 정신, 윤리적 아름다움, 가치, 가치 있고 사랑스러운, 당신은 외모보다 훨씬 나은 사람입니다, 당신의 품성은 외적 매력을 능가합니다.

효능: 미화, 건강.

781
Rhamnus cathartica 아마갈매나무 (독성)

갈매나무Buckthorn | 램스손Ramsthorn | 하이웨이손Highwaythorn | 퍼징 버크손Purging Buckthorn

의미: 가시나무 가지, 가시 달린 가지.

효능: 액막이, 법률 문제, 보호, 소원.

옛날에는 한 가정과 가족들을 마법이나 주술로부터 보호하려고 문과 창문에 아마갈매나무 가지들을 놓아두곤 했다. 아마갈매나무를 집에 들이거나 몸에 지니면 재판을 포함한 각종 법률 문제에서 도움을 맡는다는 미신도 있었다. 또한 행운의 상징이기도 해서 집에 들이거나 몸에 지니기도 했다.

782
Rhamnus purshiana 카스카라사그라다 (독성)

Frangula purshiana | 카스카라Cascara | 카스카라 버크손Cascara Buckthorn | 비터 바크Bitter Bark | 옐로우 바크Yellow Bark | 성스러운 껍질Sacred Bark | 베어베리Bearberry | 싯팀 바크Cittim Bark

의미: 참을성, 신의 섭리.

효능: 법률 문제, 금전, 보호.

혹시 재판을 이기고 싶다면 법원으로 떠나기 전 집 주변에 카스카라사그라다를 조금 뿌려두면 행운이 따른다고 한다. 몸에 지니면 액운이 달라붙지 못한다는 말도 있다. 오래전에는 예수 그리스도가 쓴 가시면류관이 초록 카스카라사그라다 잔가지를 엮어서 만들었다는 소문도 돌았다.

783
Rheum rhabarbarum 루바브 (독성)

루바브Rhubarb | 파이 플랜트Pie Plant

의미: 충고.

효능: 신의, 건강, 보호.

루바브를 실에 꿰어서 목에 두르면 배앓이를 예방할 수 있다는 말이 있다.

784
Rhododendron maximum 미국만병초

로도덴드론Rhododendron | 섬머 로도덴드론Summer Rhododendron | 미국철쭉American Rhododendron | 로즈 베이Rose Bay | 베이스Bayis | 빅리프 로렐Bigleaf Laurel | 디어텅 로렐Deertongue Laurel | 그레이트 로렐Great Laurel | 마운틴 로렐Mountain Laurel

의미: 동요, 야망, 야심만만, 의식하다, 위험.

효능: 퇴치, 자신이 누구인지 배움, 힘, 적을 제압할 힘, 불안을 선동.

785
Rhodymenia palmata 덜스

Palmaria palmata | 덜스Dulse | 레드 덜스Red Dulse | 시 레티스 플레이크Sea Lettuce Flakes | 홍조식물Creathnach | 딜리스크Dillisk

의미: 조화, 관능, 둘이 함께.

효능: 조화, 관능.

786
Rhus chinensis 붉나무 (독성)

옻나무Sumac | 슈맥Sumach | 슈마크Sumaq | 무두장이의 옻Tanner's Sumac

의미: 탁월한 지성, 찬란한, 화려함.

잎에 타닌 성분이 많이 함유되어 있어 옛날에는 가죽을 무두질할 때 사용했다.

787
Ribes nigrum 블랙커런트

Ribes nigrum chlorocarpum | *Ribes nigrum sibiricum* | 블랙커런트Black Currant

의미: 당신의 찌푸린 표정에 전 죽을 것 같아요, 당신의 불만이 절 죽일 겁니다, 당신이 슬프면 전 죽어요, 제 청을 들어주세요.

가지: 아무쪼록.

788
Ribes rubrum 레드커런트

레드 커런트Red Current

의미: 당신의 찌푸린 표정에 전 죽을 것 같아요, 제 청을 들어주세요, 당신의 불만이 절 죽입니다, 당신이 슬프면 전 죽어요, 감사합니다.

가지: 아무쪼록.

789
Ribes uva-crispa 구스베리

구스베리Gooseberry | 올드 러프 레드Old Rough Red | 프릭클리 베리Prickly Berry | 헤어리 앰버Hairy Amber

의미: 예측, 후회.

옛사람들은 요정들이 위험을 피하려고 구스베리로 숨어든다고 믿었다.

790
Robinia 아까시나무속 (독성)

로커스트Locust

의미: 숨겨진 사랑, 우아함, 우정.

아까시나무 꽃은 분홍 또는 흰색으로 두툼하게 무리 지어 아래로 늘어지면서 핀다. (한국에서 아카시아나무로 잘못 알려진 식물의 올바른 명칭이 바로 아까시나무다.)

791

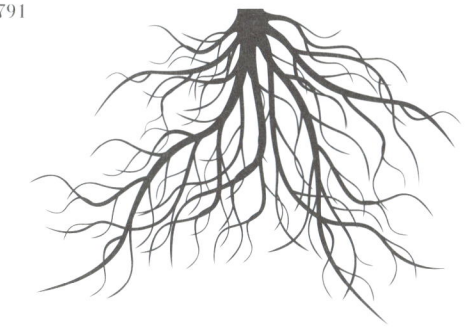

Roots 뿌리들

의미: 확장, 성장, 남근, 힘센 남근, 힘센 보호자, 무기.

효능: 힘, 보호, 무기.

살아 있든 죽었든 식물의 뿌리에는 자연의 힘이 스며 있다. 살아 있는 식물의 뿌리가 방해받지 않고 잘 자란다면 그 무엇보다 강한 힘을 갖고 있을 것이다.

Rosa 장미속

Hulthemia x Rosa | 로즈Rose | 훌테미아Hulthemia | 로돈Rhodon | 바르드Vard | 바레다Vareda

의미: 사랑의 전언, 희망과 정열, 궁극의 미, 사랑, 행운, 균형, 아름다움, 비밀과 깨달음을 얻은, 점을 침, 평형 상태, 열정, 완벽, 보호, 정신의 힘, 침묵의 힘.

특별한 색에 담긴 의미
검정색: 죽음, 작별, 증오, 임박한 죽음, 부활, 회춘.
파란색: 불가능을 가능케 함, 미스터리.
불그레한 색: 나를 사랑한다면 그것을 알게 될 거예요, 당신이 나를 사랑한다면 나를 알게 될 거예요.
신부 드레스 색: 더없는 행복, 행복한 사랑, 행복.
버건디색: 내재(함축), 의식하지 않는 아름다움.
산호색: 욕망, 열광, 행복, 정열.
진홍색: 애도.
진분홍색: 감사합니다.
짙은 빨간색: 수줍어하는, 애도.
건조한 흰색: 죽음, 순수의 상실.
초록색: 남성 에너지.
라벤더색: 황홀감, 첫눈에 반한 사랑, 마법.
연분홍색: 감탄.
오렌지색: 욕망, 열광, 매혹, 정열, 자부심, 호기심.
창백한 색: 우정.
복숭아색: 감탄, 거래를 성사, 감사, 불멸, 함께 합시다, 겸손, 성실.
분홍색: 확신, 욕망, 우아함, 에너지, 무한한 행복, 고상함, 품위, 우아하고 상냥한, 고마움, 행복, 망설임, 환희, 삶의 환희, 사랑, 정열, 완전한 행복, 완전무결, 제발 날 믿어주세요, 로맨스, 로맨틱한 사랑, 은밀한 사랑, 상냥함, 고마워요, 믿음, 당신은 사랑받고 있어요, 청춘.
빨간색: 아름다움, 축하합니다, 용기, 욕망, 힐링, 사랑합니다, 노고, 사랑, 정열, 보호, 존경, 잘했어요!
줄무늬 또는 얼룩무늬: 친밀한 보살핌, 첫눈에 반한 사랑,

따뜻한 마음.
희소가치 있는 색: 유일한 아름다움.
보라색: 감탄, 깊고 깊은 사랑, 매혹, 첫눈에 반한 사랑, 위풍당당, 엄청나게 부유한, 특별한.
흰색: 매력, 영원한 사랑, 천국의, 겸손, 저는 당신에게 걸맞은 사람입니다, 결백, 저는 독신으로 있을 겁니다, 순수성, 숭배, 비밀 유지, 침묵, 미덕, 아쉬움, 가치 있음, 젊음, 당신은 정말 멋진 사람입니다.
노란색: 사과, 배려, 보살피는, 죽어가는 사랑, 우정, 불충, 반가움, 질투, 환희, 사랑, 플라토닉 러브, 날 기억해 주세요, 환영, 돌아온 걸 환영합니다.
분홍색과 흰색이 섞인: 아직도 당신을 사랑하고 늘 그럴 겁니다.
빨간색과 흰색이 함께: 동반, 통합.
색에 상관없이 하나의 가지에 활짝 핀 꽃: 사랑합니다, 단순함.
노란색 하나에 빨간색 11개: 사랑과 정열.
오렌지색과 노란색이 섞인: 정열적인 사고.
빨간색과 노란색이 섞인: 축하합니다, 흥분, 행복, 환희.
활짝 핀 장미꽃 다발: 감사합니다.
장미 화관: 미덕에 신경 쓰세요, 성적의 보상, 보다 나은 가치, 미덕.
활짝 핀 장미: 당신은 아름답습니다.
장미 화환: 미덕에 신경 쓰세요, 미덕의 보상, 보다 나은 가치.
장미의 잎: 절대로 괴롭히지 않겠습니다, 기대하셔도 좋습니다.
두 개의 꽃봉오리에 올라와 있는 활짝 핀 장미 한 송이: 비밀을 지킴.
가시 없는 장미: 애정, 초기 애착.
시든 장미: 떠나간 사랑.
장미 리스: 미덕에 신경 쓰세요, 미덕의 보상, 보다 나은 가치.
효능: 아름다움, 힐링, 사랑, 평화, 보호, 정신의 힘, 정화.

1840년 1천여 종에 달하는 장미 품종들이 수집되어 빅토리아 수목원 한 곳에 심어졌다. 잉글랜드에서는 이 수목원에 굳이 이름을 붙이지는 않았지만 애브니 공원묘지 Abney Park Cemetery라는 이름으로 1840년부터 1978년까지 운영되다가 현재는 공원으로 바뀌었다.

로마시대에는 기밀 사항을 논의 중일 때 야생 장미를 문 위에 놓아두곤 했다. 그래서 '비밀을 지킨다'라는 뜻으로 쓰이는 sub rosa, 즉 '장미 아래'라는 말은 이 관습에서 유래하였다. 또 정원에 장미를 심어두면 요정들을 끌어들인다고 믿는 경우도 있었다. 장미 꽃잎을 집 주위에 흩뿌리면 스트레스를 완화하고 밖으로 불거져서 골치가 아픈 집안 문제들도 해결해 준다고 믿었다.

793

Rosa acicularis 인가목

Rosa nipponensis | *Rosa baicalensis* |
프리클리 로즈Prickly Rose | 와일드
로즈Wild Rose | 아틱 로즈Artic Rose |
꺼칠꺼칠한 장미Bristly Rose

의미: 시적인 사람.

전해져 오는 옛이야기에 따르면
요정이 인가목을 먹고 시계 반대 방향으로 세 번을 돌면
몸을 보이지 않게 할 수 있다고 믿었다. 반대로 인가목을
먹은 뒤 시계 방향으로 세 번을 돌면 다시 보이게 할 수
있다고 믿었다.

794

Rosa (*Bud*) 장미꽃 봉오리

로즈 버드Rose Bud

의미: 때묻지 않은 사랑의 마음,
아름다움, 고백한 사랑, 사랑의 고백,
결백, 소녀, 청춘.

특별한 색에 담긴 의미
분홍색: 순수, 순수하고 사랑스러운,
당신은 젊고 아름다워요.
하얀색: 사랑을 모르는 마음, 소녀 시절, 사랑하기에 너무
어린, 결혼하기에 너무 어린.
빨간색: 로맨스.

795

Rosa canina 개장미

개장미Dog Rose | 도그 베리Dog
Berry | 돌무덤Stenros | 마녀의
들장미Witch's Briar

의미: 흉포함, 정직, 고통과
환희, 단순함.

개장미는 덩굴처럼 위로 타고 올라가는
들장미다. 오래전 사람들은 개장미가 미쳤거나 흉포한
개에게 물린 상처를 낫게 해준다고 여겼다.

796

Rosa carolina 로사 카롤리나

캐롤라이나 로즈Carolina Rose | 로우 로즈Low Rose | 패스처
로즈Pasture Rose

의미: 위험한 사랑.

로사 카롤리나는 초원지대에서 자유롭게 자라며 가장
흔하게 발견되는 들장미 종이다.

797

Rosa centifolia 로사 켄티폴리아

캐비지 로즈Cabbage Rose | 100장의
꽃잎을 가진 장미Hundred-leaved Rose |
프로방스 로즈Provence Rose |
5월의 장미Rose de Mai

의미: 사랑의 친선대사,
마음의 품격, 점잖음,
우아함, 자부심.

효능: 분노를 가라앉힘,
사랑을 키움, 사랑을
스며들게 함.

로사 켄티폴리아는 다른 어떤 화초보다
정신과 공명하는 힘이 세다.

798

Rosa chinensis 월계화

Rosa indica vulgaris | 차이나 로즈China Rose | 차이니스 히비스커스Chinese Hibiscus | 데일리 로즈Daily Rose | 먼슬리 로즈Monthly Rose | 올드 블러시 로즈Old Blush Rose

의미: 늘 신선한 아름다움, 우아함, 당신처럼 미소 짓고 싶어요, 내 불안감을 달래주세요, 내가 갈망한 그 미소, 내가 갈망하는 당신의 미소.

효능: 보호, 안도, 미소.

799

Rosa foetida 로사 포이티다

Rosa eglanteria | *Rosa sulphurea* | 오스트리아 장미Austrian Rose | 오스트리안 코퍼Austrian Copper | 텍사스의 노란 장미The Yellow Rose of Texas | 카푸친Capucine | 코퍼Copper | 개양귀비 장미Corn Poppy Rose | 오스트리아 주홍 장미Vermilion Rose of Austria

의미: 시들어 가는 사랑, 우정, 불충, 질투, 환희, 사랑스러움, 플라토닉 러브, 당신은 사랑 그 자체, 조심하세요, 불성실, 매우 사랑스러운, 그토록 사랑스러운 당신.

로사 포이티다는 생생한 노란색 꽃들이 매우 아름답고 풍성하게 피는데 향은 다소 특이하다.

800

Rosa gallica "*Versicolor*" 로사 갈리카 베르시콜로르

Rosa versicolor | 로즈몽드Rosemonde | 가넷 스트라이프 로즈Garnet Stripe Rose | 먼데이 로즈Monday Rose | 프랑스 줄무늬 장미Striped Rose of France

의미: 다양성, 당신은 명랑하군요.

이 장미는 여러 색깔의 꽃잎에 줄무늬가 있다.

801

Rosa gymnocarpa 로사 김노카르파

드워프 로즈Dwarf Rose | 우드 로즈Wood Rose | 볼드힙 로즈Baldhip Rose

의미: 행운.

가시가 있고 꽃잎이 다섯 개인 들장미로 아메리카 북서부가 원산지이다.

802

Rosa majalis 로사 마얄리스

Rosa cinnamomea | 시나몬 로즈Cinnamon Rose | 더블 시나몬 로즈Double Cinnamon Rose | 메이 로즈May Rose | 싱글 메이 로즈Single May Rose | 와일드 로즈Wild Rose

의미: 가식이 없는.

이 장미에서 천연 오렌지색 염료를 추출한다.

803

Rosa moschata 로사 모스카타

머스크 로즈Musk Rose

의미: 변덕스러운 아름다움.

사향장미 무리: 매력.

이 장미는 히말라야가 원산지로 알려져 있다. 윌리엄 셰익스피어가 「한여름 밤의 꿈」에서 언급한 장미가 바로 이것이라고 추정된다. 왜냐하면 셰익스피어 시대에 정원에서 키우는 장미였기 때문이다. 또한 가시가 있고 꽃잎은 다섯 장이며 굉장히 진한 향을 풍긴다.

804

Rosa multiflora var. *platyphylla* 덩굴장미

럼블러 로즈Rambler Rose | 베이비 로즈Baby Rose | 멀티플로라 로즈Multiflora Rose | 이너미스 장미Inermis Rose

의미: 우아함, 은혜를 모름.

덩굴장미가 북아메리카에 처음 들어온 것은 1866년경 다른 장미들의 꺾꽂이용 뿌리로 쓰기 위해서였다고 알려졌다. 1930년대에는 가시 많은 덩굴장미를 기르는 것을 장려했는데 그것이 토양이 침식되는 것을 막아주는 두터운 생울타리 역할을 했기 때문이다. 현재는 급속히 퍼져서 거의 토착식물이 되었다. 특히 새들을 비롯한 여러 동물들이 부단히 덩굴장미 씨앗을 옮기고 다니는데 땅속에서 20년까지는 싹을 틔울 수 있다. 도로의 중앙 분리대에 빽빽하게 심어진 덩굴장미는 충격 방지용 분리대 역할도 한다.

805

Rosa rubiginosa 로사 루비기노사

스위트 브라이어Sweet Briar | 에글런타인 로즈Eglantine Rose

의미: 치유해야 할 상처, 상처의 치유, 시, 단순함, 봄, 심포니.

한때 로사 루비기노사를 정원에서만 재배하던 시기가 있었는데 언제부턴가 자연스럽게 주변으로 번져가더니 현재는 유럽 전역의 도로변에서 야생화처럼 자라고 있다.

806

Rosa rugosa 해당화

해당화Haedanghwa | 일본 장미Japan Rose | 하마나시Hamanashi | 러기드 로즈Rugged Rose

의미: 당신의 유일한 매력은 미모.

모래가 많은 해안 지역에서 가장 잘 자라는 해당화는 토양의 침식을 막아준다. 또 가시 많은 해당화는 굉장히 커다란 꽃을 피운다.

807

Rosa damascena 다마스크장미

Rosa x damascena | 다마스크 로즈Damask Rose | 다마스크Damask | 다마스쿠스 로즈Damascus Rose | 골리 모함마디Gole Mohammadi | 카스티야의 장미Rose of Castile

의미: 수줍은 사랑, 현명한 조치, 신선미, 사랑의 영감, 생기 넘치는 사랑.

이란이 원산지인 다마스크장미는 현재 중동 전역에서 사랑받고 있다. 아주 크고 아름답고 향기로운 꽃이 피어 예로부터 귀하게 여기고 있다. 또한 여러 종교의식에서 사용되는 에센셜 오일의 원료가 되고 있다.

808

Rosmarinus officinalis 로즈마리

로즈마리Rosemary | 바다의 이슬Dew of the Sea | 엘프의 잎Elf Leaf | 추억의 허브Herb of Remembrance | 마리아의 장미Rose of Mary | 나침반풀Compass Weed | 극지의 풀Polar Plant

의미: 애틋한 추억, 사랑을 끌어들임, 지조, 죽음, 신의, 우정, 사랑, 충성, 기억, 가정에서 힘의 균형을 회복, 활력, 결혼식의 허브.

효능: 풍부, 굳센 의지, 에너지, 감정, 임신과 출산, 우정, 성장, 힐링, 영감, 직관, 환희, 생명, 사랑, 사랑의 부적, 관능, 맑은 정신, 정신의 힘, 자연의 힘, 보호, 질병으로부터 보호, 정화, 악몽을 퇴치, 마녀를 퇴치, 바다, 잠, 잠재의식, 성공, 해상 여행, 청춘.

고대 이후, 특히 관례가 본격적으로 시작된 그리스시대 이후 로즈마리는 장례식과 결혼식에 골고루 쓰였다. 고대 그리스에서는 학생이 시험을 볼 때 로즈마리 가지를 귀나 머리에 꽂아서 기억력을 향상시키려 했다. 고대 이집트 시대에는 장례식에서도 한 역할을 했는데 시신을 방부 처리하는 과정에서 사용되었다. 또 결혼식 꽃으로도 두루 쓰였는데 신혼부부가 결혼 서약을 오래도록 기억하고 서로에게 진실하도록 북돋아준다는 의미에서였다. 중세에는 신혼부부가 로즈마리 가지를 심는 풍습이 있었는데 잘 자라지 못하면 결혼생활과 그 가정에 나쁜 징조로 받아들였다. 뿐만 아니라 로즈마리를 개인 정원에서 가꾸는 이들은 반듯한 사람들이라는 생각이 퍼져 있었다. 중세에는 또한 크리스마스 무렵 집 안에 좋은 향이 퍼지도록 계단에 흩뿌려 놓기도 했는데 크리스마스이브에 로즈마리 향을 맡으면 새해 내내 행복할 거라는 믿음이 있었기 때문이다. 로즈마리 가지를 손가락으로 만지면 사랑에 빠진다는 속설도 있었다. 또 로즈마리는 어떤 특정 주술에도 자주 사용되었는데 베개 밑에 로즈마리 가지를 두고 자면 악몽에서 치유된다고 믿었다. 오스트레일리아에서는 제1차 세계대전의 전사자들을 추모하는 앤잭 데이Anzac Day에 로즈마리 가지를 몸에 걸친다. 로즈마리는 망령을 쫓는데도 특별한 효험을 발휘한다고 생각했고, 사랑을 끌어들이는 데 효험이 있다는 인형의 속을 채우는 재료로도 자주 쓰였다. 집의 출입구 양측에 로즈마리를 두는 것은 사악한 주술을 퇴치하려는 의미이다.

809

Rubia akane 꼭두서니

Rubia tinctorum | 매더Madder | 염색업자의 꼭두서니Dyer's Madder

의미: 중상모략, 수다스러운.

고대 이래 꼭두서니의 뿌리는 천연 섬유와 가죽의 염료로 사용되었다.

810

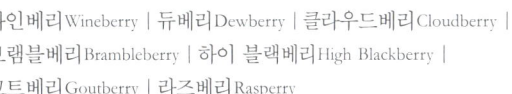

Rubus 산딸기속

블랙베리Blackberry | 유러피언 블랙베리European Blackberry | 유러피언 라즈베리European Raspberry | 레드 라즈베리Red Raspberry | 새먼베리Salmonberry | 와인베리Wineberry | 듀베리Dewberry | 클라우드베리Cloudberry | 브램블베리Brambleberry | 하이 블랙베리High Blackberry | 고트베리Goutberry | 라즈베리Rasperry

의미: 부러워하다, 초라함, 회한.

효능: 행복, 힐링, 사랑, 금전, 번영, 보호, 시각.

산딸기와 마가목, 아이비를 섞은 리스를 만들어서 문에 걸어두면 액운을 퇴치할 수 있다고 믿었다. 잉글랜드에서는 10월 11일이 지나서 산딸기를 따는 것은 흉조로 여겼다. 산딸기를 무덤에 심기도 하는데 이는 죽은 이가 영면하는 자리를 떠나 유령으로 떠돌지 말기를 기원하는 의미에서였다. 오래전에는 사람이 죽으면 창문은 물론 외부 출입구에도 산딸기 가지들을 걸어두곤 했다. 이렇게 하면 망자의 혼이 집으로 다시 들어와서 아예 눌러사는 것을 방지할 수 있다고 믿었기 때문이다. 산딸기는 지구상에서 인류가 초기에 먹었던 식량 가운데 하나로 추정된다.

811
Rubus idaeus 레드라즈베리

유럽 라즈베리European Raspberry | 프랑부아즈Framboise | 레드 라즈베리Red Raspeberry

의미: 거만한 미인, 유혹.

효능: 행복, 힐링, 사랑, 금전, 번영, 보호, 선견지명.

812
Rubus odoratus 오도라투스산딸기

플라워링 라즈베리Flowering Raspberry | 보라꽃 라즈베리Purple-flowering Raspberry | 버지니아 라즈베리Virginia Raspberry | 팀블베리Thimbleberry

의미: 향기로운 퍼플 뷰티, 사랑스러운 장면.

효능: 행복, 힐링, 사랑, 금전, 번영, 보호, 시각.

오도라투스산딸기는 매혹적인 보라 색상의 아름다운 꽃을 피운다. 혹시 자신만의 공간이 침범당하는 게 싫다면 이 엄청나게 꺼끌꺼끌한 관목으로 근사한 울타리를 만들어 보는 것도 좋겠다.

813

Rudbeckia hirta 루드베키아

콘플라워Coneflower | 검은눈의 수잔Black-eyed Susan | 골든 예루살렘Golden Jerusalem | 황무지의 데이지Poorland Daisy | 옐로우 데이지Yellow Daisy | 블랙키헤드Blackihead | 브라운 베티Brown Betty | 글로리오사 데이지Gloriosa Daisy | 노란 황소눈 데이지Yellow Ox-eye Daisy

의미: 정의, 본심 회복.

효능: 힐링.

814
Ruellia 루엘리아 (독성)

야생 페튜니아Wild Petunia

의미: 영광, 불멸.

통상적으로 야생 페튜니아로 불리지만 루엘리아는 페튜니아와는 전혀 관계가 없는 식물이다.

815
Rumex acetosa 수영 (독성)

Rumex stenophyllus | 소렐Sorrel | 좁은잎 수영Narrow-Leaved Dock | 가든 소렐Garden Sorrel | 마크리스Macris | 소스카Soska | 스테비에Stevie

의미: 애정, 부모의 애정, 때가 좋지 않은 농담, 심기일전, 위트.

효능: 힐링, 건강.

816
Rumex crispus 소리쟁이 (독성)

노란 소리쟁이Yellow Dock | 곱슬머리 소리쟁이Curly Dock | 네로우 도크Narrow Dock | 사우어 도크Sour Dock

의미: 곱슬거리는, 곱슬머리.

효능: 임신과 출산, 금전.

옛날에 임신을 바라는 여성은 면으로 만든 주머니에 소리쟁이 씨앗을 조금 넣어서 왼쪽 팔에 두르기도 했다.

817

Rumex patientia 부령소리쟁이

소리쟁이Dock | 페이션스 도크Patience Dock | 수도사의 루바브Monk's Rhubarb | 가든 페이션스Garden Patience | 허브 페이션스Herb Patience

의미: 참을성, 종교적 미신, 약삭빠름.

효능: 임신과 출산, 힐링, 금전.

818

Rumohra adiantiformis 루모라고사리

빵굽는 자의 양치식물Baker's Fern | 아이언 펀Iron Fern | 7주일의 고사리Seven-weeks Fern | 레더 리프 펀Leather Leaf Fern | 클라이밍 실드 펀Climbing Shield Fern

의미: 매혹, 성실함.

루모라고사리는 플로리스트들이 가장 애용하는 소재 가운데 하나이다. 지역을 막론하고 거의 어떤 경우에도 어울리는 소재이기 때문이다. 브라질에서는 야생에서 자라는 루모라고사리의 갈라진 엽상체를 수확해서 큰 수입을 올리고 있는 사람들도 있다.

819

Ruta graveolens 루 (독성)

루Rue | 루타Ruta | 가든 루타Garden Ruta | 저먼 루타German Ruta | 허브 오브 그레이스Herb of Grace | 허브의 어머니Mother of the Herbs | 회개의 허브Herb of Repentance | 마녀의 골칫거리Witche's Bane

의미: 후회, 회개.

효능: 인내심, 힐링, 건강, 사랑, 처녀성, 맑은 정신, 힘, 정화, 고양이 퇴치.

가톨릭 사제들은 성수에 루를 조금씩 섞기도 했다. 루는 수백 년을 살 수 있다고 한다. 옛 리투아니아에서는 결혼식 때 신부가 루로 만든 리스를 두르곤 했다. 중세에는 창문에 걸어두고 악령이 집으로 들어오는 것을 막는 풍습이 있었다. 또 루 다발을 허리에 두르면 마녀들을 퇴치할 수 있다고 믿었다. 옛날에는 두통이 오면 루의 잎을 이마에 올려두면 통증이 가라앉는다고 여겼다. 집 안의 바닥에 싱싱한 루의 잎을 문지르면 어떠한 악랄한 주술이라도 그것을 건 이에게 되돌아간다는 설이 있었다. 루 가지를 지니고 있으면 늑대인간을 피할 수 있다고 믿기도 했다.

820

Saccharum officinarum 사탕수수

슈가케인Sugarcane | 코Ko

의미: 달콤한 사랑, 감미료를 넣은, 기념행사를 위한 사탕.

효능: 기념행사, 사랑, 관능.

옛날에는 사탕수수를 향신료로 여겼다. 아직도 사탕수수를 약재로 쓰고 있는 민간요법이 있다. 기원전 800년경 뉴기니에서 처음으로 재배되기 시작했다고 알려져 있다.

821

Sagina subulata 진주개미자리

Sagina pilifera | 스코틀랜드 이끼Scotch Moss

의미: 불가사의한 경로.

효능: 행운, 금전, 보호.

아주 작은 흰색 꽃을 피우는데 너무 풍성하게 피어서 거의 꽃들로 뒤덮일 정도가 되기도 한다.

822

Saintpaulia ionantha 아프리칸바이올렛

Saintpaulia kewensis | 아프리칸 바이올렛African Violet

의미: 그만한 가치는 드뭅니다.

효능: 보호, 영성.

아프리칸바이올렛을 가정에서 기르면 영성이 고양된다고 한다.

823

Salix pierotii 버드나무

버드나무Willow | 생명의 회초리Rods of Life | 고양이 버들Pussy Willow | 갯버들Sallow

의미: 병에서 쾌유, 모성, 은혜를 입다, 봄.

고대 로마에서는 여성들이 어머니 역할을 처음 배울 때 다산을 기원하는 의식에서 버드나무 가지로 채찍을 맞았다고 한다. 버드나무는 정원의 조형물 또는 돔이나 앉을 자리 같은 시설을 만들 때 살아 있는 조각품 역할을 하는 식물로 자주 선택되곤 한다. 서유럽 북부의 기독교 교회에서는 종려주일(부활주일 바로 전 주일) 행사에 버드나무 가지로 종려나무를 대체하기도 한다. 중국에서는 청명 기간에 배회하는 망령을 쫓아내려고 버드나무 가지들을 대문이나 현관에 걸어두기도 했다. 도교의 도사들은 망자의 혼과 소통하기 위해 버드나무 목재로 만든 조각품을 사용하곤 했는데, 망자의 혼이 마땅히 들어가야 할 저세상의 모습을 보여주고 친족들에게는 궁금해 하는 정보를 얻어서 알려주는 데 필요했다. 오래전부터 전해지는 잉글랜드의 민담에서는 버드나무를 불길하다고 여겼다. 뿌리째 뽑힌 버드나무가 여행자들을 쫓아다니면서 괴롭힌다고 믿었기 때문이다.

824

Salix alba 흰버들

백버들White Willow | 고양이 버들Pussy Willow | 마녀의 아스피린Witches' Aspirin | 고리버들Osier | 매혹의 나무Tree of Enchantment | 살리신 윌로우Salicyn Willow

의미: 황홀함, 미혹에 빠짐, 불멸.

효능: 결속, 축복, 힐링, 사랑, 사랑점, 보호.

이 나무는 사랑을 불러들인다. 특히 달의 마법을 쓸 때 이 나무로 만든 지팡이가 자주 요긴하게 쓰이곤 했다. 또 이 나무는 집안을 악령으로부터 지켜주는 역할을 한다고 여겨지기도 했다. 혹시 불안감을 달래기 위해 나무 두드리기를 실행한다면 흰버들을 고르는 게 낫다. 부활절에 뒤이은 월요일은 슬라브인들에게는 축제일이다. 이날 미혼 남성들이 미혼 여성들에게 물을 끼얹으면 여자들은 흰버들 꽃차례로 만드는 고양이 장난감 같은 가지로 남자들의 머리를 장난스럽게 친다. 고양이버들Pussywillows이라는 말은 이 풍습에서 유래했다.

825
Salix babylonica 수양버들

Salix matsudana | 수양버들Weeping Willow |
바빌론 버들Babylon Willow |
나폴레옹 버들Napoleon Willow

의미: 버림받은, 멜랑콜리,
형이상학, 애도, 슬픔, 집요함.

효능: 점성술, 힐링.

826

Salix repens 살릭스 레펜스

크리핑 윌로우Creeping Willow

의미: 버림받은 사랑.

살릭스 레펜스는 황야지대나 물 가까운 모래 둔덕에서 포복하듯 자라는 키 작은 관목이다.

827
Salvia apiana 살비아 아피아나

화이트 세이지White Sage | 꿀벌
세이지Bee Sage | 성스러운
세이지Sacred Sage

의미: 고결한 근면성.

효능: 예술적 능력, 악령이나 부정적 기운을 퇴치, 비즈니스, 분위기를 쇄신, 축성, 확장, 여성의 정절, 큰 존경, 힐링, 명예, 불멸, 장수, 추억, 정치, 힘, 번영, 보호, 대중의 갈채, 정화, 책임, 왕족, 성공, 부, 지혜, 소원.

옛사람들은 힐링 또는 번창을 바랄 때 살비아 아피아나를 향처럼 태워서 부적처럼 몸에 지니거나 사체 속에 넣어두면 좋다고 여겼다. 예로부터 어떤 공간을 정화시키거나 부정한 기운과 악령을 쫓아버림으로써 그 공간을 축성하고 보호할 때 이 식물을 태우기도 했다.

828
Salvia cacaliifolia 블루세이지

Salvia cacaliaefolia | 블루 샐비어Blue Salvia | 블루 바인 세이지Blue Vine Sage

의미: 당신을 생각합니다.

블루세이지는 진하고 밝은 파란색 꽃이 핀다.

829
Salvia officinalis 세이지

넓은잎 세이지Broadleaf Sage | 가든
세이지Garden Sage | 레드 세이지Red
Sage | 달마시안 세이지Dalmatian Sage |
컬리너리 세이지Culinary Sage |
키친 세이지Kitchen Sage |
퍼플 세이지Purple Sage

의미: 불로장생, 슬픔을 달래다, 가정의 미덕, 존중, 양호한 건강, 불멸, 기나긴 인생, 지혜.

효능: 분위기 쇄신, 확장, 비즈니스, 여성의 정조, 명예, 불멸, 장수, 정치, 힘, 보호, 대중의 갈채, 정화, 책임, 왕족, 뱀에 물린 상처, 성공, 부, 지혜, 소원.

고대 로마인들은 세이지에 영생을 가능케 할 만한 힘이 담겨 있다고 믿었다. 또 오직 집 안에서 여자가 길러야 잘 자란다고 믿기도 했다. 반면 세이지를 묘지에 심는 경우도 많은데 그냥 내버려두어도 잘 자라고 오래도록 살아남는다고 여겼기 때문이다. 고대 이후 세이지는 액운이나 악령을 물리치는 용도로 자주 사용되었다. 특히 중세에는 역병에 효험이 있다는 네 가지 도둑 식초four thieves vinegar라는 의료용 마법 물질의 주 원료로 사용되기도 했다. 세이지 잎에 소원을 적어 베개 밑에 넣어두고 사흘 연속 그 베개를 베고 자본다. 그러면 앞으로 일어날 일이 꿈에서 나오고 실제로 그대로 이뤄진다고 한다. 반면 이루고 싶은 일이 꿈에 나오지 않으면 그 잎을 얼른 태워버려야 후환이 없다.

830

Salvia sclarea **클라리세이지**

클라리Clary | 클라리 세이지Clary Sage

의미: 명확히 하다, 임신과 출산, 영감, 직관, 정신의 힘, 바다, 잠재의식, 조수간만, 배를 타고 여행.

클라리세이지는 종종 여자의 허브로 받아들여지기도 한다. 감정을 진정시키고 집중시키는 효력 때문이다.

831

Sambucus williamsii **딱총나무** (독성)

엘더Elder | 엘더베리Elderberry

의미: 연민, 창조성, 순환, 죽음, 결말, 친절, 부활, 갱신, 변형, 열의, 열심.

효능: 액운을 막아줌, 번영, 보호, 잠.

꽃: 연민, 겸손, 친절, 열의.

832

Sambucus nigra **블랙엘더베리** (독성)

엘더Elder | 엘더베리Elderberry | 블랙 엘더Black Elder | 엘더 플라워Elder Flower | 유러피언 엘더European Elder | 유러피언 블랙 엘더베리European Black Elderberry | 스위트 엘더Sweet Elder | 트리 오브 둠Tree of Doom | 파이프 트리Pipe Tree | 힐란 트리Hylan Tree | 앱솔루트Absolute | 보어 트리Bour Tree

의미: 액운으로부터 보호.

효능: 죽음, 행운, 번영, 보호, 망령과 마녀로부터 보호, 뱀들을 죽임, 도둑들을 물리침, 잠.

옛날에는 이 식물을 마녀들과 관련지어 생각했다. 또 죽은 지를 땅에 묻을 때 그 곁에 함께 심어서 나쁜 영들로부터 보호하고자 했다. 석기시대에 만들어진 화살촉을 보면 이 식물의 잎과 닮은 것을 알 수 있다. 이 식물의 목재로 만든 십자가는 동물들을 부정적 기운으로부터 보호해 준다고 여겨져서 이 나무로 십자가를 만들어 종마에게 묶어두기도 했다. 아기 요람을 이 식물로 만들지 않았던 이유는 아기가 떨어지거나 잠을 잘 들지 못하고 요정들에게 꼬집힐 수 있다고 믿어서였다. 영국인들은 이 식물의 장작을 태우면 집 안으로 악령이 들어온다고 믿었다. 또한 가지를 치기 전에는 나무에게 허락을 구해야 한다고 믿기도 했다. 그리고 세 번 침을 뱉고 나서 첫 가지를 쳐야 한다는 관습을 지키는 곳도 있었다. 4월의 마지막 날에 잎들을 모아 집의 출입문과 창문에 붙여두면 나쁜 기운이 집 안으로 들어오는 것을 막아준다는 설도 있다. 집 가까운 곳에 이 식물로 울타리를 만들어 가꾸는 것 또한 나쁜 기운이 침입하는 것을 막아준다고 한다. 햇빛을 전혀 받지 않은 이 나무의 조각으로 만든 부적을 매듭 두 개로 묶어서 목에 두르고 있으면 액운을 막아준다는 미신도 전해진다.

833

Sanguinaria canadensis **상귀나리아 카나덴시스** (독성)

블러드루트Bloodroot | 레드 푸쿤Red Pucoon | 인디언 페인트Indian Paint | 스네이크바이트Snakebite | 스위트 슬럼버Sweet Slumber | 레드 페인트Red Paint | 레드 페인트 루트Red Paint Root | 쿤 루트Coon Root

의미: 보호하는 사랑.

효능: 사랑, 보호, 정화.

부적처럼 지니면 사랑을 불러오고 악한 주술이나 모든 액운을 물리친다는 이야기가 있다. 또 창문이나 출입문 근처에 두면 그 집을 지켜준다고 한다.

834

Sanguisorba officinalis 오이풀

버넷Burnet

의미: 즐거운 마음.

효능: 종교의식 도구를 축성.

835

Sansevieria 산세베리아 (독성)

악마의 혀Devil's Tongue | 스네이크 라운지Snake's Lounge | 시어머니 혀Mother-in-Law's Tongue | 스네이크 플랜트Snake Plant | 보우 스트링 햄프Bow String Hemp | 정령의 혀Jinn's Tongue

의미: 모략.

효능: 어린이들의 난폭성을 줄임, 주술을 맞받아쳐서 무력화시킴.

836

Santalum album 단향

샌들우드Sandalwood | 샌들Sandal | 인디언 샌들우드 트리Indian Sandalwood Tree | 화이트 샌들우드White Sandalwood | 옐로우 샌들우드Yellow Sandalwood

의미: 깊은 명상.

효능: 개나 뱀에게 물리지 않게 함, 유령이나 주술로부터 보호, 비즈니스, 주의, 영리함, 의사소통, 창의력, 감정, 액운을 막아줌, 믿음, 임신과 출산, 힐링, 진취적 주도, 영감, 지성, 직관, 배움, 사랑, 추억, 보호, 주취로부터 보호, 신중함, 정신의 힘, 정화, 과학, 바다, 자기 보호, 올바른 판단, 영성, 잠재의식, 도적질, 거래, 배로 여행, 조수간만, 지혜. 소원.

단향을 꿰어 만든 목걸이나 팔찌는 영적인 깨달음을 도와주며 그것을 착용한 이를 지켜주기도 한다. 현재는 야생에서 멸종 위기에 놓여 있으며 세계에서 가장 비싼 나무들 가운데 하나이다. 사원에 들어갔을 때 풍기는 내음은 단향의 향기일 경우가 상당히 많을 것이다.

837

Santolina 산톨리나

라벤더 코튼Lavender Cotton

의미: 미덕.

효능: 벌레 퇴치.

펜실베이니아의 아미시(Amish, 현대 문명과 단절한 채 자신들만의 전통을 유지하며 생활하고 있는 기독교 일파)들은 바구미(바구밋과의 곤충을 통틀어 이르는 말)를 퇴치하기 위해 음식에 말린 산톨리나를 넣곤 한다.

838

Sassafras 사사프라스 (독성)

시나몬 우드Cinnamon Wood | 사사프라스 트리Sassafras Tree | 삭시프락스Saxifrax

의미: 행운의 나무.

효능: 힐링, 건강, 금전.

사사프라스를 지갑 같은 곳에 약간 넣어두면 금전운이 좋아진다는 믿음이 있다.

839

Satureja 사투레야

세이보리Savory | 가든 세이보리Garden Savory | 성 쥘리엥의 허브Herbe de St. Julien

의미: 관심.

효능: 예술, 사람을 끄는 매력, 아름다움, 우정, 선물, 조화, 환희, 사랑, 사랑의 부적, 맑은 정신, 정신력, 쾌락, 관능성, 힘.

마음을 다잡고 싶을 때 사투레야의 가지를 지니면 좋다고 한다.

840

Saxifraga hypnoides 삭시프라가 힙노이데스

도브테일 모스Dovetail Moss | 모시 삭시프리지Mossy Saxifrages

의미: 애정.

다 자란 삭시프라가 힙노이데스는 싱그런 초록색의 이끼 융단과 같은 느낌을 준다.

841

Saxifraga stolonifera 바위취

Saxifraga sarmentosa | *Saxifraga dumetorum* | 크리핑 삭시프리지Creeping Saxifrage | 딸기 제라늄Strawberry Geranium | 딸기 베고니아Strawberry Begonia | 방랑하는 유대인Wandering Jew | 스트로베리 삭시프리지Strawberry Saxifrage | 아론의 수염Aaron's Beard | 바위취Mother of Thousands | 방랑하는 뱃사람Roving Sailor

의미: 애정, 헌신, 정열.

바위취는 행잉 바스켓에 심었을 때 가장 아름답다. 끄트머리에 앙증맞은 싹이 움트고 있는 기다란 실 같은 넝쿨이 드리워진다.

842

Saxifraga x urbium 삭시프라가 우르비움

런던 프라이드London Pride | 런던 프라이드 삭시프리지London Pride Saxifrages | 고개를 들고 키스해 주세요Look Up and Kiss Me | 프래틀링 파넬Prattling Parnell | 성 패트릭의 양배추Saint Patrick's Cabbage | 윔지Whimsey

의미: 불굴의 용기, 항복을 거부, 저항.

삭시프라가 우르비움은 제2차 세계대전 당시 런던의 블리츠 지역이 폭격을 맞자 그 자리에서 피어났다고 한다. 그로부터 이 식물은 런던 시민들에게 항복을 거부하는 불굴의 용기와 저항의 상징이 되었다.

843

Scabiosa atropurpurea 서양솔체꽃

스카비오사Scabiosa | 스위트 스케이비어스Sweet Scabious | 이집트 장미Egyptian Rose | 핀쿠션 플라워Pincushion Flower | 애도하는 신부Mourning Bride | 애도하는 미망인Mournful Widow

의미: 모든 걸 잃어버렸습니다, 불운한 집착, 불운한 사랑, 과부살이.

서양솔체꽃은 인생의 반려자를 잃은 사람에게 애도를 표할 때 주는 꽃으로 적합하다. 그런 뜻에서 장례식 리스를 만들 때 포함시키곤 한다.

844

Scaevola aemula 스카이볼라 아이물라

Scaevola sinuata | 부채꽃Fan-flower |
요정의 부채꽃Fairy Fan-flower

의미: 왼손잡이.

이 꽃은 마치 반쪽으로 갈라놓은 것
같은 형상을 하고 있다. 한쪽에 핀 다섯 개 꽃잎은 마치
한쪽 손의 다섯 손가락을 닮았다. 이 꽃의 이름에 담긴
의미는 자신의 용맹함을 증명하기 위해 기꺼이 불 속에
왼손을 집어넣은 한 로마 병사의 이름에서 비롯되었다는
이야기가 전해진다.

845

Schefflera 쉐플레라 (독성)

Schefflera actinophylla | *Schefflera arboricola* | 오스트레일리아
우산나무Australia Umbrella Tree | 난쟁이 우산나무Dwarf Umbrella
Tree | 우산나무Umbrella Tree |
문어나무Octopus Tree | 퀸즈랜드
우산나무Queensland Umbrella Tree

의미: 보호 덮개.

멋들어지게 자라는 실내용 화초로,
가장 많이 화분에 심는 식물 가운데
하나일 것이다.

846

Schinus 스키누스

후추나무Pepper Tree | 페루
후추나무Peruvian Pepper Tree |
브라질 후추나무Brazilian
Pepper Tree | 캘리포니아
후추나무California Pepper Tree |
크리스마스베리Christmasberry |
제수이트 발삼Jesuit's Balsam | 페루
매스틱 나무Peruvian Mastic Tree

의미: 결혼, 종교적 열정.

효능: 힐링, 보호, 정화.

멕시코의 민간요법 중에는 치유자들이 스키누스의 가지를
환자에게 문질러서 그가 앓고 있는 질병을 빨아들이는
요법이 있었다. 그런 다음 병균을 말살하는 의미로 그
가지를 태워버렸다.

847

Schlumbergera russelliana 게발선인장

Schlumbergera epiphylloides | 게발 선인장Crab Cactus | 크리스마스
선인장Christmas Cactus | 홀리데이 선인장Holiday Cactus |
추수감사절 선인장Thanksgiving Cactus | 겨울에 꽃피는
선인장Winterflowering Cactus | 난 선인장Orchid Cactus

의미: 의존할 수 있음, 충성심.

효능: 인내.

게발선인장에는 흥미로운 면이 있는데, 꽃봉오리가 맺힐
때 봉오리들이 떨어지는 것을 방지하려면 되도록 식물을
돌리거나 움직이지 말아야 한다.

848

Scilla 실라 (독성)

스퀼Squill | 레드 스퀼Red Squill |
화이트 스퀼White Squill |
시 어니언Sea Onion

의미: 변하지 않음, 신의,
충성.

효능: 사건 사고들, 침입,
분노, 육욕, 갈등, 관능,
기계류, 금전, 보호, 록 음악, 힘, 투쟁, 전쟁.

5세기 이후 그리스 마법에서는 실라를 사용했다. 또 금전을
불러들이기 위해 실라를 단지에 넣고 은화와 함께 넣어두곤
했다. 마법을 깨는 능력도 있다고 하여 몸에 지니기도 했다.

849

***Scrophularia buergeriana* 현삼**

만병통치약Heal-all | 스크로풀라Scrophula |
목구멍풀Throatwort | 피그워트Figwort |
커널워트Kernalwort | 매듭현삼Knotted Figwort |
로즈노블Rosenoble

의미: 건강, 보호.

효능: 건강, 보호, 망령으로부터 보호.

현삼 조각을 부적 안에 넣어 목에 걸면 망령으로부터 지켜준다는 믿음이 있었다.

850

***Scutellaria indica* 골무꽃**

황금Scullcap | 미친 개Mad Dog |
매드위드Madweed | 퀘이커 보닛Quaker Bonnet |
헬멧 플라워Helmet Flower | 크루지아Cruzia |
큰황금Greater Scullcap | 후드워트Hoodwort |
페릴로미아Perilomia | 테레사Theresa

의미: 충실함, 복원.

효능: 조력, 불안을 달래다, 임신과 출산, 신의, 조화, 독립성, 사랑, 물질적 이익, 평화, 지속됨, 정신노동 이후 회복, 안정감, 힘, 불굴.

여성이 골무꽃 가지를 갖고 있거나 몸에 지니면 남편이 다른 여자의 매력에 넘어가지 않는다는 미신이 있었다. 또 골무꽃은 부담스러운 정신적 노동 이후 지친 심신을 치유하는 데 유용한 식물로 여겨졌다.

851

***Secale cereale* 호밀**

Secale fragile | 라이Rye

의미: 배신, 비난, 악마와 거래, 혐오, 조롱, 냉소적 기질, 주술.

효능: 신체 결박, 극악무도.

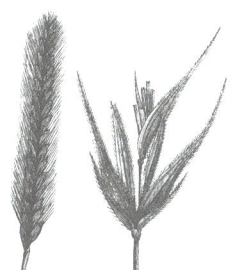

852

***Securigera varia* 왕관갈퀴나물** (독성)

크라운 베치Crown Vetch | 퍼플 크라운 베치Purple Crown Vetch | 코로니야Coronilla

의미: 당신의 성공을 빌며.

효능: 평온.

853

***Sedum* 세둠**

세다스트룸Sedastrum | 스톤크롭Stonecrop |
세델라Sedella

의미: 잔잔함.

효능: 진정, 공포심을 덜기, 번개를 격퇴.

854

***Sempervivum* 셈페르비붐**

암탉과 병아리Hens and Chicks | 리브포에버Livefrever | 늦지 않게 집에 오면 환영받는 남편Welcome-Home-Husband-Though-Never-So-Late | 술에 취하지 않고 귀가하면 환영받는 남편Welcome-Home-Husband-Though-Never-So-Drunk

의미: 가정 경제, 가내 사업, 원기, 생기, 환영받는 남편.

효능: 사랑, 행운, 보호, 화재를 피함, 번개를 피함.

옛날에는 셈페르비붐을 지붕에서 키우기도 했다. 화재나 번개로부터 지켜준다고 믿었기 때문이다. 싱싱한 셈페르비붐을 몸에 지니면서 사흘마다 바꿔주면 사랑을 얻을 수 있다는 설도 있었다.

855
Senecio cambrensis 세네키오 캄브렌시스

그라운드셀Groundsel | 그룬디 스왈로우Grundy Swallow | 세인트 제임스 풀St. James' Wort | 스태거워트Staggerwort | 스탬머워트Stammerwort | 스팅킹 내니Stinking Nanny | 웰시 래그워트Welsh Ragwort | 캔커워트Cankerwort | 도그 스탠다드Dog Standard | 요정의 말Fairies' Horses | 그라운드 글러튼Ground Glutton | 센티온Sention | 심슨Simson | 웰시 그라운드셀Welsh Groundsel

의미: 쥐구멍을 찾다, 부끄러운 상황을 모면하다.

효능: 힐링, 건강, 치아.

부적처럼 몸에 지니면 치통을 앓지 않는다는 믿음이 있었다. 고대 그리스인들은 주술이나 다른 부적에 대항하는 의미로 이 식물을 부적으로 선택했다. 마녀사냥이 횡행하던 어둠의 시대에는 마녀들이 한밤중에 밖으로 나올 때 빗자루를 타는 게 아니라 이 식물의 줄기에 올라탄다는 소문이 돌았다.

856
Senna 센나 (독성)

팔메로카시아Palmerocassia | 와일드 센나Wild Senna | 카타토카르푸스Cathartocarpus | 디알로부스Diallobus | 헤르페티카Herpetica | 이산드리나Isandrina | 로커스트 플랜트Locust Plant

의미: 나쁜 감정이나 사람을 몰아내다.

효능: 사랑, 나쁜 감정이나 사람을 몰아내기.

857
Sesamum indicum 참깨

참깨Sesame | 벤네Benne | 쿤지드Kunjid | 보닌Bonin | 제르젤링Gergelim | 깅글리Gingli | 심심Simsim | 틸Til | 우푸타Ufuta

의미: 몰아냄, 드러냄.

효능: 구상, 숨은 보물 찾기, 관능, 금전, 닫힌 문 열기, 보호, 비밀의 길을 드러냄, 사업의 성공.

매달 집에 있는 단지에 참깨 씨들을 새로 바꾼 뒤 뚜껑을 열어두면 그곳을 통해 돈이 들어온다는 말이 있었다.

858
Sida fallax 시다 팔락스

일리마Ilima | 오아후섬의 꽃Flower of Oahu

의미: 인사, 왕족. 환영.

시다 팔락스는 하와이에서 화환을 만들 때 자주 사용하는 식물이다. 고대 하와이에서는 시다 팔락스 꽃과 잎을 왕가를 위해 따로 보관했다.

859
Silene 실레네

캠피언Campion

의미: 결국 붙잡힘, 올가미.

남아프리카 호사족의 점성술사는 야생 실레네를 모아서 보름달이 뜨는 동안 점을 치는 의식을 거행했다.

860
Silene coronaria 우단동자꽃

Agrostemma coronaria | 로즈 캠피언Rose Campion | 더스티 밀러Dusty Miller | 뮬렌 핑크Mullein-Pink | 블러디 윌리엄Bloody William | 램프 플라워Lamp-flower

의미: 점잖음, 상냥함, 오직 내 사랑을 받을 자격이 있는.

라틴어의 관coronaria이라는 단어가 암시하듯 우단동자는 화관을 만들 때 유용하게 쓰였다.

861
Silene dioica 붉은장구채

레드 캠피언Red Campion | 페어리 플라워Fairy Flower | 레드 캐치플라이Red Catchfly

의미: 악독한 수에 걸리다, 청춘의 사랑.

아름다운 진분홍색의 작은 붉은장구채 꽃들이 피어 있는 광경은 대부분의 영국제도에서 볼 수 있다. 잉글랜드와 북아일랜드 사이의 아이리시해 중앙에 있는 맨섬Isle of Man에서는 이 식물을 꺾는 행위를 금기시하고 있다. 요정들을 자극해서 그들의 분노를 사기 때문에 이 행위를 불길하다고 보는 것이다.

862
Silene noctiflora 말냉이장구채

밤에 피는 실레네Nightflowering Silene | 끈적이는 새조개Sticky Cockle | 축축한 새조개Clammy Cockle

의미: 밤.

말냉이장구채는 저녁 무렵에 꽃잎을 펴서 향기를 내뿜는데, 밤에 돌아다니는 나방들이 찾아와서 그 꿀을 빨아 먹으면서 타가수분을 시켜준다.

863

Silene nutans 실레네 누탄스

Silene livida | *Silene glabra* | 화이트 캐치플라이White Catchfly | 노팅엄 캐치플라이Nottingham Catchfly

의미: 배신당함, 악독한 수에 걸리다.

864
Silphium laciniatum 실피움 라키니아툼

나침반 꽃Compass Flower | 콤파스 플랜트Compass Plant | 로신위드Rosinweed

의미: 믿음(신앙).

효능: 북쪽을 탐지.

놀랍게도 살아 있는 실피움 라키니아툼은 마치 자석처럼 꽃머리와 잎이 북쪽과 남쪽으로 나란히 달려 있다. 그래서인지 신이 여행자들을 위해 이 식물을 만들었다는 전설마저 있다.

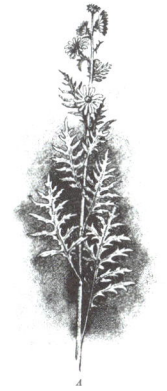

865
Silphium perfoliatum 실피움 페르폴리아툼

컵 플랜트Cup Plant | 컵 로신위드Cup Rosinweed | 목수의 풀Carpenter's Weed | 파일럿 위드Pilot Weed | 스퀘어위드Squareweed | 인디언 컵Indian-cup | 나침반 풀Compass Plant

의미: 일직선으로 나란히 함, 억누름, 방향.

효능: 보호.

866
Silybum marianum 흰무늬엉겅퀴

밀크 시슬Milk Thistle | 마리아 엉겅퀴Mary Thistle | 성모 마리아의 엉겅퀴Our Lady's Thistle | 와일드 아티초크Wild Artichoke | 지중해 밀크 시슬Mediterranean Milk Thistle | 마리아의 밀크 시슬St. Mary's Milk Thistle | 축복받은 밀크 시슬Blessed Milk Thistle | 얼룩무늬 엉겅퀴Variegated Thistle

의미: 육체적 사랑.

효능: 도움, 임신과 출산, 조화, 독립, 물질적 이익, 고집스럽게 지속, 뱀을 도발, 안정성, 힘.

오래전부터 앵글로 색슨족에게 전해오는 미신 중에 남자가 흰무늬엉겅퀴를 목에 두르고 있으면 그 모습이 뱀에게 도발적으로 보여 싸우게 된다는 이야기가 있다.

867
Sinacalia tangutica 시나칼리아 탕구티카

Senecio tanguticus | 차이니스 그라운드셀Chinese Groundsel | 차이니스 래그워트Chinese Ragwort | 아칼리아Acalia | 카칼리아Cacalia

의미: 과도한 칭찬, 절제.

효능: 힐링, 건강, 보호.

868
Smilax china 청미래덩굴

사르사파릴라Sarsaparilla | 뱀부 브라이어Bamboo Briar | 프릭클리 아이비Prickly-Ivy | 캣브라이어Catbrier | 그린브라이어Greenbrier | 네멕시아Nemexia

의미: 사랑스러움, 신화.

효능: 사랑, 금전.

869
Solanum dulcamara 목배풍등 (독성)

포이즌베리Poisonberry | 포이즌 플라워Poisonflower | 우디 나이트셰이드Woody Nightshade | 비터스위트Bittersweet | 스칼렛 베리Scarlet Berry | 스네이크베리Snakeberry | 트레일링 비터스위트Trailing Bittersweet | 클라이밍 나이트셰이드Climbing Nightshade | 아마라 둘치스Amara Dulcis | 펠렌워트Fellenwort | 트레일링 나이트셰이드Trailing Nightshade | 바이올렛 블룸Violet Bloom

의미: 진실.

효능: 죽음, 부활, 달의 활동, 보호, 진실.

목배풍등을 작은 주머니에 조금 넣은 뒤 몸 어딘가에 묶어두면 액운을 막을 수 있다는 미신이 있었다.

870

Solanum lycopersicum 토마토 (독성)

Lycopersicon esculentum | *Lycopersicon lycopersicum* | 토마토Tomato | 골든 애플Golden Apple | 러브 애플Love Apples | 늑대의 복숭아Wolf Peach | 포모 도로Pomo d'Oro

의미: 반대, 모순, 사소한 일을 들춰내는.

큰 토마토 열매를 집의 벽난로 선반에 올려두면 가정이 번창한다고 믿는 사람들도 있었다. 또 집 출입문 근처에 두면 액운을 막아준다고도 믿었다. 정원에 토마토를 키우면 악령을 쫓아버릴 수 있다고 여겼다.

871
Solanum tuberosum 감자 (독성)

포테이토Potato | 아이리시 포테이토Irish Potato | 레드 아이즈Red Eyes | 블루 아이즈Blue Eyes | 화이트 포테이토White Potato | 바위Rocks | 가죽 재킷Leather Jackets | 눈이 없는No Eyes | 핑크스Pinks | 무릎돌Lapstones

의미: 선행, 자비.

꽃: 자비.

효능: 힐링.

옛날에는 아주 작은 감자를 주머니에 넣고 다니면 통풍, 무사마귀(폭스바이러스군의 감염에 의한 피부병), 관절염 등을 예방해 주며, 한 개를 갖고 있으면 치통과 감기를 낫게 하고, 겨우내 덩이줄기를 가지고 있으면 자기를 해하려는 이로부터 지켜준다고 믿었다.

872
Solenostemon scutellarioides 콜레우스 (독성)

Coleus blumei | 콜레우스Coleus | 색색의 쐐기풀Painted Nettle

의미: 독자적인 개성.

현재 재배되는 대다수 콜레우스의 잎은 저마다 다른 색과 패턴의 변형을 보여준다. 고동색, 보라색, 크림색, 분홍색, 노란색, 흰색 외에도 다양한 녹색 계열의 색조를 띠고 있다.

873
Solidago 미역취속

골든로드Goldenrod | 미주리 골든로드Missouri Goldenrod | 블루 마운틴 티Blue Mountain Tea | 스위트 골든로드Sweet Goldenrod | 골든 로드Golden Rod | 유러피언 골든로드European Goldenrod | 트루 골든로드True Goldenrod | 운드 위드Wound Weed

의미: 주의하라, 격려, 행운, 예방 조치, 힘, 성공, 보물.

효능: 점성술, 행운, 금전, 번영.

미역취는 건초열(꽃가루 알레르기)을 일으키는 주범으로 지목되고 있다. 중세에 마녀들은 묘약을 제조할 때 미역취를 자주 썼다고 한다. 미역취 가지를 하루 동안 몸에 착용하면 그 다음날 미래의 사랑이 나타난다고 믿기도 했다. 옛날에는 미역취를 이용해 간단한 점을 치기도 했다. 이를테면 미역취를 들고 있을 때 그 꽃이 까딱거리는 방향이 잃어버린 물건이나 보물이 숨겨진 방향이라고 믿는 이들이 있었다. 미역취가 느닷없이 집의 출입구 부근에서 자라기 시작하면 그 집에 복이 가득 들어온다는 뜻으로 받아들이기도 했다.

874
Sorbus commixta 마가목

마운틴 애시Mountain Ash | 와일드 애시Wild Ash | 유럽 마가목European Mountain Ash | 랜 트리Ran Tree | 로완 트리Rowan Tree | 토르의 조력자Thor's Helper | 소브 애플Sorb Apple | 마녀나무Witchwood | 눈의 즐거움Delight of the Eye | 로완Rowan | 위티Whitty | 위치 베인Witch Bane

의미: 조화, 연결, 미스터리, 변신.

효능: 점성술, 힐링, 힘, 보호, 심령, 정신의 힘, 성공, 시각.

환상 열석(거대한 선돌이 줄지어 놓인 유적) 근처에서 자라는 마가목이야말로 가장 센 기운을 품고 있을 것이다. 마가목을 지니고 있으면 정신이 고양된다는 말도 있다. 옛날에 마법 지팡이를 만들 때도 마가목은 바람직한 선택으로 여겨졌다. 또 마가목의 갈라진 가지로 점을 치는 막대기를 만들면 그 효험이 뛰어나다고도 알려졌다. 마가목 열매나 나무껍질을 지니고 있으면 병의 회복을 도와준다는 설도 있었다. 유럽 사람들은 마가목 가지를 붉은 실로 묶어 만든 수호용 십자가를 지니는 풍습을 오랫동안 지켜왔다. 밤에 걸을 일이 많은 사람은 마가목으로 만든 지팡이를 짚고 걸으면 도움을 받을 수 있다고 한다. 마가목을 무덤에 심으면 망자가 망령으로 떠도는 것을 막아준다는 믿음도 있었다.

875
Sorbus americana 미국마가목

Pyrus americana | 아메리칸 마운틴 애시American Mountain Ash

의미: 신중함, 나와 함께 하면 당신은 안전할 것입니다.

효능: 사랑, 번영, 보호.

876
Sorbus domestica 소르부스 도메스티카

서비스 트리Service Tree | 소브 트리Sorb Tree | 소브Sorb | 위티 피어Whitty Pear

의미: 조화, 신중함.

체코공화국의 모라비아에는 굉장히 거대한 이 나무가 남아 있는데 그 나이가 족히 418세는 되는 것으로 추정되고 있다.

877

Spartium junceum 스파르티움 융케움

Genista juncea | 스패니시 브룸 Spanish Broom | 방직공의 빗자루 Weaver's Broom | 레타마 Retama

의미: 청결.

효능: 힐링.

878

Spathiphyllum 스파티필룸

스파트 Spath | 피스 릴리 Peace Lily | 하얀 깃발 White Flag

의미: 늘 평온하길, 평화, 평화와 번영.

효능: 평화로움.

스파티필룸은 성모 마리아와 부활절과 긴밀하게 연관된 식물로 알려져 있다.

879

Specularia speculum 스페쿨라리아 스페쿨룸

Legousia speculumveneris | 비너스도라지 Venus' Looking Glass | 유러피언 비너스 룩킹 글래스 European Venus' Looking Glass

의미: 아첨.

여름철 내내 줄곧 꽃이 피는 한해살이 관상용 식물이다.

880

Spiranthes sinensis 타래난초

숙녀의 긴 머리 Lady's Tresses

의미: 넋을 놓게 하는 우아함.

타래난초는 지생란(땅속에 뿌리를 내려 생장하는 난)이다. 꽃줄기가 시계 반대 방향으로 단단하게 휘감기면서 곧장 위로 올라간다.

881

Spondias purpurea 붉은스폰디아 (독성)

호코테 Jocote | 호그 플럼 Hog Plum | 퍼플 몸빈 Purple Mombin | 레드 몸빈 Red Mombin

의미: 궁핍.

붉은스폰디아의 수액은 접착제 용도로 쓰인다.

882

Stachys 스타키스

램스 이어 Lamb's Ears | 만병통치약 Heal-All | 셀프 힐 Self-Heal | 운드워트 Woundwort | 베토니카 Betonica | 헤지네틀 Hedgenettle

의미: 사랑, 놀라움.

효능: 피해로부터 지켜줌, 심신의 힐링, 사랑, 보호, 마법과 주술로부터 보호, 정화, 악령을 퇴치.

883

Stachys byzantina 램스이어

Stachys lanata | *Stachys olympica* | 양의 귀 Lamb's Ear | 양의 혀 Lamb's Tongue | 울리 운드워트 Woolly Woundwort

의미: 보호, 정신적 장벽.

효능: 피해로부터 지켜줌, 악의적인 마법 퇴치, 악령 퇴치.

잎이 마치 벨벳처럼 부드럽고 양의 귀를 닮아서 램스이어 Lamb's Ear라는 별명으로도 불린다.

884

Stachys officinalis 베토니

Stachys betonica | 베토니 Betony | 퍼플 베토니 Purple Betony | 우드 베토니 Wood Betony | 비숍워트 Bishopwort | 라우스워트 Lousewort | 야생 홉 Wild Hop

의미: 사랑, 놀라움.

효능: 비즈니스, 주술에 대항하는 능력, 확장, 명예, 리더십, 사랑, 정치, 힘, 보호, 개나 뱀에게 물리지 않게 지켜줌, 주취로부터 지켜줌, 유령과 악령으로부터 보호, 주술, 마법으로부터 보호, 대중의 갈채, 정화, 책임감, 왕족, 성공, 부유함.

베토니는 원래부터 마법의 허브로 여겨졌다. 베토니로 만든 원 안에 뱀 한 쌍이 들어오면 서로를 죽인다. 부적처럼 지니고 있으면 마음의 병을 치유해 준다는 말도 있다. 중세 수도원에서는 베토니를 키우면서 여러 마귀로부터 보호받고자 했다. 또 중요한 치유 의식을 시작하기 전에 심신을 정화하는 데에 이용하기도 했다. 드루이드교 교인들은 베토니가 악령이나 나쁜 꿈 또는 크나큰 슬픔을 떨치게 해준다고 믿었다. 문과 창틀에 문지르면 나쁜 기운이 침투하지 못하는 일종의 보호 장벽이 만들어진다고 믿는 이들도 있었고, 베토니를 넣은 작은 베개를 큰 베개 밑에 넣어두면 악몽을 꾸지 않게 해준다는 말도 있었다. 무덤에 베토니를 심는 것은 유령이 활동하는 것을 저지하려는 의도에서였다. 정원에 심으면 그 가정이 안전해진다고도 하고, 미래에 연인이 될 가능성이 있는 사람에게 다가갈 때 지니고 있으면 효력을 발휘한다고도 전해진다.

885

Staphylea bumalda 고추나무

블래더 너트 트리 Bladder Nut Tree

의미: 재미, 경망스러움.

고추나무는 5-15개 정도 꽃이 피는 아주 예쁜 꽃차례를 만든다. 이것들이 나중에 방광 모양의 볼록한 꼬투리가 된다.

886

Stellaria americana 스텔라리아 아메리카나

아메리칸 스타워트 American Starwort | 스티치워트 Stitchwort | 칙위드 Chickweed

의미: 노년에도 쾌활한, 낯선 이를 환영함.

앙증맞고 자그마한 이 꽃은 흰색으로 별 모양을 닮았다.

887

Stenocereus eruca 기는악마선인장

크리핑 세레우스 Creeping Cereus | 크리핑 데블 Creeping Devil

의미: 공포, 소소한 이득, 겸손한 천재.

지평선에 널리 퍼져 자라는 다양한 기는악마선인장은 거대한 군락을 형성하기도 한다.

888
Stephanotis 스테파노티스

의미: 여행을 떠나고픈 열망, 우정, 행운, 행복한 결혼생활, 순수함.

스테파노티스는 순백의 사랑스러운 꽃에서 풍기는 관능적인 향기 덕분에 결혼식 꽃장식으로 선호된다. 스테파노티스 꽃을 각각 풀로 붙여 가는 철사로 묶은 뒤 다시 꽃무늬 테이프로 묶고 진주 같은 흰색 구슬을 장식해서 신부 부케나 코사지, 단춧구멍에 꽂는 장식으로 사용할 수 있다.

889
Sternbergia lutea 스테른베르기아 루테아

Sternbergia aurantiaca | 가을 수선화Autumn Daffodil | 노란 가을 크로커스Yellow Autumn Crocus | 들판의 백합Lily of the Field | 겨울 수선화Winter Daffodil

의미: 자부심.

가을에 꽃을 피운다. 밝은 노란색 꽃 색깔 때문인지 자주 수선화와 혼동되기도 한다.

890
Stilbocarpa polaris 스틸보카르파 폴라리스

폴라리스 플랜트Polaris Plant | 매쿼리섬 캐비지Macquarie Island Cabbage | 스틸보카르파Stilbocarpa

의미: 길고 흰 구름(Long white cloud, 뉴질랜드의 다른 이름).

뉴질랜드의 마오리족 어린이들은 속이 빈 이 식물의 줄기로 간단한 피리를 만들어 불곤 한다. 이 식물은 오래전에 오클랜드섬으로 떠내려온 난파선의 선원들이 생존을 위해 먹었던 식량이기도 했다. 그러나 오늘날 뉴질랜드에서는 넓은 잎사귀를 가진 이 식물이 생존의 위협을 받는 지경에 이르자 희귀 야생 식물로 분류했다.

891
Stillingia sylvatica 스틸린기아 실바티카

스틸린기아Stillingia | 여왕의 기쁨Queen's Delight | 퀸스 루트Queen's Root | 실버 리프Silver Leaf | 차양 젖힌 모자Cockup Hat | 마코리Marcory | 요 루트Yaw Root

의미: 찾아냄, 정확한 위치를 찾다.

효능: 정신의 힘.

이 식물을 태운 연기를 따라가다 보면 잃어버린 무언가를 찾을 수 있다는 이야기가 전해진다.

892
Straw 짚

의미: 합의, 단합된, 변치 않는 지조.

효능: 이미지 마법, 행운.

작은 가방에 짚을 넣어두면 행운이 온다는 속설이 있다. 아주 작은 요정들이 짚풀 속의 작은 구멍에서 산다고 믿는 사람들도 있었다.

893

Straw (Broken) 부러진 짚풀

부러진 지푸라기Broken Straw

의미: 깨진 합의, 파기된 계약, 논쟁, 입씨름, 골치 아픈 문제.

894
***Strelitzia reginae* 극락조화**

스트렐리치아Strelitzia | 두루미 꽃Crane Flower | 낙원의 새Bird of Paradise | 크레인스 빌Crane's Bill

의미: 충실함, 기쁨에 넘침, 장엄, 화려함, 연애의 경이로움.

여자가 남자에게 극락조화를 선물하는 것은 그녀의 충실함을 상징하는 것이다.

895
***Streptocarpus* 스트렙토카르푸스**

스트렙스Streps | 케이프 프림로즈Cape Primrose | 뒤틀린 열매Twisted Fruit

의미: 뒤틀린 열매.

남아프리카에서 발견되어 영국으로 보내진 뒤 1824년에 런던의 큐 왕립식물원에 처음으로 심어진 사랑스러운 스트렙토카르푸스는 이후 활발히 교배되어 전 세계로 뻗어나갔다. 전 세계 정원박람회에 자주 전시되는 식물이기도 하다.

896
***Streptosolen jamesonii* 스트렙토솔렌 야메소니 (독성)**

Browallia jamesonii | 파이어 부시Fire Bush | 태양의 꽃Flower of the Sun | 마멀레이드 부시Marmalade Bush | 벌새꽃Hummingbird Flower | 작은 비누나무Little Soap Plant

의미: 가난을 극복할 수 있나요?, 빈곤을 견뎌낼 수 있나요?

이 식물의 꽃잎은 처음에는 노란색이다가 차츰 붉은색으로 변해간다.

897
***Stylophorum diphyllum* 스틸로포룸 디필룸**

스틸로포룸Stylophorum | 셀런다인 포피Celandine Poppy | 옐로우 포피Yellow Poppy | 포피워트Poppywort | 우드 포피Wood Poppy

의미: 다가올 경사.

효능: 금전, 성공, 부.

898
***Styrax benzoin* 안식향나무**

벤Ben | 벤자멘Benjamen | 벤조인Benzoin | 사이앰 벤조인Siam Benzoin | 검 벤자민Gum Benjamin | 스토락스Storax | 수마트라Sumatra

의미: 행운, 보호.

효능: 비즈니스 거래, 주의, 영리함, 의사소통, 굳센 의지, 창의력, 죽음, 에너지, 집중력 높이기, 믿음(신앙), 우정, 성장, 힐링, 역사, 꽃의 빛조명, 입문, 지성, 환희, 지식, 리더십, 배움, 생명, 빛, 한계, 추억, 자연의 힘, 장애물, 집중력, 너그러움, 번영, 영적 세계에서 영을 보호, 신중함, 정화, 과학, 자기 보호, 올바른 판단, 성공, 도난사고, 시간, 여행, 지혜.

안식향나무와 시나몬, 바질을 조합하여 향을 피우면 사업장에 성황리에 고객을 끌어모으는 효과가 있을 것이라고 한다. 안식향나무를 숯 위에 놓고 태우면 평온과 행운을 불러올 수 있다고도 한다.

899
Succisa pratensis 수키사 프라텐시스

데블스 비트Devil's Bit | 데블스 비트 스케이비어스Devil's Bit Scabious

의미: 가려운 곳을 긁어주세요.

효능: 사랑, 행운, 보호.

전해지는 민담에 의하면 수키사 프라텐시스의 뿌리가 짧고 검은 이유는 이 식물이 페스트 종양에 특효가 있다는 소문을 들은 악마가 화가 나서 그 뿌리를 갉아 먹었기 때문이라고 한다.

900

Sutherlandia frutescens 수테르란디아 프루테스켄스

Lessertia frutescens | 벌룬 피Balloon Pea | 캔서 부시Cancer Bush | 클라퍼스Klappers | 비터보스Bitterbos | 간지스Gansies | 인시스와Insiswa | 캔커보스Kankerbos | 터키 부시Turkey Bush | 앤지스Eendjies

의미: 비통한, 암흑을 떨쳐버리다, 핏자국.

지구상에서 가장 풍성한 식물의 보고라면 아마도 남아프리카의 케이프 식물 보호 지역일 것이다. 이 식물의 원산지도 이곳이다. 이 식물에 붙여진 여러 이름들은 이 식물 여러 부위의 특징에서 비롯된 것이다. 이를테면 클라퍼Klapper는 달그락거린다는 뜻인데 꼬투리 안에서 달그락거리기 때문에 붙여진 이름이다. 또 앤지스Eendies와 간지스Gansies는 부풀어 오른 열매가 마치 오리나 거위 장난감처럼 둥둥 뜨기 때문이다.

901
Symphyotrichum novae-angliae 뉴잉글랜드아스터

Aster novae-angliae | 아메리칸 스타워트American Starwort | 뉴잉글랜드 아스터New England Aster

의미: 사후 생각, 노년의 기쁨, 환영, 이방인, 낯선 이를 환영함.

효능: 악령으로부터 보호, 마녀들로부터 보호.

902
Symphytum officinale 컴프리

Consolida majoris | 컴프리Comfrey | 검 플랜트Gum Plant | 힐링 허브Healing Herb | 미라클 허브Miracle Herb | 슬리퍼리 루트Slippery Root | 월워트Wallwort | 카라카페스Karakaffes | 니트 백Knit Back | 검정풀Black Wort | 본셋Boneset | 브루즈워트Bruisewort | 콘사운드Consound

의미: 보호, 복원, 안전.

효능: 안전한 여행을 보장, 부러진 뼈를 고침, 금전, 처녀성의 복원.

컴프리를 몸에 걸치거나 주머니에 넣어두면 안전한 여행길이 될 것이라고 믿었다. 뿌리 조각을 여행 가방에 각각 넣어두면 여행하는 동안 짐을 지켜준다는 설도 있다.

903
Symplocarpus foetidus 앉은부채 (독성)

Spathyema foetida | 스컹크 캐비지Skunk Cabbage | 이스턴 스컹크 캐비지Eastern Skunk Cabbage | 스컹크 위드Skunk Weed | 메도우 캐비지Meadow Cabbage | 스웜프 캐비지Swamp Cabbage | 폴 캣 위드Pole Cat Weed | 클럼프풋 캐비지Clumpfoot Cabbage | 선툴Suntull

의미: 행운, 앞으로 전진, 계속 진행.

효능: 행운, 법률 사건.

904
Syngonium podophyllum 싱고니움 (독성)

화살촉 풀Arrowhead Plant | 화살촉 덩굴Arrowhead Vine | 거위발Goosefoot | 아메리칸 에버그린American Evergreen | 네프티티스Nephthytis

의미: 이른 아침, 새로운 생각들, 봄의 기운, 청춘.

효능: 방향.

905
Syringa 수수꽃다리속

Syringa vulgaris | 라일락Lilac | 프렌치 라일락French Lilac | 필드 라일락Field Lilac

의미: 낙담, 아직도 날 사랑하나요?, 처음 느낀 사랑의 감정, 사랑, 형제애, 형제간의 공감, 겸손, 추억, 날 기억해 주세요, 젊은 날의 사랑을 떠올리다, 순진무구한 청춘.

특별한 색에 담긴 의미
분홍색: 승낙, 청춘.
보라색: 처음 느낀 사랑의 감정, 첫사랑, 사랑의 열병, 강박.
하얀색: 솔직함, 어린이들, 처음 느끼는 사랑의 감정, 순진무구한 청춘, 젊어 보이는 외모.

효능: 보호, 정화.

악령을 쫓아버리고 싶을 때 심거나 그 꽃을 흩뿌려두면 효험이 있다는 말이 있다. 원래 뉴잉글랜드에서도 악령을 쫓아내려는 목적으로 심었다고 한다. 옛날에는 싱싱한 이 꽃이 집 안에 떠도는 망령을 퇴치하는 데 효력을 발휘한다고 믿었다.

906

Syzygium aromaticum 클로브버드

Caryophyllus aromaticus | *Eugenia aromatica* | 클로브버드Clovebud | 몰루카스 정향Cravo-das-Molucas | 볼 델 달보Bol del Dlavo | 카렌필Carenfil | 클로브Clove | 인도 정향Cravo-da-India | 그람푸Grampoo | 카라부 나티Karabu Nati | 키람부Kirambu | 라반감Lavangam

의미: 존엄, 우정의 지속, 사랑, 금전, 자제.

효능: 풍부함, 굳센 의지, 에너지, 우정, 성장, 힐링, 환희, 생명, 사랑, 맑은 정신, 금전, 자연의 힘, 보호, 정화, 성공.

몸에 지니거나 주머니에 넣어두면 이성의 관심을 끌 수 있다고 한다. 상실감을 겪고 있거나 사별을 당한 사람에게 지니게 하면 위안을 얻는다는 말도 있다. 만약 향처럼 태운다면 자신에 대한 험담을 하는 사람들을 멈추게 하고, 금전운을 불러오며, 적대감을 잠재우고, 부정적 에너지를 긍정적 기운으로 전환시키며, 그 향이 미치는 곳을 정화할 뿐 아니라 좋은 영적 에너지를 창출한다는 믿음이 있었다.

Tagetes 천수국속

매리골드Marigold | 아메리칸 매리골드American Marigold | 아프리칸 매리골드African Marigold | 태양의 허브Herb of the Sun | 마리아의 황금Mary's Gold | 아데노파푸스Adenopappus | 디글로수스Diglossus | 술고래Drunkards

의미: 창의적, 비탄, 질투, 고통, 정열, 저속한 마음을 품다.

천수국과 사이프러스의 조합: 절망.

효능: 법률 문제, 사랑의 부적, 예지몽, 보호, 정신의 힘.

초기 기독교에서는 성모 마리아 상 주변에 동전 대신 이 꽃을 바쳤다. 웨일스 사람들은 이 꽃이 아침에 잎을 펴지 않으면 험악한 날씨를 예고하는 것이라고 받아들였다.

Tagetes erecta 천수국

멕시칸 매리골드Mexican Marigold | 아즈텍 매리골드Aztec Marigold | 망자의 꽃Flower of the Dead | 트웬티 플라워Twenty Flower

의미: 원통함, 비탄, 성스러운 애정.

효능: 안전하게 강을 건너게 함, 물에서 안전을 도모함, 번개를 피하도록 지켜줌.

아즈텍 사람들은 처음으로 천수국에 형이상학적인 성격을 부여했다.

Tagetes patula 만수국

Tagetes tenuifolia | 프렌치 매리골드French Marigold | 가든 매리골드Garden Marigold | 레이니 매리골드Rainy Marigold

의미: 폭풍, 창의력, 비탄, 질투, 정열, 불쾌함.

효능: 법률 문제, 예지몽, 보호, 심령, 정신의 힘.

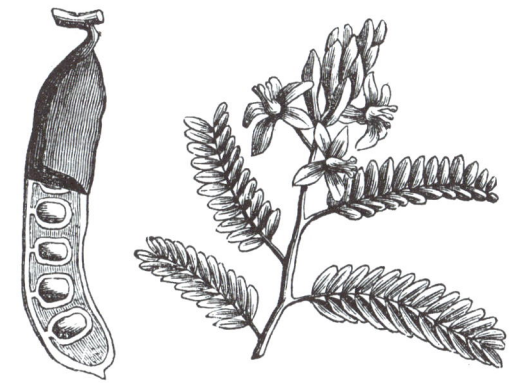

Tamarindus indica 타마린드

타마린드Tamarind | 인도 대추야자Indian Date | 아삼Asam | 데미르 힌디Demir Hindi | 자바 아삼Javanese Asam | 자와Jawa | 킬리Kily | 마지 빈Magee-bin | 삼바야Sambaya | 타마르 힌드Tamar Hind

의미: 사랑.

효능: 힐링, 사랑, 보호, 섹스 마법.

타마린드 씨앗을 집에 보관하거나 몸에 지니면 사랑이 찾아온다고 믿었다. 힌두교 전설에서는 타마린드가 창조주인 브라마의 아내를 상징한다고 여겼다. 또 타마린드가 유령들을 불러온다고도 믿었다.

911

Tamarix chinensis 위성류

세다나무Salt Cedar | 타마리스크Tamarisk

의미: 범죄.

효능: 불운을 막아줌, 보호.

위성류를 악령이나 악귀를 쫓는 의식에서 사용한 전통은 거의 4천 년 전으로 거슬러 올라간다. 성서의 창세기 21장 33절에는 아브라함이 위성류를 이스라엘 남단의 베르셰바(Beer-sheba, 성서에서 이스라엘 민족과 연합한 것으로 가장 잘 알려져 있는 남부 유대 사막에 있는 도시)에 심었다는 구절이 있다.

912

Tanacetum balsamita 발삼쑥국

Balsamita vulgaris | 코스트마리Costmary | 알레코스트Alecost | 바이블 리프Bible Leaf | 민트 제라늄Mint Geranium | 파타고니아 민트Patagonian Mint | 발삼 허브Balsam Herb

의미: 품위, 미덕.

중세에는 이것의 가지를 성서 속의 장소를 표시하는 일종의 표지목으로 사용하곤 했다.

913

Tanacetum parthenium 피버퓨

Chrysanthemum parthenium | 피버퓨Feverfew | 페더퓨Featherfew | 와일드 카모마일Wild Chamomile | 와일드 키니네Wild Quinine | 신랑의 단추Bachelor's Button | 신부의 단추Bride's Button

의미: 양호한 건강.

효능: 보호.

벌들은 피버퓨 향을 좋아하지 않기 때문에 벌들에게 쏘이지 않으려면 피버퓨를 주위에 두면 좋다고 믿는 사람들이 있다. 피버퓨는 벌레를 쫓는 효력도 있어서 병충해 방지를 위해 정원 주위에 심는 경우도 많았다. 여성이 피버퓨 꽃을 몸에 지니면 이성의 관심을 끌 수 있고, 가지를 집에 들이면 열병이나 각종 사고로부터 보호받을 수 있다고 한다.

914

Tanacetum vulgare 쑥국화

탠지Tansy | 와일드 탠지Wild Tansy | 단추Buttons | 비터 버튼Bitter Buttons | 카우 비터Cow Bitter | 황금단추Golden Buttons | 머그워트Mugwort

의미: 용기, 선전포고, 행복, 적대감, 당신에게 반대합니다. 당신에게 전쟁을 선포합니다, 전쟁.

효능: 매력, 아름다움, 우정, 선물, 조화, 힐링, 건강, 환희, 장수, 사랑, 쾌락, 관능성, 예술.

쑥국화를 지니고 있으면 수명이 길어진다는 말이 있다.

915

Taraxacum officinale 서양민들레

Taraxacum dens-leonis | 단델리온-Dandelion | 사자의 이빨Lion's Tooth | 아이리시 데이지Irish Daisy | 사제의 모자Priest's Crown | 캔커워트Cankerwort | 블루볼Blowball | 페이스클락Faceclock | 밀크 위치Milk-witch | 몽크스헤드Monks-head | 오줌누기Pee-a-Bed | 퍼프볼Puffball | 화이트 엔다이브White Endive | 옐로우 고완Yellow-gowan

의미: 충실함, 행복, 번영, 소원, 사랑을 기원합니다.

효능: 영을 불러내기, 점성술, 신탁, 정화, 소박한 예언, 소원.

시드볼(seed ball, 진흙과 퇴비를 섞은 것에 싸여 있는 씨앗): 출발, 사랑의 신탁, 신탁, 무난한 예언, 소원 마법, 소원이 이루어짐.

서양민들레 시드볼을 집의 북서쪽에 놓아두면 좋은 바람이 불어온다고 한다. 이 꽃으로 치는 재미있는 점도 있는데 씨앗들을 불어서 날렸을 때 줄기 끄트머리에 남아 있는 씨앗들 개수만큼이 그 사람의 남은 수명이라고 한다. 또 씨앗들을 불어서 날릴 때 시드볼 하나하나에 소원을 담을 수 있는데 사랑하는 이에게 보내고픈 말이 있을 때 그 메시지를 마음속으로 그려보면서 그 사람이 있는 방향으로 불어서 보내기도 했다.

916

Taxus cuspidata 주목 (독성)

유Yew

의미: 명예, 환상, 불멸, 자기성찰, 장수, 미스터리, 참회, 힘, 뉘우침, 슬픔, 존엄성, 고요, 비애, 힘, 승리, 숭배.

효능: 죽은 자를 되살림.

중세에는 주목을 교회 마당에 심었다. 왜냐하면 주목의 뿌리가 아래로 자라면서 망자의 눈을 통과하는데 그렇게 함으로써 그가 산 자의 세계를 들여다보고 혼령으로 돌아오려고 하는 것을 막아줄 거라 여겼기 때문이다.

917

Tendrils of All Plants 모든 종류의 덩굴손

의미: 묶어둠.

식물의 덩굴손(덩굴식물이나 줄기 있는 식물의 가지나 잎이 변하여 식물체를 지지하기 위해 서로 얽히고 감기는 형태로 된 것)은 묶고, 위로 기어오르면서 붙잡고, 끌어당기고, 달라붙고, 아예 뚫고 들어가기까지 하면서 식물 본연에 내재한 강한 결합력을 더 세게 발휘하게끔 한다.

918

Thalictrum 꿩의다리속

메도우 루Meadow Rue

의미: 번창하다.

효능: 점성술, 사랑.

919

Theobroma cacao 카카오

카카오Cacao | 코코아Cocoa | 코코아 나무Cocoa Tree | 카카후아틀Cacahuatl

의미: 신들의 음식, 사랑.

효능: 예술, 매력, 아름다움, 우정, 선물, 조화, 환희, 사랑, 쾌락, 호색, 예술.

유카탄을 비롯한 멕시코 일부 지역에서는 1800년대까지도 카카오를 화폐처럼 사용했다.

920

Thevetia peruviana 테베티아 페루비아나 (독성)

Cascabela peruviana | 노란 협죽도Yellow Oleander | 페루의 꽃Flor Del Peru | 비 스틸 트리Be-Still Tree | 행운의 너트Lucky Nut

의미: 뱀의 달랑거리는 소리.

효능: 행운.

모든 부위가 유해한데 특히 씨앗들이 더 그렇다. 사람들이 중독되는 사고들도 다수 보고되고 있다. 반면 스리랑카에서는 이 식물의 맹독성 씨앗들이 행운을 불러온다고 여겨 부적처럼 목에 걸기도 한다.

921
Thorn (Branch) 나뭇가지의 가시

의미: 가혹함, 엄격함, 성실성.

효능: 보호.

식물의 가시나, 가시가 돋은 식물에 다가갈 때는 주의해야 한다.

922

Thorn (Evergreen) 상록수의 가시

의미: 역경에서 찾은 위안.

효능: 보호.

식물의 가시나, 가시가 돋은 식물에 다가갈 때는 주의를 게을리해선 안 된다.

923
Thuja occidentalis 서양측백나무 (독성)

Arbor vitae | 생명의 나무Tree of Life

의미: 영원한 우정, 진정한 우정, 나를 위해 살아주세요, 변치 않음, 변치 않은 애정.

효능: 깨끗이 함, 행운, 행복, 조화, 힐링, 건강, 정의, 금전, 평화, 보호, 심령 또는 정신의 힘, 정화, 퇴치, 방출, 재산.

924
Thunbergia alata 툰베르기아 알라타 (독성)

Endomelas alata | 검은 눈의 수잔Black-eyed Susan | 오렌지 클락 바인Orange Clock Vine | 플레밍기아Flemingia | 툰베르기아Thunbergia

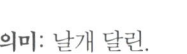

의미: 날개 달린.

선명한 노란색 꽃잎과 거의 검정색에 가까운 진한 자주색 중심부를 가졌지만 흰색과 노랑, 분홍 그리고 오렌지 빛깔의 크고 두툼하기까지 한 모습도 예외적으로 보여주는 해가 있다.

925
Thymus vulgaris 타임

타임Thyme | 잉글리시 와일드 타임English Wild Thyme | 가든 타임Garden Thyme

의미: 용맹스러움, 용기, 대담성, 행동, 활동성, 애정, 죽음, 우아함, 에너지, 숙면을 보장, 행복, 힐링, 건강, 사랑, 정신의 힘, 정화, 힘, 경쾌한 동작, 절약.

효능: 매력, 저항할 수 없는 매력, 아름다움, 용기, 우정, 선물, 조화, 힐링, 건강, 사랑, 기쁨, 정신의 힘, 정화, 호색, 잠, 예술.

중세에는 타임을 용맹함과 용기의 상징으로 여겼다. 그래서 십자군 원정길에 나서는 기사들이 착용하는 스카프나 튜닉에는 사랑하는 여인이 타임 모양의 수를 놓아주기도 했다. 고대 그리스에서는 신전을 정화할 때 타임을 향으로 태웠다. 또 오래전에는 질병을 쫓아내려는 뜻에서 타임 다발을 쓰기도 했고 악취를 완화하는 용도로 쓰기도 했다. 타임을 베개 밑에 두면 악몽을 쫓아준다는 믿음도 있었고 여자나 남자 모두 일상에서 부정적인 기운을 몰아내기 위해 타임을 몸에 지니기도 했다. 타임은 요정들에게 집과 춤을 출 공간을 제공해 준다는 전설도 전해져 온다. 옛날에는 여인이 머리에 타임 가지를 꽂으면 저항하기 어려운 매력을 돋보이게 해준다고 믿었고, 타임을 몸에 지니거나 목에 걸면 요정들을 볼 수 있는 능력이 생긴다고 믿는 이들도 있었다. 매년 봄 스스로를 정화하는 의미에서 타임과 스위트 마조람을 물에 띄워 향이 풍길 때 몸을 씻으면 모든 질병과 지난날의 슬픔을 씻어낼 수 있다고 믿기도 했다.

926
Tibouchina semidecandra 티보치나

글로리 부시Glory Bush | 공주꽃Princess Flower | 라시안드라Lasiandra

의미: 영광스러운 미모, 영광.

티보치나는 가지가 잘 부러지기 때문에 강한 바람이 부는 지역에서는 살아남기 어려운 식물이다.

927
Tilia amurensis 피나무

틸리아Tilia | 배스우드Basswood | 린덴Linden | 라임 트리Lime Tree | 라임Lime | 린플라워Linnflowers

의미: 부부애, 사랑, 행운, 결혼, 기혼.

가지: 부부애.

효능: 불멸, 사랑, 행운, 중독을 방지, 보호, 잠.

피나무 작은 조각을 호주머니에 넣어두는 것만으로도 중독을 예방할 수 있다고 믿었다. 피나무 조각에 원하는 바를 새겨 행운의 부적을 만들어도 된다.

928
Tillandsia usneoides 틸란드시아 우스네오이데스

스패니시 모스Spanish Moss | 에어 플랜트Air Plant

의미: 뿌리 없음.

효능: 보호.

부두교 인형의 재료라고 알려져 있다. 아메리카에 전해지는 이야기에 따르면, 결혼식날 공주가 적에게 죽임을 당하자 그 남편이 공주의 머리카락을 나뭇가지에 걸어 들고 다녔다고 한다. 훗날 그 머리카락을 틸란드시아 우스네오이데스라고 불렀다.

929
Torenia 토레니아

블루 윙스Blue Wings | 광대꽃Clown Flower | 위시본 플라워Wishbone Flower

의미: 소원을 빌다.

마주보는 수술 두 개가 한가운데서 만나는 모습이 마치 위시본(닭고기, 오리고기 등에서 목과 가슴 사이에 있는 V자형 뼈)을 닮았다고 하여 위시본 플라워Wishbone Flower라는 이름으로 불리기도 한다. 또 마주보는 꽃잎들은 대개 파란색인 경우가 많아서 블루 윙스Blue Wings라는 별명도 붙었다.

930
Tradescantia ohiensis 자주달개비 (독성)

자주달개비Spiderwort | 스파이더 릴리Spider Lily

의미: 존경은 하되 사랑하지는 않습니다.

효능: 사랑.

아메리카 원주민인 다코타족은 사랑을 불러들이고 싶을 때 자주달개비를 지니고 다닌다.

931

Tradescantia virginiana 버지니아달개비 (독성)

버지니아 자주달개비 Virginia Spiderwort

의미: 순간적인 행복, 일시적인 행복.

효능: 사랑.

932

Trifolium 토끼풀속

클로버 Clover | 허니 Honey | 세 잎 풀 Three-Leaved Grass | 트레포일 Trefoil | 허니스톡 Honeystalks

의미: 가정의 미덕, 임신과 출산, 복수.

효능: 축성, 신의, 행운, 사랑, 금전, 보호, 성공.

마음의 상처를 입었을 때 파란색 실크천 위에 토끼풀을 놓고 오른쪽 가슴께에 대고 있으면 슬픔을 극복하는 데 도움이 된다고 한다. 신부와 신랑은 저마다 신발 안에 토끼풀, 즉 세 잎 풀(네 잎이면 더 좋다!!)을 넣고 식장에 들어서면 좋다. 드루이드교 신자들은 토끼풀을 신성시하고 마법의 식물로 여겼는데 그들은 이 풀의 세 잎이 땅, 바다, 하늘을 상징한다고 여겼다. 주문을 세 번씩 반복하는 이유도 여기에 있다. 토끼풀을 왼쪽 신발에 넣어두면 액운을 막을 수 있다는 미신도 전해진다.

933

Trifolium pratense 붉은토끼풀

레드 클로버 Red Clover | 퍼플 클로버 Purple Clover | 허니서클 클로버 Honeysuckle Clover | 비브레드 Beebread | 넓은잎 클로버 Broadleafed Clover | 카우 그래스 Cow Grass | 말 그래스 Marl Grass | 트레포일 Trefoil

의미: 근면성, 약속할게요, 앞날에 대비하는, 복수.

효능: 신의, 사랑, 금전, 보호, 성공.

사랑 때문에 가슴앓이를 한다면 파란색 실크천 위에 붉은토끼풀을 놓고 오른쪽 가슴께에 대고 있으면 슬픔을 극복하는 데 도움이 된다고 한다. 신부와 신랑은 저마다 신발 안에 붉은토끼풀(네 잎이면 더 좋다!)을 넣고 식장에 입장하면 좋다. 드루이드교 신자들은 토끼풀과 함께 붉은토끼풀도 신성시하고 마법의 식물로 여겼는데 그들은 이 풀의 세 잎 또한 땅, 바다, 하늘을 상징한다고 여겼다. 어떤 종류의 계약서에 서명하기 전에 붉은토끼풀을 지니면 길하다고 한다.

934

Trifolium repens 토끼풀

샴록 Shamrock | 화이트 클로버 White Clover | 더치 화이트 클로버 Dutch White Clover | 성 패트릭의 허브 Saint Patrick's Herb | 세 잎 풀 Three-Leaved Grass

의미: 약속할게요, 근심 없음, 약속, 나를 생각해줘요.

효능: 행운, 행운 가득한 행복한 결혼, 기쁨이 넘침, 행복과 행운이 오래도록 함께하는 결혼, 번영, 보호, 정력.

붉은토끼풀과 마찬가지로 사랑으로 가슴앓이를 한다면 파란색 실크천 위에 토끼풀을 놓고 오른쪽 가슴께에 대고 있으면 슬픔을 극복하는 데 도움이 된다. 5세기에 아일랜드의 성 패트릭이 삼위일체의 기독교 신앙을 가르칠 때 토끼풀을 보기로 들었다는 이야기는 유명하다. 이후 토끼풀은 삼위일체의 상징으로 여겨져 왔다. 토끼풀은 결혼식에서 사랑의 징표로도 쓰였다. 신부와 신랑은 결혼식장에 들어갈 때 토끼풀(네 잎이면 더 좋다!)을 신발에 넣고 들어가면 좋다. 드루이드교 신자들은 토끼풀도 신성시하고 마법의 식물로 여겼는데 그들은 이 풀의 세 잎 또한 땅, 바다, 하늘을 상징한다고 여겼다. 마법으로 인해 부정적 기운이 감도는 공간에 토끼풀을 흩뿌려두면 그 주술을 깰 수 있다는 믿음도 있다. 과거에는 혹시 누군가에 의해 마법에 걸렸다고 생각될 때 토끼풀을 지니면 그 마법을 깰 수 있다고 믿는 이들도 있었다.

935

Trigonella foenum-graecum 호로파

페뉴그릭Fenugreek | 힐베Hilbeh | 홀바Holba | 메티Methi | 숫양의 뿔 클로버Ram's Horn Clover | 아베시Abesh | 보크호른스클로버Bockhornsklover | 멘티야Menthya

의미: 성장, 변신, 청춘.

효능: 금전, 번영, 부.

집에 돈을 불러들이는 간단한 방법으로 호로파 씨앗을 물과 섞어서 마루를 닦아본다. 한때 이 식물은 노인을 회춘시키는 힘이 있다고 여겨진 적도 있었다.

936

Trillium kamtschaticum 연영초

페인티드 트릴리움Painted Trillium | 인디언 루트Indian Root | 진실한 사랑True Love | 베스 루트Beth Root | 페인티드 레이디Painted Lady

의미: 겸손한 미인.

효능: 사랑, 행운, 금전.

937

Triodanis perfoliata 비너스도라지

Specular perfoliata | 클래스핑 벨플라워Clasping Bellflower | 클래스핑 비너스 룩킹 글래스Clasping Venus' Looking Glass

의미: 사랑을 놓치다.

비너스도라지는 여름에 제멋대로 자라서 꽃을 피우는 한해살이 풀이다.

938

Triosteum suatum 꿰미풀

피버 루트Fever Root | 피버 워트Feverwort | 호스 겐티아나Horse Gentian | 땜장이의 뿌리Tinker's Root

의미: 지체.

매사추세츠 주는 이 식물을 멸종 위기에 놓인 식물 목록에 포함시켰다.

939

Triptilion spinosum 트립틸리온 스피노숨

칠레 시엠프레비바Chilean Siempreviva

의미: 신중하라.

중심부가 밝은 노란색을 띤 파란색의 앙증맞은 꽃들이 무리지어 핀다.

940

Triticum aestivum 밀

밀Wheat

의미: 친선, 번영, 재산, 부, 부유함과 번성, 당신은 부유해질 것입니다.

효능: 임신과 출산, 금전.

밀을 집 안에 들이거나 지니고 있으면 임신과 출산 가능성이 높아진다는 설이 전해진다. 집 안에 밀 묶음을 놓아두면 돈이 들어온다는 말도 있다.

942

941

Tropaeolum majus 한련화

너스터섬Nasturtium | 내스티스Nasties | 인디언 크레스Indian Cress

의미: 자선, 정복, 모성애, 부성애, 애국심, 사직, 화려함, 싸움에서 승리, 전리품.

효능: 지식, 보호, 환생, 공부.

Tulipa 튤립속

튤립Tulip | 툴리판Tulipan | 툴리판트Tulipant | 노다지Pot of Gold

의미: 절대적인 로맨스, 사랑의 맹세, 정열로 혼란스러워진 연인의 마음, 적응, 냉담, 오만함, 열망, 자선, 투지, 꿈같은, 우아함과 품위, 명성, 상상, 중요성, 관능, 악평, 기회, 완벽한 연인, 부활, 로맨스, 호색, 영적인 깨달음, 봄, 허영심, 부, 무모한 투기.

특별한 색에 담긴 의미

오렌지색: 당신의 매력에 사로잡혔어요, 매혹됐어요.

분홍색: 나의 완벽한 연인.

보라색: 영원한 사랑.

빨간색: 믿음, 나를 믿어요, 자선, 사랑의 맹세, 명성, 거부할 수 없는 사랑, 신뢰, 불멸의 사랑.

하얀색: 용서, 문학으로 데뷔, 성실성, 처녀.

노란색: 가망 없는 사랑, 화해 가능성이 없음, 내 미소에 담긴 햇살.

여러 빛깔의 혼합: 아름다운 눈, 찬란한 눈동자, 당신의 눈은 아름다워요.

효능: 사랑, 번영, 보호.

튤립을 꽂거나 달고 있으면 액운과 가난을 물리쳐 준다고 여겼다.

943

Tulipa gesneriana 튤립

Tulipa suaveolens | *Tulipa didieri* | 튤립Tulip | 디디에의 튤립Didier's Tulip

의미: 사랑의 맹세.

효능: 풍부함, 정력제, 명성, 사랑, 관능.

중세에는 튤립이 엄청나게 비싸서 웬만한 보석보다 더 값이 나갈 정도였다. 일반 서민들은 튤립 한 송이도 가져보지 못할 형편이다 보니 튤립에 관한 민담이 드문 이유도 여기에 있다. 튤립을 화병에 꽂아 부엌에 두면 집 안에 행운과 재물이 들어온다고 한다.

945

Tussilago farfara 관동화

파르파라Farfara | 브리티시 타바코British Tobacco | 말의 발Horse Foot | 당나귀의 발Ass's Foot | 황소의 발Bull's Foot | 머위Butterbur | 기침풀Coughwort | 망아지 발Foal's Foot | 타시 플랜트Tash Plant | 윈터 헬리오트로프Winter Heliotrope

의미: 정의, 정의는 이루어지리라, 사랑, 모성애, 정치 권력.

효능: 사랑, 번영, 힐링, 앞을 내다봄, 부.

평정심과 평온을 얻기 위해 관동화를 작은 주머니에 담아 가지고 있으면 좋다.

944

Turnera diffusa 투르네라 디푸사 (독성)

다미아나Damiana | 멕시칸 다미아나Mexican Damiana

의미: 죽음, 기진맥진.

효능: 꿈, 사랑, 관능, 심령, 정신의 힘, 앞을 내다봄, 최음, 정력제.

미국의 루이지애나에서는 이 식물에서 파생된 모든 것의 재배, 소유 또는 유통을 엄격히 금지하고 있다.

946

Typha latifolia 큰잎부들

Tule espidilla | 부들Reedmace | 큰잎부들Broadleaf Cattail | 고양이 꼬리Cat Tail | 불러시Bulrush | 토토라Totora | 티파Typha | 발란고트Balangot | 쿠퍼스 리드Cooper's Reed | 큰부들Great Reedmace

의미: 온순함, 독립, 무분별함, 평화, 번영.

효능: 관능.

성생활을 지속하고 싶지만 쉽지 않은 여성은 큰잎부들을 늘 지니고 있으면 건강한 성생활을 이어갈 수 있다는 말도 있다.

U

947

Ulex 울렉스

가시금작화Gorse | 프릭클리 브룸Prickly Broom | 고스트Gorst | 금작화Broom

의미: 친밀한 애정, 독립, 근면, 지성, 어떤 경우에도 사랑을 버리지 않는, 사계절의 사랑, 빛, 활력, 분노.

효능: 금전, 보호.

웨일스에서는 원래 요정들을 막기 위해 심었다고 한다. 제아무리 요정들이라 해도 그 가시덤불을 쉽게 통과하기는 어려울 거라 생각한 것이다.

948

Ulmus 느릅나무속 (독성)

Ulmus americana | *Planera aquatica* | 느릅나무Elm | 미국 느릅나무American Elm | 유럽 느릅나무European Elm | 워터 엘름Water Elm | 화이트 엘름White Elm

의미: 존엄, 위엄과 품격, 애국심.

효능: 사랑, 보호.

동화 속에서 느릅나무는 엘프들이 좋아하는 나무로 알려져 있다. 느릅나무 잎이나 껍질을 조금 지니고 있으면 사랑이 찾아온다고 한다.

949

Ulmus rubra 울무스 루브라 (독성)

Ulmus americana rubra | *Ulmus fulva* | 레드 엘름Red Elm | 그레이 엘름Gray Elm | 무스 엘름Moose Elm | 인디언 엘름Indian Elm | 미끄러운 느릅나무Slippery Elm

의미: 독립.

효능: 뜬소문을 잦아들게 하다.

950

Urtica dioica 서양쐐기풀 (독성)

Urtica cardiophylla | *Urtica major* | 쐐기풀Nettle | 캘리포니아 네틀California Nettle | 버닝 네틀Burning Nettle | 파이어 위드Fire Weed | 버닝 위드Burning Weed | 불 네틀Bull Nettle | 스팅잉 네틀Stinging Nettle | 톨 네틀Tall Nettle

의미: 잔인함, 중상모략.

효능: 야망, 태도, 매력, 아름다움, 맑은 정신, 우정의 선물, 조화, 힐링, 높은 수위의 이해력, 환희, 쾌락, 논리, 관능, 물질적 형태로 드러냄, 보호, 호색, 정신적 개념, 예술, 사고 과정.

서양쐐기풀을 주머니에 넣고 다니면 저주를 푸는 것은 물론 저주를 건 사람에게 되돌려준다는 설도 있었다.

951

Vaccinium corymbosum 블루베리

블루베리Blueberry | 빌베리Bilberry

의미: 기도.

효능: 지식을 적용하기, 하위 요소를 통제, 분실물 찾기, 보호, 갱생, 우울감 떨치기, 관능성, 비밀을 드러내기, 승리.

블루베리 열매를 현관의 도어 매트 밑에 넣어두면 부정적인 기운이 집 안으로 들어오는 것을 막아준다고 한다.

952

Vaccinium myrtillus 유럽블루베리

빌베리Bilberry | 머틀 블루베리Myrtle Blueberry | 허틀베리Hurtleberry | 블루 워틀베리Blue Whortleberry | 윔베리Wimberry | 블랙 하츠Black-Hearts | 그라운드 허츠Ground Hurts

의미: 배반, 반역죄.

효능: 저주 풀기, 드림 매직, 행운, 보호.

유럽블루베리 잎을 지니고 있으면 행운을 불러오고, 망령을 쫓아버리며, 저주나 마법을 풀어준다는 미신이 있다.

953

Vaccinium oxycoccus 넌출월귤

크랜베리Cranberry | 크랜베리 플랜트Cranberry Plant

의미: 사랑, 사랑하는 관계, 성생활.

효능: 마음의 병을 치유.

954

Vaccinium parvifolium 바키니움 파르비폴리움

허클베리Huckleberry | 레드 허클베리Red Huckleberry

의미: 믿음, 소박한 여가.

효능: 관능, 보호.

955

Vaccinium reticulatum 바키니움 레티쿨라툼

Vaccinium peleanum | *Vaccinium pahalae* | 오헬로Ohelo | 하와이안 블루베리Hawaiian Blueberry

의미: 펠레 여신(하와이 화산의 여신)에게 귀속된.

효능: 힐링.

하와이에서는 이 식물의 열매를 매우 신성시해서 먹기 전에 먼저 펠레 여신에게 바치는 의미로 화산에 던진다. 만약 그렇게 하지 않으면 무서운 일을 당한다고 믿는다.

956
Vachellia farnesiana 바켈리아 파르네시아나

Acacia farnesiana | *Farnesiana odora* | *Mimosa farnesiana* | 프릭클리 미모사 부시Prickly Mimosa Bush | 가시 아카시아Thorny Acacia | 카시아Cassia | 아로마Aroma | 데드 피니시Dead Finish | 엘링턴의 저주Ellington's Curse | 허니볼Honey-ball | 아이언 우드Iron Wood | 미모사 부시Mimosa Bush | 니들 부시Needle Bush | 노스웨스트 쿠라라North-West Curara | 스폰지 와틀Sponge Wattle | 스위트 아카시아Sweet Acacia | 가시 깃털 아카시아Thorny Feather Wattle

의미: 사랑이 시들어가다, 잊게 해줘요.

효능: 풍부, 진보, 사업상 거래, 주의, 영리함, 의사소통, 군센 의지, 창의력, 에너지, 믿음, 우정, 성장, 힐링, 조명, 입문, 지성, 환희, 리더십, 배움, 생명, 사랑, 추억, 자연의 힘, 예지몽, 보호, 신중함, 정화, 과학, 자기 보호, 올바른 판단, 성공, 도난 방지, 지혜.

957
Valeriana fauriei 쥐오줌풀

발레리안Valerian | 힐초All-Heal | 고양이 쥐오줌풀Cat's Valerian | 아만틸라Amantilla | 피흘리는 도살자Bloody Butcher | 케이폰스 트레일러Capon's Trailer | 레드 발레리안Red Valerian | 잉글리시 발레리안English Valerian | 향기로운 쥐오줌풀Fragrant Valerian | 가든 헬리오트로프Garden Heliotrope | 세인트 조지의 허브Saint George's Herb

의미: 수용하는 태도, 기능, 착한 심성.

효능: 지식을 적용, 하위 요소를 통제, 분실물 찾기, 사랑, 보호, 정화, 재건, 우울함 떨쳐버리기, 호색, 잠, 비밀을 벗김, 승리.

옛날에는 번개로부터 지켜준다고 여겨 집에 걸어두기도 했다. 또 줄기를 베개 밑에 두면 숙면을 도와준다고 생각했다. 여성이 가지를 몸에 지니면 남성이 따르고, 말다툼을 하는 부부가 있는 방에 놓아 두면 의견충돌이 해결된다는 믿음도 있었다. 악령을 쫓아내기 위해 창문 아래 두기도 했다.

958
Vancouveria hexandra 반쿠베리아 헥산드라

Vancouveria parvifolia | 아메리칸 배런워트American Barrenwort | 뒤집혀진 꽃Inside-Out Flower | 오리의 발Duck's Foot | 노던 인사이드 아웃 플라워Northern Inside-Out Flower | 화이트 인사이드 아웃 플라워White Inside-Out Flower

의미: 재편성.

이 식물은 앙증맞은 꽃잎들은 뒤로 물러나 있는 반면 중심부가 앞으로 튀어나와 있어서 꽃의 안과 밖이 뒤집어진 것 같고, 위에는 작은 우산이 씌워져 있는 것처럼 보인다. 태평양 북서쪽에서 자생하는 이 식물은 얼핏 여리해 보이지만 알고 보면 웬만한 병충해에도 끄덕 않는 강인한 식물이다.

959

Vanilla planifolia 바닐라

Vanilla aromatica | *Vanilla fragrans* | 부르봉 바닐라Bourbon Vanilla | 바닐라 오키드Vanilla Orchid | 마다가스카르 바닐라Madagascar Vanilla | 평평한 잎사귀 바닐라Flat-leaved Vanilla

의미: 우아함, 결백함, 순수.

효능: 사랑, 관능, 맑은 정신, 정신의 힘.

바닐라 꽃은 완전히 자란 뒤에 핀다. 아침에 꽃잎을 펴고 같은 날 오후 늦게 닫는데 다시 열리지는 않는다. 만약 벌이나 벌새 또는 사람의 손으로 수분이 되지 못하면 꽃은 그대로 떨어진다. 바닐라 열매는 콩bean이라고 잘못 불리기도 하는데 완전히 익기까지 8-9개월 정도 걸린다. 바닐라 열매를 지니고 있으면 정신이 맑아지고 에너지도 향상된다는 말이 있다. 또 바닐라 향은 관능을 도발한다고 여겨진다.

960
Verbascum thapsus 우단담배풀

뮤레인Mullein | 캔들윅 플랜트Candlewick Plant | 벨벳 플랜트Velvet Plant | 플란넬 플랜트Flannel Plant | 아론의 막대Aaron's Rod | 담요잎Blanket Leaf | 주피터의 스태프Jupiter's Staff | 숙녀의 여우장갑Lady's Foxglove | 노인의 펜넬Old Man's Fennel | 베드로의 스태프Peter's Staff | 목동의 클럽Shepherd' Club | 목동의 풀Shepherd's Herb

의미: 온화한.

효능: 용기, 영을 부름, 액운을 막음, 건강, 사랑, 보호.

몸에 지니면 용기가 샘솟고 사랑이 찾아온다고 한다. 우단담배풀로 속을 채운 베개를 베고 자면 악몽을 꾸지 않는다는 미신도 전해진다. 인도에서는 액운과 악령을 쫓는 힘이 가장 강한 식물로 여겨서 자주 몸에 지니거나 집의 문이나 창에 걸어놓기도 한다. 예전에 아메리카 대륙의 오자크Ozark 산지 젊은이들 사이에 유행하던 사랑점이 있었다. 한 남자가 싱싱한 우단담배풀을 찾아내서 마음에 둔 상대를 향해 꽃줄기를 구부러뜨린다. 상대방이 그 남자를 사랑해 준다면 다시 위로 자랄 것이며 그녀가 다른 이를 사랑하고 있다면 시들어 버린다는 것이다.

961
Verbascum arcturus 베르바스쿰 아르크투루스

Celsia cretica | 크레타 뮤레인Cretan Mullein | 큰 꽃 셀시아Great Flowered Celsia

의미: 불멸.

효능: 용기, 저주, 사랑, 악몽이나 마법으로부터 지켜줌, 야생동물로부터 지켜줌.

이 식물을 지니면 용기가 샘솟고 사랑을 불러들인다고 한다. 옛날에는 야생동물로부터 몸을 지키려고 이 식물을 앞뒤로 걸기도 했다.

962
Verbena officinalis 마편초

Verbena domingensis | *Verbena macrostachya* | 버베나Verbena | 버베인Vervain | 모기풀Mosquito Plant | 이시스의 눈물Tears of Isis | 여행자의 기쁨Traveler's Joy | 악마의 골칫거리Devil's Bane | 비둘기 나무Pigeonwood | 블루 버베인Blue Vervain | 브리타니카Brittanica | 마법사의 풀Enchanter's Plant | 은총의 허브Herb of Grace | 십자가의 풀Herb of the Cross | 거룩한 허브Holy Herb | 주노의 눈물Juno's Tears | 심플러스 조이Simpler's Joy

의미: 능력 있는, 아름다움, 순결, 협력, 황홀감, 힐링, 어둠 속의 희망, 예술성에 영감을 주다, 창의력에 영감을 주다, 배움에 대한 열의를 불어넣다, 사랑, 금전, 평화, 나를 위해 기도해 주세요, 골칫거리, 휴식, 안전, 감성, 예민함, 당신은 날 홀리는군요, 청춘.

특별한 색에 담긴 의미

분홍색: 가족 간의 유대.
보라색: 정말 미안합니다, 당신 때문에 웁니다, 후회.
주홍색: 교회 연합, 악마에 맞선 연합.
흰색: 날 위해 기도해 주세요.

효능: 신성한 힘, 신께 바치는 공물, 황홀함, 여성적 힘, 사랑, 금전, 평화, 보호, 뱀파이어나 마법으로부터 보호하거나 퇴치, 우울감, 부정적 감정으로부터 지켜줌, 정화, 과도한 열중을 완화, 악의와 부정적 정서를 물리침, 잠, 초자연적 힘, 청춘.

전해지는 이야기에 따르면 예수를 십자가에서 내린 뒤 지혈할 때 썼던 식물이 마편초라고 한다. 고대 로마에서는 마편초를 다발로 묶어서 제단 위를 쓸 때 마치 빗자루처럼 사용했다고 한다. 옛사람들은 부적처럼 지니기도 했으며 가정에서는 폭풍우나 번개로부터 지켜준다고도 믿었다. 또 마편초 부스러기를 집 주위에 뿌려두면 가정에 평온을 가져다준다는 속설도 있었고 다른 식물의 성장도 북돋는다는 말도 있었다. 젊음을 유지하고 싶어서 지니는 사람들도 있었고, 침대 밑이나 베개 밑에 두면 어지러운 꿈에서 벗어날 수 있다는 말도 전해진다. 누군가가 자신의 물건을 훔쳤다고 의심이 들 때 마편초 가지를 몸에 지니고 그에게 물어보면 진실을 알아낼 수 있다는 미신 같은 이야기도 전해진다.

963

Veronica chamaedrys 베로니카 카마이드리스

버드 아이 스피드웰Bird's Eye Speedwell | 저맨더 스피드웰Germander Speedwell

의미: 신의.

18세기 잉글랜드에서는 이 식물이 통풍을 치료하는 데 효험이 있다는 설이 널리 퍼져서 거의 멸종 상태에 이르기도 했다.

964

Veronica spicata 이삭꼬리풀

베로니카Veronica | 스파이크드 스피드웰Spiked Speedwell

의미: 겉모습.

영국에서는 1975년에 보호종으로 지정됐다.

965

Viburnum opulus 백당나무

유러피언 크랜베리부시European Cranberrybush | 스노우볼 트리Snowball Tree | 워터 엘더Water Elder | 크램프 바크Cramp Bark | 겔더 로즈Guelder Rose

의미: 수명, 선량함, 기쁜 소식, 멋진 여행, 하늘의 뜻, 화요일의 꽃, 겨울, 늙어서도 젊은.

우크라이나의 민속 미술과 음악, 시에는 백당나무가 자주 등장한다. 백당나무 뿌리의 상징들은 초기 슬라브 이교주의에서 그 흔적을 찾아볼 수 있다.

966

Viburnum tinus 월계분꽃나무

Viburnum strictum | *Tinus lucidus* | 로레스틴Laurestine | 라우루스티누스Laurustinus

의미: 징표, 섬세한 주의, 날 무시하면 죽어버릴 겁니다.

효능: 심호흡, 집중력, 명상, 고통의 완화, 몸의 불편함을 완화, 이완.

967

Vicia nigricans gigantea 비키아 니그리칸스 기간테아 (독성)

블랙 베치Black Vetch | 자이언트 베치Giant Vetch

의미: 신의.

효능: 신의.

968

Vicia sativa 살갈퀴 (독성)

베치Vetch | 가든 베치Garden Vetch | 파바Faba | 테어Tare

의미: 당신을 꼭 붙들 거예요, 수줍음, 악덕.

살갈퀴는 방목가축들을 키우는 데 없어서는 안 될 식물이다. 시리아, 터키, 불가리아, 헝가리, 슬로바키아 등지에서 발견된 화석으로 미루어 보면 살갈퀴의 역사는 신석기시대까지 거슬러 올라간다. 살갈퀴의 수분을 담당하는 존재는 바로 호박벌이다.

Vinca major 큰잎빈카 (독성)

Vinca major variegata | 큰 잎 페리윙클Big Leaf Periwinkle | 그레이트 블루 페리윙클Great Blue Periwinkle | 라지 페리윙클Large Periwinkle

의미: 초기 애착, 초기 우정, 초기 사랑, 초창기를 회상, 교육, 기억들, 금전, 즐거운 추억들, 보호, 달콤한 추억들, 훈훈한 회상.

효능: 사랑, 관능, 맑은 정신, 정신력, 보호.

Vinca minor 빈카 (독성)

페리윙클Periwinkle | 작은 페리윙클Small Periwinkle | 악마의 눈Devil's Eye | 백 개의 눈Hundred Eyes | 마법사의 바이올렛Sorcerer's Violet | 파란 단추Blue Buttons | 크리핑 머틀Creeping Myrtle | 땅 위의 기쁨Joy on the Ground

의미: 바람직한 상황, 초창기를 회상, 교육, 추억들, 금전, 즐거운 추억, 달콤한 추억, 회상, 훈훈한 회상.

특별한 색에 담긴 의미

파란색: 초기 애착, 지난날의 우정.

하얀색: 즐거운 회상, 즐거운 추억.

효능: 부정적 에너지를 소멸시키다, 사랑, 관능, 맑은 정신, 보호.

빈카 꽃을 가만히 들여다보면 잃어버린 추억들이 되살아난다고 한다.

Vine 덩굴식물

의미: 연결, 술에 취함, 최적의 심리 상태, 우정, 성장, 도취된, 중독, 기회, 갱신.

Viola mandshurica 제비꽃 (독성)

바이올렛Violet | 삼색제비꽃Heartsease

의미: 애정, 예술적 능력, 충실함, 신의, 정직, 충성심, 겸손, 단순함, 나를 생각해 주세요, 회상, 사랑, 생각들, 사려 깊은, 세심한 마음.

973
Viola alba 비올라 알바 (독성)

화이트 바이올렛White Violet

의미: 순백, 충동적인 사랑의 행동, 결백, 행복의 기회를 잡음, 겸손, 순수.

효능: 사랑, 행운, 관능, 평화, 보호, 소원.

974
Viola odorata 향기제비꽃 (독성)

스위트 바이올렛Sweet Violet | 블루 바이올렛Blue Violet | 잉글리시 바이올렛English Violet | 가든 바이올렛Garden Violet | 바나프샤Banafsha

의미: 겸손.

효능: 사람을 끄는 매력, 아름다움, 우정, 선물, 조화, 힐링, 환희, 사랑, 행운, 관능, 평화, 쾌락, 보호, 호색, 예술, 소원.

향기제비꽃을 지니면 사악한 영으로부터 지켜준다는 믿음이 있다. 또 행운을 불러온다고도 하는데, 봄에 맨 처음 이 꽃을 발견했을 때 소원을 빌면 이루어진다는 이야기가 있다.

975
Viola pubescens 비올라 푸베스켄스 (독성)

옐로우 바이올렛Yellow Violet | 다우니 옐로우 바이올렛Downy Yellow Violet

의미: 소소한 가치, 흔치 않은 가치, 전원의 행복.

효능: 힐링, 사랑, 행운, 관능, 평화, 보호, 소원.

976
Viola sororia 비올라 소로리아 (독성)

Viola papilionacea | 블루 바이올렛Blue Violet | 메도우 바이올렛Meadow Violet | 퍼플 바이올렛Purple Violet | 우드 바이올렛Wood Violet | 울리 블루 바이올렛Woolly Blue Violet

의미: 충실함.

효능: 사람을 끄는 매력, 아름다움, 우정, 선물, 조화, 힐링, 환희, 사랑, 행운, 관능, 평화, 쾌락, 보호, 관능성, 예술, 소원.

977
Viola tricolor 삼색제비꽃 (독성)

Viola arvensis | 삼색제비꽃Heart's Ease | 필드 팬지Field Pansy | 호스 바이올렛Horse Violet | 정원 문에서 내게 키스해 주세요Kiss-Me-at-the-Garden-Gate | 정문에서 만나주세요Meet-Me-in-the-Entry | 새의 눈Bird's Eye | 버려진 사랑Love-in-idleness | 인형꽃Dolly Flower | 조니 점퍼Johnny Jumper | 아가씨의 기쁨Lady's Delight | 어린 계모Little Stepmother | 러빙 아이돌Loving Idol | 몽키플라워Monkeyflower | 팬지 바이올렛Pansy Violet | 내 욕망을 끌어당겨요Tickle-My-Fancy

의미: 세상을 떠난 이들이 보여준 사랑과 친절에 대한 좋은 기억들, 날 잊지 말아 주세요, 나를 생각해 주세요, 당신 생각이 떠나지 않아요, 보살핌, 명랑 쾌활, 추억, 기억, 추모, 성찰, 낭만적인 생각, 사려 깊음, 단란함, 연합.

효능: 사랑, 사랑의 부적, 사랑점, 비 내리는 마법, 점성술.

옛날 켈트족은 사랑의 묘약을 제조할 때 삼색제비꽃을 빼놓지 않고 넣었다. 꽃잎 하나하나가 심장을 닮아서 상처받은 마음을 치유해 준다고 믿었기 때문이다. 삼색제비꽃은 전 세계 여러 곳에서 발렌타인데이와 가장 가까운 꽃으로 여겨져서 연인들끼리 이 꽃을 주고받기도 한다. 이슬에 젖은 이 꽃을 꺾으면 사랑하는 사람이 죽을 수 있으며 다음 보름달이 뜰 때까지 울게 된다는 미신이 전해오기도 한다. 또한 이 꽃을 지니고 있거나 몸에 꽂고 있으면 사랑이 찾아온다는 속설도 있다. 자신의 삶에 사랑이 찾아오길 바랄 때 정원에 하트 모양으로 삼색제비꽃을 심어보자. 잘 자라면 소원이 이뤄질 것이다.

978
Viscaria oculata 비스카리아 오쿨라타

Lychnis viscaria | 캐치플라이Catchfly | 천국의 장미Rose of Heaven | 저먼 캐치플라이German Catchfly

의미: 초대, 저랑 춤 추실래요?

이 식물은 여름 내내 밝은 분홍 빛깔의 꽃을 풍성하게 피운다.

979
Viscum album 겨우살이 (독성)

미슬토우Mistletoe | 홀리우드Holy Wood | 황금가지Golden Bough | 번갯불 빗자루Thunderbesom

의미: 난관을 극복합니다, 모든 것을 극복할 것입니다, 극복해야 할 장애물이나 난관, 애정, 키스해 주세요, 겉모습, 사랑.

효능: 건강, 사냥, 사랑, 보호.

고대 그리스인들은 겨우살이에 신비한 힘이 깃들어 있다고 믿었다. 겨우살이는 유럽 전역의 민담에서 마법과 가장 많이 관련된 식물로 등장한다. 질병을 고치고, 독을 해독하며, 가축들의 번식을 활발하게 하며, 마법을 물리치고, 악령으로부터 가정을 보호한다고 여겼다. 간절히 원하면 유령이 말을 하게 만들기도 한다고 믿었다. 또 겨우살이를 지니고 있으면 행운을 불러온다고도 한다. 고대 켈트족은 겨우살이를 걸면서 새해를 맞고 한해의 액운을 막고자 했다. 그들은 아기의 요람에도 겨우살이를 걸어두었다. 그렇게 하면 요정들이 아기를 훔쳐 가지 못할 거라 믿었다. 크리스마스 기간에는 미혼 여성이 겨우살이 아래 서 있으면 키스를 거부당하지 않는다는 말도 전해진다. 만약 거절당하면 그 이듬해에는 결혼할 수 없다고 한다.

980
Vitex agnus-castus 이탈리아목형

체이스트 베리Chaste Berry | 비텍스Vitex | 체이스트 트리Chaste Tree | 수도승의 후추Monk's Pepper | 아브라함의 향유Abraham's Balm

의미: 사랑 없는 삶, 무관심.

효능: 최음, 정력제.

981

Vitis vinifera 포도

Vitis sylvestris | 그레이프Grape | 포도덩굴Grape Vine

의미: 친절함, 온순함, 정신력, 금전, 전원의 행복, 자선, 임신과 출산, 입문, 무절제.

효능: 맑은 정신, 정신력, 임신과 출산, 정원의 마법, 금전.

포도가 들어간 그림을 정원 담장에 그려두면 임신과 출산 가능성이 높아진다고 믿는 사람들도 있었다.

982
Volkameria 볼카메리아

Volkameria aculeata | 볼카메니아Volkamenia

의미: 부디 행복하기를.

머리가 희어지는 것을 볼카메리아가 막아준다는 증명되지 않은 설이 전해진다.

983

Warszewiczia coccinea **바르스체위치아 코키네아**

차코니아Chaconia | 와일드 포인세티아Wild Poinsettia | 트리니다드 토바고의 자부심Pride of Trinidad and Tobago

의미: 영원불멸.

효능: 최음, 정력제.

984

Winged Seed ⟨*All*⟩ **모든 종류의 날아가는 씨앗들**

의미: 전달자.

985

Wisteria frutescens **미국등나무** (독성)

아메리칸 위스테리아American Wisteria

의미: 사랑, 시적인 정서, 보호, 환영, 청춘.

효능: 해가 갈수록 더 아름다워짐, 위안, 신의 축복, 슬픔을 치유, 스트레스 완화, 부드럽게 함, 지혜.

986

Wisteria sinensis **중국등나무** (독성)

차이니스 위스테리아Chinese Wisteria | 위스테리아Wisteria

의미: 친구 해요, 당신의 우정이 저를 기쁘게 합니다, 완전히 낯선 이를 반갑게 맞아들이다.

효능: 장애물 극복하기,

감수성을 높임, 번영.

987

Withania somnifera **위타니아 솜니페라** (독성)

인도 인삼Indian Ginseng | 아슈와간다Ashwagandha | 윈터 체리 허브Winter Cherry Herb | 윈터 체리Winter Cherry

의미: 기만.

산스크리트어에서 아슈와간다Ashwagandha라는 말은 말의 냄새smell of a horse라는 뜻으로, 이 식물이 풍기는 냄새를 제대로 표현한 것이라 하겠다.

988

Withered Flowers Bouquet **말린 꽃다발**

의미: 거부당한 사랑.

989

Xanthium strumarium 도꼬마리 (독성)

Xanthium canadense | 도꼬마리Cocklebur | 큰 도꼬마리Large Cocklebur | 거친 도꼬마리Rough Cocklebur

의미: 완고, 무례함.

아메리카 원주민인 주니족은 도꼬마리가 선인장 가시로부터 자신들을 지켜준다고 믿었다.

990

Xeranthemum annuum 크세란테뭄 안눔

불멸의 꽃Immortal Flower

의미: 불리한 조건에서도 쾌활한, 난관 속에서도 웃음을 잃지 않는, 영원, 불멸, 사라지지 않는 기억.

효능: 영원, 불멸.

991

Yucca 유카속

사무엘라Samuela | 묘지의 유령Ghosts in the Graveyard | 클리스토유카Clistoyucca | 사르코유카Sarcoyucca

의미: 충성심, 새로운 기회, 보호, 순수.

효능: 보호, 정화, 변형.

미국 중서부의 묘지에서 흔히 발견되는데 꽃이 필 때면 마치 둥둥 떠 있는 유령들처럼 보인다고 한다. 수염뿌리를 비틀어서 십자가 모양으로 만들어 집 한복판에 두면 액운으로부터 가정을 지켜준다는 미신도 있었다. 과거에는 이것이 비틀어 올라가면서 만들어진 고리 사이를 뛰어서 통과할 수 있는 사람은 마법처럼 동물로 변신할 수 있다고 믿기도 했다.

992

Yucca gloriosa 유카

시 아일랜드 유카Sea Islands Yucca | 스페인 총검Spanish Bayonet | 아담의 바늘Adam's Needle | 유카Moundlily | 소프트 팁 유카Soft-tipped Yucca

의미: 어려움에 처한 친구, 최고의 친구.

효능: 주술을 제거, 보호, 정화, 변신.

993

Zamioculcas zamiifolia 금전수 (독성)

Zamioculcas loddigesii | *Caladium zamiifolia* | 금전수Aroid Palm | 잔지바르의 보석Zanzibar Gem | 팻 보이Fat Boy | 영원의 식물Eternity Plant | 행운의 나무Fortune Tree | 에메랄드 팜Emerald Palm | 주주 플랜트Zuzu Plant

의미: 행운, 성장, 꾸준한.

효능: 행운.

식물학적으로는 개화식물에 속하지만 금전수가 꽃을 피우는 경우는 매우 드물다.

994

Zantedeschia aethiopica 칼라 (독성)

Richardia africana | *Colocasia aethiopica* | 아룸 릴리Arum Lily | 나일강의 백합Lily of the Nile | 트럼펫 백합Trumpet Lily | 부활절 백합Easter Lily | 칼라 백합Calla Lily

의미: 아름다움, 시간이 지남에 따라 공유한 지혜로부터 얻은 아름다움과 가치, 섬세함, 여성미, 장엄한 아름다움, 당당한 아름다움, 겸손, 위풍당당, 종교, 전환과 성장.

효능: 신앙 서약, 회개, 영성.

칼라야말로 가장 오래전부터 알려진 꽃들 가운데 하나다. 전해지는 이야기에 따르면, 칼라는 아담과 함께 에덴동산을 떠나야 했던 이브가 흘린 눈물이 떨어진 곳에서 피어났다고 한다.

995

Zantedeschia albomaculata 잔테데스키아 알보마쿨라타 (독성)

Calla aethiopica | 점무늬 있는 칼라Spotted Arum Lily | 아룸 릴리Arum Lily | 부활절 백합Easter Lily | 나일강의 백합Lily of the Nile

의미: 열정, 순결, 이른 죽음, 열렬하게, 관능, 성생활.

효능: 순결, 신앙 서약, 회개, 영성.

이 식물은 성모 마리아의 순결과 연결되곤 한다. 순결과 연관되는 꽃이다 보니 로마인들은 이 꽃을 성생활이나 관능성과 연결해서 생각했고 당연히 결혼식의 신부 부케에도 썼다.

996

Zanthoxylum piperitum 초피나무

잔톡실룸Xanthoxylum | 프릭클리 애시Prickly Ash | 헤라클레스의 곤봉Hercules' Club | 파가라Fagara

의미: 노란 하트.

효능: 사랑.

997

Zea mays 옥수수

콘Corn | 생명의 증여자Giver of Life | 성스러운 어머니Sacred Mother | 씨앗 중 씨앗Seed of Seeds | 메이즈Maize

의미: 풍부함, 언쟁, 재산.

망가진 옥수수: 언쟁.

옥수수 알: 섬세함.

옥수수 수염: 합의.

효능: 점성술, 행운, 보호.

옥수수 낟알 한 개를 아기의 요람에 넣어두면 부정적인 기운으로부터 아기를 지켜준다고 믿었다. 옥수수 껍질 묶음을 거울 위에 두면 행운이 찾아온다고도 한다.

998

Zeltnera beyrichii 젤트네라 베이리키

키니네 위드Quinine Weed | 마운틴 핑크Mountain Pink | 록 센터리Rock Centaury

의미: 포부를 가진.

효능: 분노를 퇴치, 악의를 물리침, 마법의 힘을 북돋움, 주술에 저항, 뱀을 물리침.

Zephyranthes carinata 나도사프란

제퍼 릴리Zephyr Lily | 레인플라워Rainflower | 매직 릴리Magic Lily | 안드로메다Andromeda | 아타마스코 릴리Atamasco Lily | 가을 산들바람 백합Autumn Zephyr Lily | 어거스트 레인 릴리August Rain Lily | 요정 백합Fairy Lily | 레인 릴리Rain Lily

의미: 기대, 다정한 보살핌, 힐링, 사랑, 자기희생, 질병, 성실함, 슬픔, 저를 도와주시겠어요?

효능: 도움, 사랑.

Zigadenus 지가데누스 (독성)

데스카마스Deathcamas | 스타 릴리Star Lily | 샌드복 데스카마스Sandbog Deathcamas

의미: 치명적인, 죽음, 독, 고통스런 죽음.

지가데누스를 접촉한 꿀벌들이 기이하게 날아다니는 모습이 목격되곤 한다.

Zinnia elegans 백일홍

크라시나Crassina | 디플로트릭스Diplothrix | 멘데지아Mendezia | 청춘과 노년Youth and Old Age

특별한 색에 담긴 의미

마젠타색: 애정, 지속적인 애정.
분홍색: 지속적인 애정.
주홍색: 불변성, 지조.
하얀색: 선량함.
노란색: 매일 매일의 기억, 떠나지 않는 기억, 기억들.
여러 가지 색들: 힘이 미치지 않는 곳에 있는 기억들, 이제는 곁에 없는 친구를 기억함.

백일홍의 거친 잎은 마치 사포의 표면 같은 느낌을 준다. 개화한 지 오래된 백일홍 꽃도 새 꽃이 필 때까지 싱싱한 모습을 유지한다.

참고문헌

Acamovic, T, C.S. Stewart and T.W Pennycott, ed., *Poisonous Plants and Related Toxins* (Cabi, 2004).

Arrowsmith, Nancy, Calantirniel, et al, *Llewellyn's 2010 Herbal Almanac* (Llewellyn Publications, 2010)

Australian National Botanic Gardens Centre for Australian National Biodiversity Research, https://www.cpbr.gov.au

Bailey, L.H., Ethel Zoe Bailey, Staff of Liberty Hyde Bailey Hortotorium, and David Bates, *Hortus Third: A Concise Dictionary of Plants Cultivated in the United States and Canada* (Macmillan, 1976)

Baynes, Thomas Spencer, Day Otis Kellogg, and William Robertson Smith, *The Encyclopedia Britannica* (Encyclopaedia Britannica, 1897)

Behind the Name, "The Etymology and History of First Names," https://www.behindthename.com

Beyerl, Paul, *A Compendium of Herbal Magick* (Phoenix Publishing Inc., 1998)

Biodiversity Heritage Library, https://www.biodiversitylibrary.org

Blanchan, Neltje, *Wildflowers Worth Knowing,* (Doubleday, 1917)

Brickell, Christopher, *The Royal Horticultural Society A–Z Encyclopedia of Garden Plants,* (Dorling Kindersley Publishers Ltd, 1996)

Buhner, Stephen Harrod and Brooke Medicine Eagle, *Sacred Plant Medicine: The Wisdom in Native American Herbalism* (Bear & Company, 2006)

Chauncey, Mary, ed., *The Floral Gift from Nature and the Heart* (Jonathan Grout, Jr., 1847)

Coats, Alice M. and John L. Creech, *Garden Shrubs and Their Histories* (Simon & Schuster, 1992)

Coombes, Allen J., *The Collingridge Dictionary of Plant Names* (Hamlyn, 1985)

Connecticut Botanical Society, https://www.ct-botanical-society.org

Cullina, William, *The New England Wildflower Society Guide to Growing and Propagating Wildflowers of the United States and Canada* (Houghton Mifflin Harcourt, 2000)

Culpeper, Nicholas, *The Complete Herbal* (1662 edition), https://www.bibliomania.com

Cunningham, Scott, *Magical Herbalism: The Secret Craft of the Wise* (Llewellyn's Practical Magick, 1986)

Cunningham, Scott, *Cunningham's Encyclopedia of Magical Herbs* (Llewellyn Publications, 1985)

Delaware Valley Unit of the Herb Society of America, https://www.delvalherbs.org

Delforge, Pierre, *Orchids of Europe, North Africa and the Middle East* (Timber Press, 2006)

Dobelis, Inge N., Magic and Medicine of Plants

Editors of Sunset, *Sunset Western Garden Books*

eFloras.org, https://www.efloras.org

California Department of Food & Agriculture, http://www.cdfa.ca.gov

Fairchild Tropical Botanic Garden, http://www.fairchildgarden.org

Flora of China, Harvard University. 2007

Francis, Rose, *The Wild Flower Key: A Guide to Plant Identification in the Field* (Frederick Warne & Co., 1981)

Greenaway, Kate, *Language of Flowers* (F. Warne, 1901)

Grieve, Maud, Mrs., *A Modern Herbal*, Volumes 1 and 2 (Dover Publications, 1971)

Gualtiero Simonetti,. and Stanley Schuler, ed., *Simon & Schuster's Guide to Herbs and Spices,* (Simon & Schuster, 1990)

Harner, Michael J., ed., *Hallucinogens and Shamanism* (Oxford University Press, 1973)

Havard University, *Flora of China* (2007)

Harvard University Herbaria & Libraries, https://kiki.huh.harvard.edu/databases/botanist_index.html

Hazlitt, William Carew, and John Brand, *Faiths and Folklore and Facts: A Dictionary* (Charles Scribner's Sons, 1905)

Hoffman, David, *The Complete Illustrated Holistic Herbal: A Safe and Practical Guide to Making and Using Herbal Remedies,* (Element Books Ltd, 1996)

Howard, Michael, *Traditional Folk Remedies: A Comprehensive Herbal* (Century, 1987)

Hutchens, Alma R., *Indian Herbalogy of North America: The Definitive Guide to Native Medicinal Plants and Their Uses* (Shambhala, 1991)

Huxley, Anthony, Mark Griffiths, and Margot Levy, *The New Royal Horticultural Society Dictionary of Gardening* (Macmillan Press, 1992)

Ildrewe, Miss, *The Language of Flowers* (De Vries, Ibarra, 1865)

Ingram, John, *The Language of Flowers, or Flora Symbolica* (Frederick Warne and Company, 1897)

Duke, James A., Peggy-Ann K. Duke, and Judith L. duCellie, *Duke's Handbook of Medicinal Plants of the Bible* (CRC Press, 2007)

Johnson, Arthur Tysilio and Henry Augustus Smith, *Plant Names Simplified* (1964)

Kew Royal Botanic Gardens, "World Checklist of Selected Plant Families (WCSP)," http://wcsp.science.kew.org/home.do

Kilmer, John, *The Perennial Encyclopedia* (Crescent Books, 1989)

Kepler, Angela Kay, *Hawaiian Heritage Plants* (University of Hawaii Press, 1998)

Lad, Dr. Vasant K., *Ayurveda: The Science of Self-Healing* (Lotus Press, 1985)

Leighton, Ann, *American Gardens in the Eighteenth Century* (University of Massachusetts Press, 1976)

Lust, John, *The Herb Book: The Most Complete Catalog of Herbs Ever Published* (Bantam Books, 1979)

McGuffin, Michael, *American Herbal Products Association's Botanical Safety Handbook* (American Herbal Products Association)

McKenny, Margaret and Roger Tory Peterson, *A Field Guide to Wildflowers of Northeastern and North-central North America* (Houghton Mifflin Company, 1968)

Mehl-Madrona, Lewis, M.D. and William L. Simon, *Coyote Medicine: Lessons from Native American Healing* (Scribner, 1997)

Missouri Botanical Garden, http://www.missouribotanicalgarden.org/gardens-gardening.aspx

Ody, Penelope, *The Complete Medicinal Herbal* (Dorling Kindersley, 1993)

Parsons, Prof. W.F. and J.E. White, *Parsons' Hand-Book of Forms: A Compendium of Business and Social Rules and a Complete Work of Reference and Self-Instruction*, 13th ed. (The Central Manufacturing Co., 1899)

Phillips, Edward, *The New World of Words* (1720)

Phillips, Roger, *The Photographic Guide to More than 500 Trees of North America and Europe* (Random House, Inc., 1979)

Plants for a Future, https://pfaf.org

Puri, H.S., *Neem: The Divine Tree Azadirachta Indica* (CRC Press, 1999)

Robinson, Nugent, *Collier's Cyclopedia of Commercial and Social Information and Treasury of Useful and Entertaining Knowledge* (P. F. Collier, 1892)

Rushforth, Keith, *Trees of Britain and Europe* (Collins Wild Guide, 1999)

Simoons, Frederick J., *Plants of Life, Plants of Death* (University of Wisconsin Press, 1998)

Smithsonian National Museum of Natural History, "Index Nominum Genericorum (ING)," https://naturalhistory2.si.edu/botany/ing

Surburg, Horst and Johannes Panten, ed., *Common Fragrance and Flavor Materials: Preparation, Properties and Uses* (Wiley, 2006)

Taylor, Gladys, *Saints and Their Flowers* (A. R. Mowbray & Co., 1956)

Theoi Project, "Flora 1: Plants of Greek Myth," https://www.theoi.com/Flora1.html

Tyas, Robert, *The Language of Flowers, or Floral Emblems of Thoughts, Feelings, and Sentiments* (George Routledge and Sons, 1869)

Tutin, T.G., N.A. Burges, et al, *Flora Europaea*, Second ed., (Cambridge University Press, 1993)

USDA (United States Department of Agriculture) Natural Resources Conservation Service, https://www.nrcs.usda.gov/wps/portal/nrcs/site/national/home

Waterman, Catharine H., *Flora's Lexicon: An Interpretation of the Language and Sentiment of Flowers* (Phillips, Sampson, and Co., 1855)

Wichtl, Max, *Herbal Drugs and Phytopharmaceuticals: A Handbook* (Medpharm, 2004)

Wood, John, *Hardy Perennials and Old Fashioned Flowers* (Pinnacle Press, 2017)

Photo Credits

Unless otherwise listed below, all images © Shutterstock.com

How to Use This Book Pattern by Piñata/Creative Market

© Alamy Stock Photo: 36 (*Bougainvillea spectabilis*), 120 (*Kennedia coccinea*), 181 (*Quercus alba*), 219 (*Trillium grandiflorum*)

© Alamy Stock Photo: Andrey Yanushkov, 155 (*yellow daisy*)

© Alamy Stock Photo / imageBROKER: 34 (*Avena sativa*), 51 (*Hornbeam*), 135 (*Lythrum salicaria*), 169 (*Carex dioeca*), 205 (*Sorbus domestica*)

© Alamy Stock Photo / The History Collection: 135 (*Lysimachia nummularia*)

© Alamy Stock Photo: Artokoloro Quint Lox Limited, 222 (*Ulex europaeus*)

© Alamy Stock Photo: Botanical art/Bildagentur-Online, 83 (*Epiphyllum truncatum*), 234 (*Xeranthemum annuum*)

© Alamy Stock Photo: Florilegius, 57 (*Chorizema varium*), 82 (*Echinacea purpurea*), 121 (*Koelreuteria paniculata*), 198 (*Sassafras albidum*)

© Alamy Stock Photo: Historic Collection, 43 (*Butomus umbellatus*)

© Alamy Stock Photo: Markku Murto/Art, 190 (*Rosa rubiginosa zabeth*)

© Alamy Stock Photo: The Natural History Museum, cover (*Paeonia*), 88 (*Tritonia crocatia*), 146 (*Narcissus tazetta*), 190 (*Rosa damascena celsiana*)

© Visual Language 1996 (flower chapter openers): 1, 2, 6, 10, 44, 72, 94, 112, 118, 122, 136, 146, 150, 156, 182, 194, 212, 224

감사의 말

사랑하는 딸 멜라니와 친애하는 벗 로버트는 꼬박 20년에 걸쳐 자료들을 모으고 정리해온 이 방대하고, 때로는 나를 짓누르기까지 했던 이 작업을 포기하지 않도록 기운을 북돋아주었습니다. 나를 믿어주고 이 일이 얼마나 많은 시간과 노력을 요구하는 것인지 알아준 것에 무한한 감사를 표합니다.

또한 시니어 에디터인 존 포스터에게도 특별한 감사를 드립니다. 당신의 비전과 변함없이 확고한 기대 덕분에 이토록 멋진 책이 나올 수 있었네요. 매니징 에디터인 카라 도널드슨과 콰르토의 미술부는 이 책에 실린 그림들을 알아보기 쉽도록 깔끔하게 디자인해 주었습니다. 정말 대단한 분들이에요. 이 작업에 확신을 주고 내 꿈이 실현되게 해주었죠.

끝으로 딸 멜라니와 사위인 제이슨, 두 사람의 늘어가는 가족인 노아, 다코타, 치아란, 그리고 가장 특별하고 소중한 내 증손녀인 다프네와 매기에게도 이 책을 바치고 싶군요. 그리고 식물을 사랑하는 세상의 모든 이들과, 언젠가는 그들을 찾아올 미래의 형제자매들에게도요. 여러분 모두에게 사랑과 평안이 함께하길.

찾아보기

ㄱ

가문비나무 165
가시자두 177
가시칠엽수 14
가울테리아 스할론 96
갈기동자꽃 134
갈대 164
갈락스 우르케올라타 95
갈레가 오피키날리스 95
갈리움 트리플로룸 96
감나무 77
감자 204
감초황기 33
강황 70
개구리자리 183
개나리속 91
개망초 84
개박하 148
개양귀비 158
개오동 52
개잎갈나무 53
개장미 188
개정향풀 27
개제비란 63
거베라 98
검뽕나무 144
검은승마 13
게발선인장 200
겐티아놉시스 크리니타 97
겨우살이 231
겨자무 29
견과류 149
고광나무 164
고구마 115
고데티아 61
고사리 178
고수 66
고욤나무 78
고추 50

고추나무 207
곡물 100
골무꽃 201
골잎원추리 106
공작고사리 13
공작선인장 83
과꽃 46
관동화 221
광곽향 170
광균 60
구근베고니아 37
구스베리 185
구아리안테 스킨네리 101
구주물푸레나무 92
구주소나무 166
국화 58
국화속 57
군자란 62
궐마 29
귀룽나무 177
귀리 34
그라베올렌스제라늄 159
그레빌레아 101
극락조화 209
글라디올러스 99
글록시니아 99
금관화 31
금낭화 124
금사슬나무 123
금어초 26
금영화 85
금잔화 45
금전수 235
기나나무 58
기는악마선인장 207
기생초 65
기생초속 65
긴병꽃풀 99
길골풀 119

꼭두서니 191
꽃기린 86
꽃냉이 50
꽃다발 149
꽃무 56
꽃사과나무 138
꽃산딸나무 66
꿩의다리속 215
께미풀 219
끈끈이주걱 80

ㄴ

나도갈퀴덩굴 95
나도독미나리 64
나도민들레 68
나도사프란 237
나뭇가지의 가시 216
나팔꽃 115
낙엽들 126
난초과 153
냉이 50
너도밤나무 89
넌출월귤 225
노랑꽃창포 117
노루귀 106
노루오줌 33
노르웨이당귀 24
녹나무 59
놀리나
  린드헤이메리아나 149
뉴잉글랜드아스터 210
느릅나무속 223
느릅터리풀 91
니겔라 149
니코티아나 루스티카 148
님나무 35
님파이아 루테아 149

ㄷ

다마스크장미 190
다알리아 73
다이아시아 76
다프네 73
단풍나무 11
단향 198
달맞이꽃 151
담자리꽃나무 80
당귤나무 61
당근 74
당아욱 139
대청 117
대추야자 164
댑싸리 37
더치인동 132
덩굴강낭콩 163
덩굴식물 229
덩굴장미 190
데이지 38
데이지
  "플로레 플레노" 38
덴드로비움 74
덴드로비움 테트라고눔 74
델로닉스 레기아 74
델피니움 74
도깨비산토끼꽃 78
도꼬마리 235
도라지 169
독말풀 73
독보리 132
독일붓꽃 117
돌무화과나무 90
동백나무 48
동의나물 47
돼지풀 22
두란타 에렉타 81
두리안 81
둥굴레속 170

둥근금감 91
둥근빗살현호색 93
둥근잎나팔꽃 116
둥근잎유홍초 115
드라세나 78
드라카이나 레플렉사 79
드라카이나 산데리아나 79
드라카이나 아르보레아 79
드라카이나 킨나바리 79
드라쿵쿨루스 불가리스 80
드리미스 윈테리 80
드리오프테리스
  필릭스마스 80
드리페테스 데플란케이 81
등골나물 86
등골짚신나물 15
등포풀 130
디기탈리스 푸르푸레아 76
디에라마 76
디오스코레아 콤무니스 77
딕탐누스 알부스 76
딜 24
딱총나무 197
딸기 92
뚜껑별꽃 23
뚱딴지 104

ㄹ

라구나리아
  파테르소니 124
라넌큘러스 183
라넌큘러스 피카리아 183
라바테라 126
라벤더 126
라파게리아 로세아 124
란타나 카마라 124
랩스이어 207
러비지 128
레갈레나리 130

레드라즈베리 192
레드커런트 185
레몬 61
레몬그라스 71
레몬밤 141
레몬버베나 19
레바논시다 53
레세다 184
레스케나울티아
 스플렌덴스 127
레온토돈 126
레이니어체리 177
로니케라
 카프리폴리움 132
로벨리아 132
로사 갈리카
 베르시콜로르 189
로사 김노카르파 189
로사 루비기노사 190
로사 마얄리스 189
로사 모스카타 190
로사 카롤리나 188
로사 켄티폴리아 188
로사 포이티다 189
로소니아 이네르미스 126
로즈마리 191
로투스 마리티무스 133
루 193
루나리아 133
루드베키아 192
루모라고사리 193
루바브 184
루콜라 84
루피누스 133
루피누스 텍센시스 134
리기다소나무 166
리모니움 카스피아 130
리시마키아 135
리아트리스 스피카타 128
리크 17
리톱스 131
릴리움 카나덴세 129
릴리움 칸디둠 129

ㅁ

마가목 205

마그놀리아
 스플렌덴스 137
마늘 18
마디풀 171
마란타 140
마란타 아룬디나케아 139
마시멜로 20
마우란디아
 바르클라이아나 140
마조람 154
마카다미아 137
마테 114
마티올라 140
마편초 227
막시마개암나무 67
만데빌라 139
만드라고라 139
만수국 213
만치닐나무 107
말냉이장구채 203
말린 꽃다발 233
말털이슬 59
매자나무속 38
맨드라미 53
메밀 89
메이플라워 83
멕시칸아이비 62
멜람포디움 140
멜리안투스 마요르 141
명아주속 56
명자나무 56
모감주나무 121
모노토카 스코파리아 143
모든 종류의 날아가는
 씨앗들 233
모든 종류의 덩굴손 215
모란 157
모스카타접시꽃 138
목배풍등 204
목향 114
목화 100
몬스테라 143
몬타나할미꽃 179
무 183
무궁화 107
무늬제라늄 161

무스카리 144
무초 63
무화과나무 90
무화과나무속 89
물대 31
물망초 144
미국능소화 49
미국담쟁이덩굴 158
미국등나무 233
미국마가목 205
미국만병초 184
미국산수유 66
미국주엽나무 99
미국터번나리 130
미국풍나무 131
미국흰참나무 181
미록실론 145
미리스 오도라타 145
미모사 142
미역취속 205
미트라리아 143
민감초 99
밀 220

ㅂ

바나나 144
바닐라 226
바르스체위치아
 코키네아 233
바위취 199
바질 151
바켈리아
 파르네시아나 226
바키니움 레티쿨라툼 225
바키니움
 파르비폴리움 225
박 123
박하속 141
반복 개화 장미 109
반쿠베리아 헥산드라 226
발삼쑥국 214
밤나무 52
밤부사 불가리스 37
방울새풀 41
방크시아 라리키나 37
배나무속 179

배롱나무 123
백당나무 228
백두산고사리삼 40
백일홍 237
백합 129
백합나무 131
백합속 128
뱀딸기 173
버드나무 195
버지니아달개비 218
버지니아목련 137
벌레잡이풀 148
베고니아 37
베로니카
 카마이드리스 228
베르가모트 60
베르가못 143
베르누스크로커스 68
베르바스쿰
 아르크투루스 227
베스카딸기 91
베토니 207
베티베르 58
벵갈고무나무 90
벼 154
벼과 169
병풀 54
보리 108
보리지 39
복숭아나무 177
복주머니란 71
볼카메리아 231
봉선화 114
부겐빌레아 40
부들레야 42
부러진 짚풀 208
부령소리쟁이 193
부바르디아 40
부채선인장 153
부처꽃 135
부추 18
부토무스 움벨라투스 43
북미황련 110
북방푸른꽃창포 117
분홍바늘꽃 83
불수감 60

붉은숫잔대 132
붉은스폰디아 206
붉나무 185
붉은잎미국회나무 86
붉은장구채 203
붉은토끼풀 218
붓꽃속 116
브라시카 라파 41
브라질너트 38
브라키스코메
 데키피엔스 40
브로왈리아 41
브리오니아 42
브리오니아 알바 42
블랙엘더베리 197
블랙커런트 185
블루베리 225
블루벨 109
블루세이지 196
비너스도라지 219
비스카리아 오쿨라타 231
비올라 소로리아 230
비올라 알바 230
비올라 푸베스켄스 230
비키아 니그리칸스
 기간테아 228
비트 39
빈카 229
빌라르디에라 39
뽕나무 143
뿌리들 185
뿔남천 138

ㅅ

사과나무 138
사두패모 93
사리풀 110
사막장미 13
사사프라스 198
사엽나부목 184
사자귀일모초 127
사탕수수 195
사투레야 199
사프란 68
삭시프라가 우르비움 199
삭시프라가

힘노이데스 199
산나리 129
산딸기속 191
산딸나무 66
산미나리아재비 183
산사나무 68
산세베리아 198
산이스라지 176
산쪽풀 142
산톨리나 198
산해박 71
살갈퀴 228
살구나무 175
살릭스 레펜스 196
살비아 아피아나 196
삼 49
삼색제비꽃 230
상귀나리아
　카나덴시스 197
상록수 87
상록수의 가시 87
상추 123
새삼 70
새우풀 119
샬롯 18
서던우드 30
서양고추나물 111
서양말냉이 113
서양메꽃 65
서양민들레 214
서양벌노랑이 133
서양술체꽃 199
서양쐐기풀 223
서양자두나무 176
서양측백나무 216
서양톱풀 12
서양회양목 43
서어나무 51
서향 73
석류나무 179
석산 134
석송류 134
선갈퀴 95
선애기별꽃 108
선옹초 16
선인장과 45

선태식물 42
설강화 95
세네키오 캄브렌시스 202
세둠 201
세이지 196
센나 202
센토레아 스카비오사 54
셀러리 26
셈페르비붐 201
소귀나무 144
소나무 166
소두구 83
소르부스 도메스티카 205
소리쟁이 192
속새 84
솔나물 96
솔이끼 171
수국 110
수레국화 54
수련과 149
수박 60
수박풀 107
수선화속 147
수수꽃다리속 211
수양버들 196
수염패랭이꽃 75
수영 192
수키사 프라텐시스 210
수테르란디아
　프루테스켄스 210
숙근스위트피 125
쉐플레라 200
스위트술탄 54
스위트피 125
스카이볼라 아이물라 200
스키누스 200
스킨답서스 84
스타키스 206
스타티스 130
스테른베르기아
　루테아 208
스테파노티스 208
스텔라리아
　아메리카나 207
스토크 140
스트렙토솔렌

야메소니 209
스트렙토카르푸스 209
스틸로포름 디필룸 209
스틸린기아 실바티카 208
스틸보카르파
　폴라리스 208
스파르티움 융케움 206
스파티필룸 206
스페쿨라리아
　스페쿨룸 206
스피어민트 142
시계꽃 158
시나칼리아 탕구티카 204
시네라리아 59
시다 팔락스 202
시스투스과 60
시엽감송 147
시체꽃 22
시클라멘 70
실라 200
실레네 202
실레네 누탄스 203
실론계피나무 59
실피움 라키니아툼 203
실피움 페르폴리아툼 203
심비디움 70
싱고니움 211
쑥국화 214

ㅇ
아가토스마 15
아가판투스 15
아게라툼 15
아까시나무속 185
아나스타티카
　히에로쿤티카 23
아나캄프티스
　파필리오나케아 22
아네모네 24
아네모네 네모로사 24
아네모네 코로나리아 24
아니고잔토스 25
아니스 166
아도니스 13
아라비아고무나무 11
아라우카리아

헤테로필라 27
아레나리아 베르나 29
아룸 마쿨라툼 31
아르메리아 불가리스 29
아르부투스 28
아르크토스타필로스
　우바우르시 28
아르크토테카 칼렌둘라 28
아리사룸 29
아리사이마 드라콘티움 29
아마 131
아마갈매나무 184
아마란투스 21
아마란투스
　히포콘드리아쿠스 21
아마릴리스 22
아메리카자두 175
아몬드 176
아보카도 161
아부틸론 11
아스클레피아스 31
아스클레피아스
　투베로사 32
아스테르 아멜루스 32
아스틸베 33
아스파라거스 32
아스파라거스
　덴시플로루스 32
아스포델루스 32
아스포델리네 루테아 32
아우리니아 삭사틸리스 34
아욱과 139
아위 89
아이비 103
아이비제라늄 160
아이스플랜트 142
아이슬란드이끼 55
아이투사 키나피움 14
아잘레아 35
아카시아 11
아칸투스 몰리스 11
아코니툼 나펠루스 12
아퀼레기아 27
아키메네스 12
아트로파 벨라돈나 33
아프라모뭄 멜레구에타 14

아프리카봉선화 114
아프리카제라늄 160
아프리칸바이올렛 195
안개꽃 101
안개나무 67
안수리움 26
안식향나무 209
앉은부채 211
알라만다 17
알레트리스 파리노사 16
알로에 베라 19
알리숨 20
알리움 17
알릭시아
　올리비포르미스 21
알스트로메리아 20
알카넷 23
알케밀라 16
알피니아 갈랑가 20
암매 76
앙그라이쿰
　세스퀴페달레 25
애기괭이밥 155
애기똥풀 56
애기풀 170
애플제라늄 160
앤드루스용담 97
앵무새부리꽃 62
야래향 55
야속 108
야자나무과 28
약자스민 119
양골담초 71
양배추 40
양버들 172
양버즘나무 169
양벚나무 175
양지꽃속 172
양치식물 178
양파 17
엉겅퀴속 59
에델바이스 127
에레무루스 84
에리오디티온
　칼리포르니쿰 84
에리트로니움

244

덴스카니스 85
에린기움 84
에우스토마 87
에우카리스 86
에우트로키움 87
에케베리아 83
에키나시아 83
엔디브 58
여뀌 162
여러 가지 낙엽들 34
연꽃 148
연복초 14
연영초 219
염자 67
염주 63
오노니스 152
오노니스 스피노사 152
오노브리키스 152
오노포르둠 아칸티움 152
오도라투스산딸기 192
오레가노 154
오르키스 마스쿨라 153
오리가눔 딕탐누스 154
오리나무 18
오리엔탈양귀비 158
오스테오스페르뭄 155
오이 69
오이노테라 플라바 151
오이풀 198
오임레리아
　케라시포르미스 151
오크제라늄 160
오프리스
　봄빌리플로라 153
오프리스 아피페라 152
오프리스 인섹티페라 153
옥수수 236
옥스아이데이지 127
옥잠화 108
올리브나무 152
올스파이스 165
완두 168
왕관갈퀴나물 201
왕관고비 155
왕질경이 168
왜떡쑥 100

왜떡쑥속 100
용과 110
용담 97
용설란 15
우네도딸기나무 28
우단담배풀 227
우단동자꽃 202
우단점나도나물 55
우산잎쌩이밥 155
우엉 28
울렉스 223
울무스 루브라 223
원추리 106
원추리속 106
월계귀룽나무 176
월계분꽃나무 228
월계수 125
월계화 189
월하향 170
위성류 214
위타니아 솜니페라 233
유다박태기나무 55
유럽개암나무 66
유럽블루베리 225
유럽사시나무 172
유럽은방울꽃 64
유럽잎갈나무 124
유럽작약 157
유럽호랑가시나무 113
유럽흑송 166
유카 235
유카속 235
유칼립투스 85
유칼립투스 레그난스 85
유향 39
유홍초 116
육두구 145
은매화 145
은백양 172
은행나무 98
이베리스
　셈페르비렌스 113
이삭꼬리풀 228
이월서향 73
이탈리아목형 231
이포모이아 로바타 116

이포모이아 알바 115
이포모이아 얄라파 116
이포모이아
　코르다토트릴로바 115
익소라 117
익시아 117
인가목 188
인도보리수 90
인동덩굴 132
인디언앵초 78
인삼 157
일랑일랑 49
일본나리 130

ㅈ
자단 178
자리공 165
자메이카도그우드 167
자스민 그랜디플로룸 119
자엽꽃자두 176
자작나무 39
자주개자리 140
자주달개비 217
자주받침꽃 47
자카란다 119
잔쑥 30
잔테데스키아
　알보마쿨라타 236
장미꽃 봉오리 188
장미서향 73
적화강낭콩 163
전나무 11
접란 57
접시꽃 16
접시꽃목련 137
제라늄 97, 160
제라늄 마쿨라툼 98
제라늄 베르시콜로르 98
제라늄 패움 98
제비꽃 229
젠트네라 베이키리 236
조개꽃 143
조개나물 16
조름나무 142
조밥나물 107
족제비싸리 22

존퀼라수선화 147
좁쌀풀속 87
좁은잎안젤로니아 25
주목 215
줄맨드라미 21
중국등나무 233
쥐똥나무 128
쥐똥나무속 128
쥐오줌풀 226
지가데누스 237
지느러미엉겅퀴 51
지팡이선인장 70
진주개미자리 195
질경이 168
짚 208

ㅊ
차나무 48
차이브 18
참깨 202
참꽃고비 170
참나무속 181
참제비고깔 64
창포 13
채송화 172
처빌 26
천사의나팔 41
천수국 213
천수국속 213
천일홍 100
청미래덩굴 204
초종용 154
초피나무 236
치자나무 96
치커리 58
칠엽수 14
침향 27

ㅋ
카나리새풀 163
카네이션 75
카르야 오바타 52
카르페포루스
　오도라티시무스 51
카마시아 47
카멜라우키움 56

카멜리아 48
카바후추 167
카스카라사그라다 184
카카오 215
카타낭케 카이룰레아 52
카틀레야 53
카틀레야 푸밀라 53
카파리스 스피노사 50
카프리폴리움 50
칼라 236
칼라디움 45
칼라테아 45
칼랑코에 121
칼로트로피스 프로케라 47
칼루나 불가리스 46
칼미아 121
칼세올라리아 45
칼케돈동자꽃 134
캄파눌라 48
캄파눌라 로툰디폴리아 49
캄파눌라 메디움 49
캄파눌라 피라미달리스 49
캐러웨이 52
캐롤라이나자스민 97
캐롭 55
캐모마일 25
캐슈나무 23
커리플랜트 105
커피나무 63
컴프리 210
케노포디움 보트리스 57
켄네디아 121
켄타우리움 54
켄트란투스 루베르 55
켈라스트루스 스칸덴스 53
코로닐라 바리아 66
코르딜리네 프루티코사 65
코리제마 바리움 57
코스멜리아 루브라 67
코스모스 67
코카나무 85
코코넛야자 62
콜레오네마 63
콜레우스 205
콜롬비아나리 129
콜루테아

아르보레스켄스 64
콜키쿰 아우툼날레 63
콤미포라 길레아덴시스 64
콰시아 아마라 181
쿠민 69
쿠쿠이나무 17
쿠프레수스 69
큐베브후추 167
크라술라 디코토마 67
크로톤 69
크리소코마 리노시리스 58
크립탄투스 69
크세란테뭄 안눔 235
큰다닥냉이 127
큰뚝새풀 19
큰매화노루발 57
큰메꽃 47
큰잎부들 221
큰잎빈카 229
클라리세이지 197
클레마티스 61
클로브버드 211
클리토리아 62
키란토덴드론
  펜타닥틸론 57
키스투스 라다니페르 60

ㅌ
타라곤 30
타래난초 206
타마린드 213
타임 216
탄제린 61
태국달개비 46
태산목 137
태양국 97
터리톱풀 12
털개구리자리 183
털모과 70
털부처꽃 135
테베티아 페루비아나 215
토끼풀 218
토끼풀속 218
토레니아 217
토마토 204
통카콩 78

투르네라 디푸사 221
툰베르기아 알라타 216
튤립 221
튤립속 220
트립틸리온 스피노숨 219
티보치나 217
틸란드시아
  우스네오이데스 217

ㅍ
파니쿰 카필라레 157
파로니키아 158
파리괴불나무 133
파리지옥 77
파스향나무 96
파슬리 162
파우시니스탈리아
  요힘베 159
파인애플 23
파인애플과 41
파키라 157
파파야 51
파피라케우스수선화 147
파피루스 71
팔각붓순나무 114
팔로산토 42
패랭이꽃 76
패랭이꽃속 74
팽나무 54
페가눔 하르말라 159
페니로열민트 141
페루향수초 105
페룰라 모스카타 89
페르세아 보르보니아 162
페르시안라임 60
페르시카리아
  비스토르타 162
페튜니아 163
페퍼민트 141
페페로미아 161
페포호박 69
펜타스 161
펠라르고니움 누빌룸 160
펠라르고니움
  크리스품 159
펠라르고니움 프라그란스

바리에가툼 159
편두 123
포도 231
포도필룸 펠타툼 170
포이티쿠스수선화 147
포인세티아 86
포텐틸라 리발리스 173
포텐틸라 에렉타 173
포플러 171
폴리고나툼
  물티플로룸 171
푸아나무 89
푸쿠스 베시쿨로수스 93
푸크시아 93
풀모나리아 178
풀협죽도 164
풍년화 103
풍선덩굴 51
풍접초 61
프란키스케아
  라티폴리아 92
프레난테스
  푸르푸레아 173
프로소피스 174
프로테아
  키나로이데스 175
프리물라 173
프리물라 베리스 174
프리물라 불가리스 174
프리물라 시넨시스 174
프리물라 아우리쿨라 174
프리지아 92
프리틸라리아
  임페리알리스 93
플라타너스 168
플루메리아 169
플룸바고 169
피나무 217
피버퓨 214
피스타치오 168
피스타키아
  렌티스쿠스 167
피칸 52
피토니아
  아르기로네우라 91
필레아

페페로미오이데스 165
필로덴드론 164

ㅎ
하와이무궁화 107
하이브리드 티 109
한련화 220
할미꽃속 178
해당화 190
해바라기 104
향기제비꽃 230
향기풀 26
향나무 119
향쑥 30
허브베니트 98
헤디사룸 코로나리움 103
헤베 스페키오사 103
헤스페리스
  마트로날리스 106
헨리시금치 56
헬레니움 103
헬레보루스 105
헬레보루스 니게르 106
헬레보루스
  포이티두스 105
헬리안텔라 파리이 104
헬리안투스
  기간테우스 104
헬리오트로피움
  페루비아눔 105
헬리코니아 105
헬리크리숨 104
현삼 201
협죽도 148
호두나무 119
호로파 219
호밀 201
호밀풀 132
호야 108
호하운드 140
홀리티슬 62
홉 108
홍화월도 19
화만초 27
화살나무 86
황기 33

황마 65
황목련 137
황새냉이 50
회향 91
후추 167
후추속 167
흑단나무 77
흰무늬엉겅퀴 203
흰버들 195
흰수련 149
히솝 111
히아신스 109
히포이스테스
  필로스타키아 111
히포칼림마
  앙구스티폴리움 111

A

Abies holophylla 11
Abutilon 11
Acacia 11
Acacia senegal 11
Acanthus mollis 11
Acer palmatum 11
Achillea filipendulina 12
Achillea millefolium 12
Achimenes 12
Aconitum napellus 12
Acorus calamus 13
Actaea racemosa 13
Adenium obesum 13
Adiantum pedatum 13
Adonis 13
Adoxa moschatellina 14
Aesculus turbinata 14
Aesculus hippocastanum 14
Aethusa cynapium 14
Aframomum melegueta 14
Agapanthus 15
Agathosma 15
Agave americana 15
Ageratum 15
Agrimonia eupatoria 15
Agrostemma githago 16
Ajuga multiflora 16
Alcea rosea 16
Alchemilla 16
Aletris farinosa 16
Aleurites moluccana 17
Allamanda 17
Allium 17
Allium ampeloprasum 17
Allium cepa 17
Allium oschaninii 18
Allium sativum 18
Allium schoenoprasum 18
Allium tuberosum 18
Alnus japonica 18
Aloe vera 19
Alopecurus pratensis 19
Aloysia citrodora 19
Alpinia purpurata 19
Alpinia galanga 20
Alstroemeria 20
Althaea officinalis 20
Alyssum 20
Alyxia oliviformis 21
Amaranthus 21
Amaranthus caudatus 21
Amaranthus hypochondriacus 21
Amaryllis 22
Ambrosia artemisiifolia 22
Amorpha fruticosa 22
Amorphophallus titanum 22
Anacamptis papilionacea 22
Anacardium occidentale 23
Anagallis arvensis 23
Ananas comosus 23
Anastatica hierochuntica 23
Anchusa officinalis 23
Anemone 24
Anemone coronaria 24
Anemone nemorosa 24
Anethum graveolens 24
Angelica archangelica 24
Angelonia angustifolia 25
Angraecum sesquipedale 25
Anigozanthos 25
Anthemis nobilis 25
Anthoxanthum odoratum 26
Anthriscus cerefolium 26
Antirrhinum majus 26
Anthurium 26
Apium graveolens 26
Apocynum lancifolium 27
Aptenia cordifolia 27
Aquilaria malaccensis 27
Aquilegia 27
Araucaria heterophylla 27
Arbutus 28
Arbutus unedo 28
Arctotheca calendula 28
Arctium lappa 28
Arctostaphylos uva-ursi 28
Arecaceae 28
Arenaria verna 29
Argentina anserina 29
Arisaema dracontium 29
Arisarum 29
Armeria vulgaris 29
Armoracia rusticana 29
Artemisia abrotanum 30
Artemisia absinthium 30
Artemisia dracunculus 30
Artemisia vulgaris 30
Arum maculatum 31
Arundo donax 31
Asclepias 31
Asclepias curassavica 31
Asclepias tuberosa 32
Asparagus densiflorus 32
Asparagus officinalis 32
Asphodeline lutea 32
Asphodelus 32
Aster amellus 32
Astilbe 33
Astilbe chinensis 33
Astragalus membranaceus 33
Astragalus glycyphyllos 33
Atropa belladonna 33
Aurinia saxatilis 34
Autumn Leaves 34
Avena sativa 34
Azadirachta indica 35
Azalea 35

B

Bambusa vulgaris 37
Banksia laricina 37
Bassia scoparia 37
Begonia 37
Begonia x tuberhybrida 37
Bellis perennis 38
Bellis perennis "Flore Pleno" 38
Berberis 38
Bertholletia excelsa 38
Beta vulgaris 39
Betula pendula 39
Billardiera 39
Borago officinalis 39
Boswellia carterii 39
Botrychium lunaria 40
Bougainvillea 40
Bouvardia 40
Brassica oleracea var. *capitata* 40
Brassica rapa 41
Briza minor 41
Bromeliaceae 41
Browallia speciosa 41
Brugmansia suaveolens 41
Bryonia 42
Bryonia alba 42
Bryophyta 42
Buddleja 42
Bursera graveolens 42
Butomus umbellatus 43
Buxus sempervirens 43

C

Cactaceae 45
Caladium 45
Calathea 45
Calceolaria 45
Calendula officinalis 45
Callisia fragrans 46
Callistephus chinensis 46
Calluna vulgaris 46
Calotropis procera 47
Caltha palustris 47
Calycanthus floridus 47
Calystegia sepium 47
Camassia 47
Camellia 48
Camellia japonica 48
Camellia sinensis 48
Campanula 48
Campanula medium 49
Campanula pyramidalis 49
Campanula rotundifolia 49
Campsis radicans 49
Cananga odorata 49
Cannabis sativa 49
Capparis spinosa 50
Caprifolium 50
Capsella bursa-pastoris 50
Capsicum annuum 50
Cardamine flexuosa 50
Cardamine pratensis 50
Cardiospermum halicacabum 51
Carduus crispus 51
Carica papaya 51
Carphephorus odoratissimus 51
Carpinus laxiflora 51
Carum carvi 52
Carya illinoinensis 52
Carya ovata 52
Castanea crenata 52
Catalpa ovata 52
Catananche caerulea 52
Cattleya 53
Cattleya pumila 53
Cedrus deodara 53
Cedrus libani 53
Celastrus scandens 53
Celosia cristata 53
Celtis sinensis 54
Centaurea cyanus 54
Centaurea moschata 54
Centaurea scabiosa 54
Centaurium 54
Centella asiatica 54
Centranthus ruber 55
Cerastium tomentosum 55
Ceratonia siliqua 55
Cercis siliquastrum 55
Cestrum nocturnum 55
Cetraria islandica 55
Chaenomeles speciosa 56
Chamelaucium 56
Cheiranthus cheiri 56
Chelidonium majus 56
Chenopodium 56
Chenopodium bonus-henricus 56
Chenopodium botrys 57
Chimaphila umbellata 57
Chiranthodendron pentadactylon 57
Chlorophytum comosum 57

Chorizema varium 57
Chrysanthemum 57
Chrysanthemum morifolium 58
Chrysocoma linosyris 58
Chrysopogon zizanioides 58
Cichorium endivia 58
Cichorium intybus 58
Cinchona 58
Cineraria 59
Cinnamomum camphora 59
Cinnamomum verum 59
Circaea lutetiana 59
Cirsium 59
Cistaceae 60
Cistus ladanifer 60
Citrullus lanatus 60
Citrus bergamia 60
Citrus medica 60
Citrus x aurantium 60
Citrus x latifolia 60
Citrus x limon 61
Citrus x sinensis 61
Citrus x tangerina 61
Clarkia amoena 61
Clematis 61
Cleome spinosa 61
Clianthus puniceus 62
Clitoria 62
Clivia miniata 62
Cnicus benedictus 62
Cobaea scandens 62
Cocos nucifera 62
Codariocalyx motorius 63
Coeloglossum viride 63
Coffea arabica 63
Coix lacryma-jobi 63
Colchicum autumnale 63
Coleonema 63
Colutea arborescens 64
Commiphora gileadensis 64
Conium maculatum 64
Consolida orientalis 64
Convallaria majalis 64
Convolvulus arvensis 65

Corchorus capsularis 65
Cordyline fruticosa 65
Coreopsis 65
Coreopsis tinctoria 65
Coriandrum sativum 66
Cornus kousa 66
Cornus florida 66
Cornus mas 66
Coronilla varia 66
Corylus avellana 66
Corylus maxima 67
Cosmelia rubra 67
Cosmos bipinnatus 67
Cotinus coggygria 67
Crassula dichotoma 67
Crassula ovata 67
Crataegus pinnatifida 68
Crepis tectorum 68
Crocus sativus 68
Crocus vernus 68
Codiaeum variegatum 69
Cryptanthus 69
Cucumis sativus 69
Cucurbita pepo 69
Cuminum cyminum 69
Cupressus 69
Curcuma longa 70
Cuscuta japonica 70
Cyclamen persicum 70
Cydonia oblonga 70
Cylindropuntia imbricata 70
Cymbidium 70
Cymbopogon citratus 71
Cynanchum paniculatum 71
Cyperus papyrus 71
Cypripedium macranthos 71
Cytisus scoparius 71

D

Dahlia 73
Daphne 73
Daphne cneorum 73
Daphne mezereum 73

Daphne odora 73
Datura tatula 73
Daucus carota 74
Delonix regia 74
Delphinium 74
Dendrobium 74
Dendrobium tetragonum 74
Dianthus 74
Dianthus barbatus 75
Dianthus caryophyllus 75
Dianthus chinensis 76
Diapensia lapponica 76
Diascia 76
Dictamnus albus 76
Dierama 76
Digitalis purpurea 76
Dionaea muscipula 77
Dioscorea communis 77
Diospyros kaki 77
Diospyros ebenum 77
Diospyros lotus 78
Dipsacus fullonum 78
Dipteryx odorata 78
Dodecatheon meadia 78
Dracaena 78
Dracaena arborea 79
Dracaena cinnabari 79
Dracaena reflexa 79
Dracaena sanderiana 79
Dracunculus vulgaris 80
Drimys winteri 80
Drosera rotundifolia 80
Dryas octopetala var. *asiatica* 80
Dryopteris filix-mas 80
Drypetes deplanchei 81
Duranta erecta 81
Durio zibethinus 81

E

Echeveria 83
Echinacea 83
Elettaria cardamomum 83
Epigaea repens 83
Epilobium angustifolium 83
Epiphyllum 83

Epipremnum aureum 84
Equisetum hyemale 84
Eremurus 84
Erigeron annuus 84
Eriodictyon californicum 84
Eruca sativa 84
Eryngium 84
Erythronium dens-canis 85
Erythroxylum coca 85
Eschscholzia californica 85
Eucalyptus 85
Eucalyptus regnans 85
Eucharis 86
Euonymus alatus 86
Euonymus atropurpureus 86
Eupatorium japonicum 86
Euphorbia milii 86
Euphorbia pulcherrima 86
Euphrasia 87
Eustoma 87
Eutrochium 87
Evergreen 87
Evergreen thorn 87

F

Fagopyrum esculentum 89
Fagraea berteroana 89
Fagus multinervis 89
Ferula assa-foetida 89
Ferula moschata 89
Ficus 89
Ficus benghalensis 90
Ficus carica 90
Ficus religiosa 90
Ficus sycomorus 90
Filipendula ulmaria 91
Fittonia argyroneura 91
Foeniculum vulgare 91
Forsythia 91
Fortunella japonica 91
Fragaria vesca 91
Fragaria x ananassa 92
Franciscea latifolia 92
Fraxinus excelsior 92
Freesia refracta 92
Fritillaria imperialis 93

Fritillaria meleagris 93
Fuchsia hybrida 93
Fucus vesiculosus 93
Fumaria officinalis 93

G

Galanthus nivalis 95
Galax urceolata 95
Galega officinalis 95
Galium aparine 95
Galium odoratum 95
Galium triflorum 96
Galium verum 96
Gardenia jasminoides 96
Gaultheria procumbens 96
Gaultheria shallon 96
Gazania rigens 97
Gelsemium sempervirens 97
Gentiana scabra 97
Gentiana andrewsii 97
Gentianopsis crinita 97
Geranium 97
Geranium maculatum 98
Geranium phaeum 98
Geranium versicolor 98
Gerbera 98
Geum urbanum 98
Ginkgo biloba 98
Gladiolus 99
Glechoma grandis 99
Gleditsia triacanthos 99
Gloxinia 99
Glycyrrhiza glabra 99
Gnaphalium 100
Gnaphalium uliginosum 100
Gomphrena globosa 100
Gossypium hirsutum 100
Grain 100
Grevillea 101
Guarianthe skinneri 101
Gypsophila elegans 101

H

Hamamelis japonica 103
Hebe speciosa 103

Hedera helix 103
Hedysarum coronarium 103
Helenium 103
Helianthella parryi 104
Helianthus annuus 104
Helianthus giganteus 104
Helianthus tuberosus 104
Helichrysum 104
Helichrysum italicum 105
Heliconia 105
Heliotropium arborescens 105
Heliotropium peruvianum 105
Helleborus 105
Helleborus foetidus 105
Helleborus niger 106
Hemerocallis 106
Hemerocallis fulva 106
Hemerocallis coreana 106
Hepatica asiatica 106
Hesperis matronalis 106
Hibiscus rosa-sinensis 107
Hibiscus syriacus 107
Hibiscus trionum 107
Hieracium umbellatum 107
Hippomane mancinella 107
Hordeum vulgare 108
Hosta plantaginea 108
Houstonia caerulea 108
Hoya 108
Hoya carnosa 108
Humulus lupulus 108
Hyacinthoides non-scripta 109
Hyacinthus orientalis 109
Hybrides remontants 109
Hybrid Tea 109
Hydrangea macrophylla 110
Hydrastis canadensis 110
Hylocereus undatus 110
Hyoscyamus niger 110
Hypericum perforatum 111
Hypocalymma
angustifolium 111
Hypoestes phyllostachya 111
Hyssopus officinalis 111

I

Iberis amara 113
Iberis sempervirens 113
Ilex aquifolium 113
Ilex paraguariensis 114
Illicium verum 114
Impatiens balsamina 114
Impatiens walleriana 114
Inula helenium 114
Ipomoea nil 115
Ipomoea alba 115
Ipomoea batatas 115
Ipomoea coccinea 115
Ipomoea cordatotriloba 115
Ipomoea jalapa 116
Ipomoea lobata 116
Ipomoea purpurea 116
Ipomoea quamoclit 116
Iris 116
Iris germanica 117
Iris pseudacorus 117
Iris versicolor 117
Isatis tinctoria 117
Ixia 117
Ixora 117

J

Jacaranda mimosifolia 119
Jasminum grandiflorum 119
Jasminum officinale 119
Juglans regia 119
Juncus tenuis 119
Juniperus chinensis 119
Justicia brandegeeana 119

K

Kalanchoe 121
Kalmia latifolia 121
Kennedia 121
Koelreuteria paniculata 121

L

Lablab purpureus 123
Laburnum anagyroides 123
Lactuca sativa 123
Lagenaria leucantha 123
Lagerstroemia indica 123
Lagunaria patersonii 124
Lamprocapnos spectabilis 124
Lantana camara 124
Lapageria rosea 124
Larix decidua 124
Lathyrus latifolius 125
Lathyrus odoratus 125
Laurus nobilis 125
Lavandula angustifolia 126
Lavatera 126
Lawsonia inermis 126
Leaves 126
Leontodon 126
Leontopodium alpinum 127
Leonurus cardiaca 127
Lepidium sativum 127
Leschenaultia splendens 127
Leucanthemum vulgare 127
Levisticum officinale 128
Liatris spicata 128
Ligustrum 128
Ligustrum obtusifolium 128
Lilium 128
Lilium auratum 129
Lilium canadense 129
Lilium candidum 129
Lilium columbianum 129
Lilium longiflorum 129
Lilium regale 130
Lilium speciosum 130
Lilium superbum 130
Limonium 130
Limonium caspia 130
Limosella aquatica 130
Linum usitatissimum 131
Liquidambar styraciflua 131
Liriodendron tulipifera 131
Lithops 131
Lobelia erinus 132
Lobelia cardinalis 132
Lolium perenne 132
Lolium temulentum 132
Lonicera caprifolium 132
Lonicera japonica 132
Lonicera periclymenum 132
Lonicera xylosteum 133
Lotus corniculatus 133
Lotus maritimus 133
Lunaria 133
Lupinus 133
Lupinus texensis 134
Lychnis chalcedonica 134
Lychnis flos-cuculi 134
Lycopodiopsida 134
Lycoris radiata 134
Lysimachia nummularia 135
Lythrum anceps 135
Lythrum salicaria 135

M

Macadamia tetraphylla 137
Magnolia acuminata 137
Magnolia grandiflora 137
Magnolia splendens 137
Magnolia virginiana 137
Magnolia x soulangeana 137
Mahonia aquifolium 138
Malus domestica 138
Malus floribunda 138
Malva moschata 138
Malva sylvestris 139
Malvaceae 139
Mandevilla 139
Mandragora 139
Maranta arundinacea 139
Maranta 140
Marrubium vulgare 140
Matthiola 140
Matthiola incana 140
Maurandya barclayana 140
Medicago sativa 140
Melampodium 140
Melianthus major 141
Melissa officinalis 141
Mentha 141
Mentha piperita 141
Mentha pulegium 141
Mentha spicata 142
Menyanthes trifoliata 142
Mercurialis leiocarpa 142
Mesembryanthemum crystallinum 142
Mimosa pudica 142
Mirabilis jalapa 142
Mitraria 143
Moluccella laevis 143
Monarda didyma 143
Monotoca scoparia 143
Monstera deliciosa 143
Morus alba 143
Morus nigra 144
Musa paradisiaca 144
Muscari 144
Myosotis scorpioides 144
Myrica rubra 144
Myristica fragrans 145
Myroxylon 145
Myrrhis odorata 145
Myrtus communis 145

N

Narcissus 147
Narcissus jonquilla 147
Narcissus papyraceus 147
Narcissus poeticus 147
Nardostachys grandiflora 147
Nelumbo nucifera 148
Nepenthes rafflesiana 148
Nepeta cataria 148
Nerium oleander 148
Nicotiana rustica 148
Nigella damascena 149
Nolina lindheimeriana 149
Nosegay 149
Nuts 149
Nymphaea alba 149

Nymphaea lutea 149
Nymphaeaceae 149

O

Ocimum basilicum 151
Oemleria cerasiformis 151
Oenothera biennis 151
Oenothera flava 151
Olea europaea 152
Onobrychis 152
Ononis 152
Ononis spinosa 152
Onopordum acanthium 152
Ophrys apifera 152
Ophrys bombyliflora 153
Ophrys insectifera 153
Opuntia 153
Orchidaceae 153
Orchis mascula 153
Origanum dictamnus 154
Origanum majorana 154
Origanum vulgare 154
Orobanche coerulescens 154
Oryza sativa 154
Osmunda regalis 155
Osteospermum 155
Oxalis acetosella 155
Oxalis tetraphylla 155

P

Pachira aquatica 157
Paeonia officinalis 157
Paeonia suffruticosa 157
Panax ginseng 157
Panicum capillare 157
Papaver orientale 158
Papaver rhoeas 158
Paronychia 158
Parthenocissus quinquefolia 158
Passiflora caerulea 158
Pausinystalia yohimbe 159
Peganum harmala 159
Pelargonium crispum 159
Pelargonium fragrans variegatum 159
Pelargonium graveolens 159
Pelargonium inquinans 160
Pelargonium nubilum 160
Pelargonium odoratissimum 160
Pelargonium peltatum 160
Pelargonium quercifolium 160
Pelargonium sidoides 160
Pelargonium zonale 161
Pentas 161
Peperomia 161
Persea americana 161
Persea borbonia 162
Persicaria hydropiper 162
Persicaria bistorta 162
Petasites fragrans 162
Petroselinum crispum 162
Petunia x hybrida 163
Phalaris canariensis 163
Phaseolus coccineus 163
Phaseolus vulgaris 163
Philadelphus schrenkii 164
Philodendron 164
Phlox paniculata 164
Phoenix dactylifera 164
Phragmites australis 164
Phytolacca esculenta 165
Picea jezoensis 165
Pilea peperomioides 165
Pimenta dioica 165
Pimpinella anisum 166
Pinus densiflora 166
Pinus nigra 166
Pinus rigida 166
Pinus sylvestris 166
Piper 167
Piper cubeba 167
Piper methysticum 167
Piper nigrum 167
Piscidia erythrina 167
Pistacia lentiscus 167
Pistacia vera 168
Pisum sativum 168
Plantago asiatica 168
Plantago major 168
Platanus 168
Platanus occidentalis 169
Platycodon grandiflorus 169
Plumbago 169
Plumeria 169
Poaceae 169
Podophyllum peltatum 170
Pogostemon cablin 170
Polemonium caeruleum 170
Polianthes tuberosa 170
Polygala japonica 170
Polygonatum 170
Polygonatum multiflorum 171
Polygonum aviculare 171
Polytrichum commune 171
Populus 171
Populus alba 172
Populus nigra 172
Populus tremula 172
Portulaca grandiflora 172
Potentilla 172
Potentilla erecta 173
Potentilla indica 173
Potentilla rivalis 173
Prenanthes purpurea 173
Primula 173
Primula auricula 174
Primula sinensis 174
Primula veris 174
Primula vulgaris 174
Prosopis 174
Protea cynaroides 175
Prunus americana 175
Prunus armeniaca 175
Prunus avium 175
Prunus cerasifera 176
Prunus domestica 176
Prunus dulcis 176
Prunus japonica 176
Prunus laurocerasus 176
Prunus padus 177
Prunus persica 177
Prunus rainier 177
Prunus spinosa 177
Pteridium aquilinum 178
Pteridophyta 178
Pterocarpus santalinus 178
Pulmonaria 178
Pulsatilla 178
Pulsatilla montana 179
Punica granatum 179
Pyrus 179

Q

Quassia amara 181
Quercus 181
Quercus alba 181

R

Ranunculus acris 183
Ranunculus asiaticus 183
Ranunculus ficaria 183
Ranunculus sardous 183
Ranunculus sceleratus 183
Raphanus sativus 183
Rauvolfia tetraphylla 184
Reseda 184
Rhamnus cathartica 184
Rhamnus purshiana 184
Rheum rhabarbarum 184
Rhododendron maximum 184
Rhodymenia palmata 185
Rhus chinensis 185
Ribes nigrum 185
Ribes rubrum 185
Ribes uva-crispa 185
Robinia 185
Roots 185
Rosa 186
Rosa acicularis 188
Rosa (Bud) 188
Rosa canina 188
Rosa carolina 188
Rosa centifolia 188
Rosa chinensis 189
Rosa foetida 189
Rosa gallica "Versicolor" 189
Rosa gymnocarpa 189
Rosa majalis 189
Rosa moschata 190
Rosa multiflora var. *platyphylla* 190
Rosa rubiginosa 190
Rosa rugosa 190
Rosa damascena 190
Rosmarinus officinalis 191
Rubia akane 191
Rubus 191
Rubus idaeus 192
Rubus odoratus 192
Rudbeckia hirta 192
Ruellia 192
Rumex acetosa 192
Rumex crispus 192
Rumex patientia 193
Rumohra adiantiformis 193
Ruta graveolens 193

S

Saccharum officinarum 195
Sagina subulata 195
Saintpaulia ionantha 195
Salix pierotii 195
Salix alba 195
Salix babylonica 196
Salix repens 196
Salvia apiana 196
Salvia cacaliifolia 196
Salvia officinalis 196
Salvia sclarea 197
Sambucus williamsii 197
Sambucus nigra 197
Sanguinaria canadensis 197
Sanguisorba officinalis 198
Sansevieria 198
Santalum album 198
Santolina 198
Sassafras 198
Satureja 199
Saxifraga hypnoides 199
Saxifraga stolonifera 199
Saxifraga x urbium 199
Scabiosa atropurpurea 199
Scaevola aemula 200

Schefflera 200
Schinus 200
Schlumbergera russelliana 200
Scilla 200
Scrophularia buergeriana 201
Scutellaria indica 201
Secale cereale 201
Securigera varia 201
Sedum 201
Sempervivum 201
Senecio cambrensis 202
Senna 202
Sesamum indicum 202
Sida fallax 202
Silene 202
Silene coronaria 202
Silene dioica 203
Silene noctiflora 203
Silene nutans 203
Silphium laciniatum 203
Silphium perfoliatum 203
Silybum marianum 203
Sinacalia tangutica 204
Smilax china 204
Solanum dulcamara 204
Solanum lycopersicum 204
Solanum tuberosum 204
Solenostemon scutellarioides 205
Solidago 205
Sorbus commixta 205
Sorbus americana 205
Sorbus domestica 205
Spartium junceum 206
Spathiphyllum 206
Specularia speculum 206
Spiranthes sinensis 206
Spondias purpurea 206
Stachys 206
Stachys byzantina 207
Stachys officinalis 207
Staphylea bumalda 207
Stellaria americana 207
Stenocereus eruca 207
Stephanotis 208
Sternbergia lutea 208
Stilbocarpa polaris 208
Stillingia sylvatica 208
Straw 208
Straw (Broken) 208
Strelitzia reginae 209
Streptocarpus 209
Streptosolen jamesonii 209
Stylophorum diphyllum 209
Styrax benzoin 209
Succisa pratensis 210
Sutherlandia frutescens 210
Symphyotrichum novae-angliae 210
Symphytum officinale 210
Symplocarpus foetidus 211
Syngonium podophyllum 211
Syringa 211
Syzygium aromaticum 211

T

Tagetes 213
Tagetes erecta 213
Tagetes patula 213
Tamarindus indica 213
Tamarix chinensis 214
Tanacetum balsamita 214
Tanacetum parthenium 214
Tanacetum vulgare 214
Taraxacum officinale 214
Taxus cuspidata 215
Tendrils of All Plants 215
Thalictrum 215
Theobroma cacao 215
Thevetia peruviana 215
Thorn (Branch) 216
Thorn (Evergreen) 216
Thuja occidentalis 216
Thunbergia alata 216
Thymus vulgaris 216
Tibouchina semidecandra 217
Tilia amurensis 217
Tillandsia usneoides 217
Torenia 217
Tradescantia ohiensis 217
Tradescantia virginiana 218
Trifolium 218
Trifolium pratense 218
Trifolium repens 218
Trigonella foenum-graecum 219
Trillium kamtschaticum 219
Triodanis perfoliata 219
Triosteum suatum 219
Triptilion spinosum 219
Triticum aestivum 220
Tropaeolum majus 220
Tulipa 220
Tulipa gesneriana 221
Turnera diffusa 221
Tussilago farfara 221
Typha latifolia 221

U

Ulex 223
Ulmus 223
Ulmus rubra 223
Urtica dioica 223

V

Vaccinium corymbosum 225
Vaccinium myrtillus 225
Vaccinium oxycoccus 225
Vaccinium parvifolium 225
Vaccinium reticulatum 225
Vachellia farnesiana 226
Valeriana fauriei 226
Vancouveria hexandra 226
Vanilla planifolia 226
Verbascum thapsus 227
Verbascum arcturus 227
Verbena officinalis 227
Veronica chamaedrys 228
Veronica spicata 228
Viburnum opulus 228
Viburnum tinus 228
Vicia nigricans gigantea 228
Vicia sativa 228
Vinca major 229
Vinca minor 229
Vine 229
Viola mandshurica 229
Viola alba 230
Viola odorata 230
Viola pubescens 230
Viola sororia 230
Viola tricolor 230
Viscaria oculata 231
Viscum album 231
Vitex agnus-castus 231
Vitis vinifera 231
Volkameria 231

W

Warszewiczia coccinea 233
Winged Seed (All) 233
Wisteria frutescens 233
Wisteria sinensis 233
Withania somnifera 233
Withered Flowers Bouquet 233

X

Xanthium strumarium 235
Xeranthemum annuum 235

Y

Yucca 235
Yucca gloriosa 235

Z

Zamioculcas zamiifolia 235
Zantedeschia aethiopica 236
Zantedeschia albomaculata 236
Zanthoxylum piperitum 236
Zea mays 236
Zeltnera beyrichii 236
Zephyranthes carinata 237
Zigadenus 237
Zinnia elegans 237

옮긴이 김미선

한국외국어대학교를 졸업했으며 현재 전문 번역가로 활동 중이다. 옮긴 책으로는 『체 게바라 평전』, 『아랍인의 눈으로 본 십자군 전쟁』, 『마야, 잃어버린 도시들』, 『보르헤스와 아르헨티나 문학』, 『종이괴물』, 『지리의 힘』 등이 있다.

식물의 말들

1판 1쇄 찍음 2021년 11월 25일
1판 1쇄 펴냄 2021년 11월 30일

지은이 S. 테레사 디에츠
옮긴이 김미선
펴낸이 권선희

펴낸곳 사이
출판등록 제2020-000153호
주소 03993 서울시 마포구 동교로 215 재서빌딩 501호
전화 02-3143-3770
팩스 02-3143-3774
email saibook@naver.com

ⓒ 사이, 2021. Printed in Seoul, Korea.

ISBN : 978-89-93178-95-1 03480

값 29,000원

• 잘못된 책은 구입하신 서점에서 교환해 드립니다.